高等学校计算机专业教材精选·算法与程序设计

C语言程序设计与实训

余久久　编著

U0249306

清华大学出版社
北　京

内 容 简 介

本书根据应用型本科高校计算机类、信息类等相关工科专业开设的 C 语言程序设计课程的教学要求和特点编写,内容共分为 10 章,包括 C 语言概述、数据类型与运算、数据输入与输出、程序结构设计与应用、数组、函数、指针、结构体、文件、结构化程序设计与实训。全书以 C 语言的基本概念与基本知识为引领,从实际问题出发,以应用为基础,本着"理论适度,突出实训,增强职业素养"的原则,通过实训任务,由浅入深、循序渐进地引导读者学习与掌握 C 语言程序设计方法,激发学生学习兴趣,提高动手实践能力。

本书内容通俗易懂,理论适度,实践性强,适用面广。每章最后配有习题,作为对本章学习知识点的巩固,以方便学生复习与自学。

本书适合作为应用型本科高校、高职高专院校计算机及其相关专业的课程教材,也可以作为软件企业的职业培训类书籍以及各类软件技术人员的参考书。

图书在版编目(CIP)数据

C 语言程序设计与实训/余久久编著. —北京:清华大学出版社,2016
(高等学校计算机专业教材精选·算法与程序设计)
ISBN 978-7-302-45299-7

Ⅰ. ①C… Ⅱ. ①余… Ⅲ. ①C 语言-程序设计-高等学校-教材 Ⅳ. ①TP312.8

中国版本图书馆 CIP 数据核字(2016)第 260847 号

责任编辑: 张 玥
封面设计: 傅瑞学
责任校对: 徐俊伟
责任印制: 杨 艳

出版发行: 清华大学出版社
          网   址: http://www.tup.com.cn,http://www.wqbook.com
          地   址: 北京清华大学学研大厦 A 座   **邮   编:** 100084
          社 总 机: 010-62770175   **邮   购:** 010-62786544
          投稿与读者服务: 010-62776969,c-service@tup.tsinghua.edu.cn
          质量反馈: 010-62772015,zhiliang@tup.tsinghua.edu.cn
          课件下载: http://www.tup.com.cn,010-62795954
印 刷 者: 北京富博印刷有限公司
装 订 者: 北京市密云县京文制本装订厂
经   销: 全国新华书店
开   本: 185mm×260mm   **印 张:** 20   **字 数:** 490 千字
版   次: 2016 年 12 月第 1 版   **印 次:** 2016 年 12 月第 1 次印刷
印   数: 1～2000
定   价: 39.50 元

产品编号:067407-01

前　　言

C语言是目前广泛使用的一种高级程序设计语言,也是国内外高校讲述程序设计方法的首选语言。"C语言程序设计"已成为计算机类课程体系中的第一门重要的基础课程。该课程实践性较强,需要进行大量的上机操作与实训。在实践中发现问题、分析问题、解决问题,才能更好地掌握C语言,并最终学会利用C语言解决实际问题。

目前市面上出版的C语言程序设计类教材比较多,所介绍的理论知识及其应用案例也很全面。很多教材提倡项目(案例)教学思路,把一个或多个真实的软件项目(案例)及其运作流程从头至尾融入C语言课程教学中,通过项目驱动逐一介绍C语言的基本知识内容,以培养学生的工程实践能力,提高学生的动手技能。这种教学思路具有新颖性,但前提是要对所教授学生的实际认知状况进行一个合理的评估。对于一些地方性的应用型本科高校或高职院校层次的学生而言,学习C语言之前大都缺乏一定深度的计算机与软件方面的专业基础知识,加之数学知识较薄弱,又没有实际项目开发经验,因此会觉得课程内容空洞乏味,理解起来有一定难度。编者长期在应用型本科高校一线从事C语言课程的教学及指导实践工作,所在高校的学生在大一阶段学习C语言课程之前,绝大多数都是"程序设计零基础"学习,更不用说具备软件项目实践经历。以各种实际软件项目(案例)为驱动,去讲解C语言的各种语法知识,反而使大多数学生感到课程知识枯燥无味,因为课后还要专门查阅一系列后续计算机类专业课程的资料辅助学习,从而加重了学习负担。在多年的教学实践中,编者能亲身感受到"零基础"学生在学习C语言过程中产生的困惑。很多学生学习时会出现"课堂上老师一讲就懂,上机调试程序总是一调就错,自己又找不出原因"的窘况,反而降低了学习积极性。例如,上机调试程序时,很多学生分不清C语言中=与==、1/3与1/3.0的区别,会把C语言表达式if(x>2&&x<3)错写成if(2<x<3),把p=p*n;错写成p=pn;等情况,导致程序运行异常。归根结底,还是课堂上对C语言的基本语法知识没有掌握扎实,课后又未能及时复习,也没有通过上机实训环节对所学知识进行巩固造成的。所以,编者认为,针对应用型本科学生,C语言课程的教学应定位于"理论知识适度,强调上机实训以强化基本概念,增强学生的职业素养"的教学思想,而对于项目驱动为主导的教学方式,则适合作为对日常教学活动的拓展。同样,仅通过校内几十个学时的学习,试图使"程序设计零基础"的大一学生具备良好的软件项目工程实践能力是不现实的,也是不科学的。因为良好的工程实践能力是需要学生今后通过专门的(校内、外)实习实训,以及在未来的工作岗位中逐渐培养与建立起来的。

基于此,针对应用型本科大一学生的认知特点,结合实际教学环境,编者通过对C语言的了解与感悟以及多年的教学实践,在对自己的备课讲义进行认真而系统的梳理后编写了本书。本书定位于"程序设计零基础"的读者,着眼于理论适度,突出实用。书中对C语言的主要知识内容进行了通俗易懂的讲解,每一个C程序实例则采用了较为简单的方法来实现,注重对C语言语法知识的掌握,而淡化程序算法设计思想,以便学生更容易理解程序的组织结构与功能。针对一些难理解、易混淆的知识点,书中为初学者指出了一些学习上的注意事项,而这些大都来自于近几届学生在课堂学习、课后作业、上机操作等方面所出现的共性问题,希望读者学习时要引起足够重视。全书内容在编排上循序渐进,在一些重要章节的后面都安排了相应的实训任务,实训程序大都由相应章节中的例题所改写,并做适当拓展,目的是要求学生通过上机实训加强对本节所学内容知识的强化与巩固,从而做到举一反三,融会贯通。实训任务既可以安排在上机课内完成,也可以让学生课后自行上机完成。编者建议,学生一定要亲自调试书中的每一个C程序(包括例题程序与实训程序),认真观察与分析程序运行结果,而不能仅局限于"字面上看懂了程序"。最后,本书第10章通过一个简易的"万年历"程序案例,介绍如何使用C语言代码完成程序设计及项目实践过程。任课老师可以根据学时安排,把该案例作为选学内容或C语言课程设计的参考内容。

本书以2014年安徽省职业与成人教育学会教育科研规划项目、2015年安徽省省级质量工程项目、2015年安徽三联学院校级质量工程项目为依托,系项目研究成果之一。成书过程中,编者得到了安徽三联学院校领导的大力支持。此外,合肥工业大学张佑生教授、张正武教授与杜习英教授,安徽三联学院计算机工程学院操晓峰主任也为该书内容的编写提出了宝贵的建议,在此表示衷心的感谢。

本着学习与借鉴的目的,本书在编写过程中参考了大量同类C语言书籍及文献,在此谨向原作者表示诚挚的谢意。由于编者水平有限,加之时间仓促,书中的疏漏和不当之处在所难免,还望各位同行批评指正。

编　者

2016 年 8 月

目　　录

第1章 C语言概述

本章学习目标

- 计算机程序设计语言及其分类
- 程序设计的主要过程
- C程序的组成结构及特征
- 良好的代码书写习惯
- Visual C++ 6.0环境下运行C程序的方法

在当今世界的各个领域,计算机都得到了广泛的应用。从简单的上网冲浪到复杂的网络游戏开发,从个人网上购物到我国庞大的"嫦娥三号"探月工程,都少不了计算机的身影。计算机类专业的大学生不能只满足于会使用办公软件,而要学习计算机程序设计的知识,能够熟练编写出本专业领域中的相关应用程序,掌握运用计算机处理现实问题的方法,培养分析与解决问题的能力。

1.1 计算机程序设计

程序是用来解决某个问题的方法及步骤的具体描述。程序设计是以某种程序设计语言为工具,利用这种语言设计出程序。程序设计过程通常包括分析、设计、编码、测试、维护等一系列阶段。专业的程序设计人员也称为程序员。

1.1.1 计算机程序

从计算机的角度来看,程序是用计算机语言来描述解决问题的方法及步骤,也称为计算机程序。计算机程序通常用某一种程序设计语言来编写,编写出一组基本操作(指令)的组合,来对数据进行处理,并运行于某种应用平台上,以达到问题求解的目的。比如可以把一个计算机程序形象地比喻成用中文(一种计算机程序设计语言)撰写出的一个做酸菜鱼的菜谱(程序),用来指导厨师(程序员)使用炊具及调味作料(应用平台)来烹饪这一道菜。可见,计算机程序的执行过程也就是某一具体问题的求解过程。程序的执行是有始有终的,并且每一个步骤都能够操作,当所有步骤执行完后,程序对应的问题也就迎刃而解了。所以,要想解决问题,首先要设计出解决问题的正确方法与具体实施步骤。

1.1.2 计算机程序设计语言及其分类

计算机程序设计语言简称计算机语言,用来编写相应的计算机程序,是人与计算机交流的工具。根据计算机程序设计语言的发展阶段,其可以分为三类,即机器语言、汇编语言与高级语言。

1. 机器语言

机器语言是由计算机二进制代码0与1表示的一组机器指令的集合,具有灵活、直接执行和执行速度快等特点,能够被计算机直接识别。但是,机器语言的阅读性差,理解起来困难,且编写效率很低,极易出错。下面举一个例子,如例 1.1 所示。

例 1.1 已知 a＝2,b＝3,利用机器语言编写出一个 a＝a＋b 的程序,也就是说最终 a 的数值等于 5。

利用机器语言编写"a＝a＋b"的代码,其中 a＝2,b＝3。

```
#01:00000000 00000000 00000000 00000010
#02:00000000 00000000 00000000 00000011
#03:00000000 00000000 00000000 00000101
```

代码解释:

♯01:令 a＝2。

♯02:令 b＝3。

♯03:将 a 和 b 的值相加,并将结果放在 a 中,即 a＝5。

可见,机器语言与人们习惯用的语言差别很大,难学、难记、难理解,编写效率低,难以推广,容易出错。只有计算机专家或资深专业人员才使用机器语言直接设计程序。

2. 汇编语言

汇编语言对机器语言进行了符号化处理,增加了一些由英文字母或数字表示的指令、助记符等表示对机器语言某些功能上的操作,以方便记忆。例如,用符号 ADD 表示"相加",SUB 表示"相减",MOV 表示"传送"等。使用汇编语言设计出上述同样的程序,如例 1.2 所示。

例 1.2 利用汇编语言编写 a＝a＋b 的程序,其中 a＝2,b＝3。

```
#01:MOV R1,#2
#02:MOV R2,#3
#03:ADD R1,R1,R2
```

代码解释:

♯01:把数值 2 放入寄存器 R1 中。

♯02:把数值 3 放入寄存器 R2 中。

♯03:把寄存器 R1 中的数值 2 与寄存器 R2 中的数值 3 相加,得到数值 5,再把数值 5 放入寄存器 R1 中。

可见,尽管汇编语言比机器语言可读性好一些,但是也难以普及,仅限于专业人员使用。

汇编语言不能直接被计算机识别,需要使用一种称为"汇编程序"的软件,把汇编语言程序转化成能够被计算机直接识别的机器语言,这个识别过程称为"汇编"。最后,在不同型号计算机上设计出的汇编语言程序也不具有通用性,即在型号甲的计算机上编写出的汇编语言不一定能在型号乙的计算机上使用。所以,汇编语言的层次很低,仅面向具体的计算机(机器),离计算机硬件很贴近,也被称之为"低级语言"。

3. 高级语言

高级语言是一种接近自然语言、阅读起来符合人类思维习惯的程序设计语言,类似于数学语言,具有良好的通用性和可移植性,不依赖于具体的计算机(机器)类型。常见的高级语言有 FORTRAN、Pascal、C、C++、Java、C♯等,现代应用程序的设计大多使用高级语言。

例 1.3 利用高级语言编写 a＝a＋b 的程序，其中 a＝2,b＝3。

```
main()
{
    int a,b;                //语句 1;
    a=2;                    //语句 2;
    b=3;                    //语句 3;
    a=a+b;                  //语句 4;
    printf("a=%d\n",a);     //语句 5;
}
```

注：例 1.3 是用高级语言中的 C 语言编写出的程序。

语句 1：定义两个整数型的变量，取名为 a 和 b。

语句 2：把整数 2 赋给 a。

语句 3：把整数 3 赋给 b。

语句 4：计算 a＋b 的值，并且把得到的结果再赋给变量 a。

语句 5：以十进制整数的形式输出 a 的值。

可见，高级语言读写起来更接近人们的思维习惯，理解性强，通用性良好。当然，使用高级语言编写出的程序不能被计算机直接识别并执行，需要进行"翻译"。大多数高级语言使用一种称为"编译程序"的软件，把用高级语言事先编写好的程序（源程序）转化为所对应的机器指令程序（目标程序），让计算机执行机器指令程序，得到最终结果。

按照人们设计程序时所采用的思维方式，高级语言又分为以下两类：

（1）面向过程的高级语言

面向过程就是以拟解决的问题为思考核心，使用计算机程序设计逻辑，描述需要解决的问题及其解决方法。其注重高质量的数据结构和算法，研究如何采用相应的数据结构来描述问题，以及采用什么样的算法去高效地解决问题。自 20 世纪 80 年代起，大多数流行的高级语言都是面向过程的高级语言，如 FORTRAN、Pascal、C 等。由于面向过程的高级语言要求在编写程序之前严格设计好解决问题的每一个过程细节，高度强调过程化的程序分析思想，所以其适合设计规模较小、复杂度不太高的程序，但对于设计规模较大的程序时，就显得力不从心了。

（2）面向对象的高级语言

面向对象的思维方式即把世界上的万事万物都看成一个个实际对象，每个对象都有自己的特点，并以自己的方式做事，不同对象之间会存在着某种形式的联系（通信），以此构成世界的运转。从计算机专业术语来看，对象的特点就是它们的自身属性，所做的事情就是这个对象能够实现的方法或操作。采用面向对象的分析方法，在一定程度上会提高程序的重用性，降低程序的复杂度，使得计算机程序设计能够适应较复杂的应用需求。常见的支持面向对象分析思想的程序设计语言主要有 C＋＋、Java、C♯ 等，适合作为设计大型复杂程序所采用的高级语言。目前，很多高校计算机类专业把一些面向对象的高级语言作为 C 语言的后续课程开设，本书在此不作介绍。

1.1.3　程序设计过程

"程序设计"即人们通常说的"编写程序"，简称编程。程序是计算机的主宰，控制着计算机该去做什么事。程序设计就是分析、解决问题的方法和步骤,并将其记录下来的过程。通常程序设计过程主要历经以下几个阶段。

1. 分析

分析也称为问题域分析或需求分析。就是在设计某个计算机程序之前一定要搞清楚这个程序完成的是什么功能,能为我们做什么事情。这个阶段貌似很简单,甚至很多人对此不屑一顾。但是,对问题分析错误的结果就像写作文跑题,即使文字再工整、行文再通顺也得不到高分,最后还得从头返工。

2. 设计

设计就是明确拟编写的程序应该如何实现相应的功能。设计的内容主要是设计算法,即规划出拟编写程序的解题方法和具体步骤。例如,要编写一个求解三角形面积的程序,设计阶段就是要明确选用什么数学方法或思路来求解。比如,是选用通常的"底×高/2"的方法,还是选用"海伦公式"方法求解等。求解的每一个步骤都应清晰无误地用语言文字或流程图等描述出来。当然,如果只是编写一个很简单的小程序,设计阶段是可以省略的。但是,对于结构复杂的程序,必须对程序解题方法的过程及实施步骤进行严格的规划,这样才能防止在设计阶段出现严重的逻辑性设计错误。

3. 编码

编码阶段才是真正的"编写程序",即按照设计好的算法选用一种计算机程序设计语言编写程序,通过特定的软件工具输入到计算机中。像 C 语言就是一种很好的高级程序设计语言。

4. 运行结果、分析与测试

运行程序,并分析程序执行后得到的结果。注意,能得到运行结果并不代表当前程序就一定正确,还要对其结果进行认真分析,看其是否合理,与我们预期推测的结果是否一致。

例如,用 C 语言编写一个关于求解正数 x 倒数(1/x)的程序(x>0),y 表示 x 的倒数,即 y=1/x。当 x=2.0,求出 y 的值是 0.5,没有问题。但是,当 x=2,求出 y 的值却是 0,与实际不符。这是因为在 C 语言的语法中,两个整数做除法操作,当分子与分母同为整数时,得到的结果却是两者的整数商。所以,只有当 x 取值为正小数时,y 的值才是真正的 x 的倒数。这也说明了一个问题,这个程序对于某些数据(x 取正小数)能得到正确结果,而对另外一些数据(x 取正整数),却得不到正确结果。这也正说明程序还有漏洞,需要修改。因此,编码结束后,要对程序进行测试。所谓测试,就是设计多组不同类型的输入数据,检查程序对不同数据的运行情况,从中尽量发现程序是否存在错误(漏洞),并修改程序,使之能适用于各种数据的输入情况。所以,我们把程序"y=1/x"修改成"y=1.0/x",就解决了对正数 x 求倒数的问题。实际操作中,尤其是作为商业用途使用的计算机程序,投入市场前必须经过严格测试。

5. 编写程序文档

在现实生活中,由于许多计算机程序编写后是通过市场提供给别人使用的,所以必须向使用者提供程序说明书,也称为用户文档,其内容应包括程序名称、程序功能、运行环境、程序的装入和启动、需要输入的数据以及使用的注意事项等。

最后强调的是,程序文档也是计算机程序的一个重要组成部分。正如现在很多软件产品的配套光盘既包括程序,也包括程序的操作说明书、使用说明书等一样。

1.2　为什么要学习C语言

C语言是一种通用的编程语言,具有功能丰富、使用灵活、运行速度快、运用范围广泛等优点,是当今最流行的计算机高级程序设计语言之一。C语言程序设计同样是国内高校计算机类专业的一门重要专业基础课程,也是这些专业学生入校后所学习的第一门程序设计类课程。掌握C语言已成为衡量软件开发人员程序设计能力的一项基本功。所以,学习C语言的重要性不言而喻。

1.2.1　C语言发展历程简介

C语言最早是由美国贝尔(Bell)实验室的Dennis M. Ritchie等人于20世纪70年代末发明设计出的一种高级计算机程序设计语言。1989年,美国国家标准协会(American National Standards Institute,ANSI)制定出一套完整的C语言语法标准,称为ANSI C。1990年,国际标准化组织(International Standard Organization,ISO)又在ANSI C标准的基础上进行少量的修改,发布了C语言ISO C的标准,即ISO 9899-1990,也称为C90。20世纪90年代中后期,ISO组织又对C90进行了某些技术上的完善,在C90之上推出了C99标准。目前,市面上大多数C语言书籍介绍C语言语法结构都遵循C90或C99标准。本书叙述C语言就是以C99为标准的。

1.2.2　C语言语法结构的特点

C语言是一种面向过程的高级程序设计语言,易学、易读、易懂、易编程、易维护,还具有直接访问计算机硬件等功能。C语言语法结构主要具有以下特点。

1. 语言简洁、紧凑

C语言自身一共只有32个关键字、9种控制语句,省略了一些不必要的成分,使用方便、灵活。

2. 运算符丰富

C语言的运算符范围很广泛。把赋值运算、关系比较、强制类型转换、括号等都作为运算符处理,从而使C的运算类型极其丰富,表达式类型多样化。在C语言中灵活使用各种运算符,可以实现在其他高级语言中难以实现的运算。

3. 数据结构丰富

C语言的数据结构很丰富,数据类型有整型、实型、字符型、数组类型、指针类型、结构体类型、共用体类型等。支持各种复杂的数据结构(如链表、树、栈等)的运算。

4. 便于实现程序的模块化

C语言具有结构化的控制语句(如if…else语句、switch语句、for语句等)。可以使用函数作为程序的模块单位,便于实现程序的模块化,符合现代软件企业编程风格的要求。

5. 程序设计的自由度大

C语言对语法不作太严格限制,程序设计的自由度大。例如,允许把一个整数赋给一个实型变量,可以把多条C语句写在同一行上,整型数据与字符型数据可以兼容等。因此,C语言允许程序编写者有较大的设计自由度。

1.3 简单的 C 程序

人们把事先用 C 语言编写好的程序称为 C 语言的源程序,简称 C 程序。为了更好地学习 C 语言,先通过几个简单的例子了解一下 C 程序的结构特点。这几个 C 程序的难度由浅入深,在功能上只是输出现成的文字信息,或是用来解决一些简单的数学问题。虽然有关 C 语言的语法内容还未介绍,但是可以从这几个例子中大致了解一下 C 程序的组成结构及其书写格式。由于 C 程序执行过程中所产生的 C 目标(中间)程序与最终的 C 可执行程序不是本书深入讨论的内容,所以本书把 C 语言的源程序统称为 C 程序,以方便初学者理解。

例 1.4 在计算机屏幕上输出"欢迎学习 C 语言!"的文字信息。

C 程序代码如下:

```
#include <stdio.h>              //编译预处理指令;
main()                         //定义 C 程序的主函数;
{                              //主函数起始的标识;
    printf("欢迎学习 C 语言!");   //输出"欢迎学习 C 语言!"的文字信息;
}                              //主函数结束的标识;
```

程序运行结果如下:

```
欢迎学习C语言!Press any key to continue
```

程序分析:

本程序是在 Visual C++ 6.0 环境下运行的,有关在 Visual C++ 6.0 环境下运行 C 程序的方法将在本章 1.5 节中介绍。其中,"欢迎学习 C 语言!"的文字部分是程序运行后得到的输出结果,而 Press any key to continue 则是系统运行完一个程序后自动给出的提示信息,提示用户可以按下计算机键盘上任意键后重新返回程序窗口,等待下一步操作(例如,保存程序、修改程序等)。

例 1.5 从键盘上任意输入一个小数 a,表示某正方形的边长,计算出正方形的周长 c 与面积 s 的值。

C 程序代码如下:

```
#include <stdio.h>              //编译预处理指令;
main()                         //定义 C 程序的主函数;
{
    float a,c,s;               //定义 a,c,s 三个表示小数数值的实型变量;
    scanf("%f",&a);            //通过计算机键盘任意输入变量 a 的值,作为正方形的边长值;
    c=4*a;                     //计算 4*a 的值,作为正方形的周长值,把结果存放在变量 c 中;
    s=a*a;                     //计算 a*a 的值,作为正方形的面积值,把结果存放在变量 s 中;
    printf("c=%f,s=%f\n",c,s);  //在屏幕上输出 c、s 的值;
}
```

假设输入 a 的值为 1.5,即:

1.5↙

程序运行结果如下：

```
1.5
c=6.000000, s=2.250000
Press any key to continue
```

程序分析：

程序运行时，屏幕上会出现闪动光标，提示用户通过键盘任意输入一个小数数值。假设输入小数值 1.5 后，按下回车键（用符号↙表示），则出现 c 与 s 的数值输出结果。在 Visual C++ 6.0 环境下，对于输出一个单精度类型（float 类型）的小数，其默认保留的小数位数为 6 位。这也就是为什么 c 与 s 的值分别是 6.000000 和 2.250000 的原因。本章学习完毕，读者可以在 Visual C++ 6.0 环境下运行该程序，尝试变换输入的数值，并观察结果。

例 1.6 从键盘上任意输入两个整数 a 和 b，要求输出二者的累加和（用 c 表示）与其中的最大值（用 d 表示）。

C 程序代码如下：

```
#include <stdio.h>        //编译预处理指令；
main()                    //定义 C 程序的主函数；
{
    int add (int x,int y);   //对函数名为 add 的函数的使用声明；
    int max(int x,int y);    //对函数名为 max 的函数的使用声明；
    int a,b,c,d;             //定义 a、b、c、d 四个整型变量；
    scanf("%d,%d",&a, &b);   //通过计算机键盘任意输入变量 a、b 的值；
    c=add(a, b);             //调用 add 函数，求出 a 与 b 的累加和，将累加和的结果赋给 c；
    d=max(a, b);             //调用 max 函数，求出 a 与 b 的最大值，将最大值的结果赋给 d；
    printf("c=%d,d=%d\n",c,d);    //在屏幕上输出 c 与 d 的值；
}
/* 自定义一个函数名为 add 的函数，功能是求出任意两个整型变量值的累加和。add 函数在主函
数中被调用一次；*/
int add (int x, int y)
{
    int z;
    z=x+y;
    return(z);
}
/* 自定义一个函数名为 max 的函数，功能是得出任意两个整型变量值之间的最大值。max 函数在
主函数中被调用一次；*/
int max (int x,int y)
{
    int z;
    if (x>=y)
    z=x;
    else
    z=y;
    return(z);
}
```

假设输入变量 a、b 的值分别是 5 与 6,即:

5,6↙

程序运行结果如下:

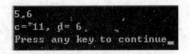

程序分析:

程序运行时,屏幕上会出现闪动光标。例如,任意输入两个整数 5 与 6,二者用逗号分隔开,按下回车键后则会出现结果:c=11,d=6。数值 c 与 d 的运算实际上用到了函数的定义与调用,读者可能不大理解,可以先不作深究,学到后面的章节自然会迎刃而解。本章学习完毕,建议读者可以在 Visual C++ 6.0 环境下"照葫芦画瓢"地输入该程序并运行,观察结果。

1.4 C 程序的结构

使用 C 语言编写程序,必须了解 C 程序的结构特点及书写方式。通过上节的 3 个例子,可以对一个 C 程序的组成及特点有一个初步了解。

1.4.1 C 程序的结构及特点

1. 编译预处理指令—♯include <stdio.h>

一个 C 程序由一个或多个 C 程序文件组成。当然,对于一个规模较小的程序,通常仅含一个 C 程序文件。所以,在每一个 C 程序之前,需要加上一个编译预处理指令(文件包含指令中的一种),用♯include <stdio.h>表示,它主要起到读取文件内容,引导 C 程序编译、执行的作用。关于编译预处理指令的使用,初学者也不必深究,只要在每一个 C 程序的主函数开头正确地写上♯include <stdio.h>一行即可。在 1.3 节的例子中,每个程序从第一行开始便是♯include <stdio.h>编译预处理指令。

2. 函数是 C 程序的主要组成部分

函数是 C 程序的主要组成部分,一个 C 程序中包含主函数(也称做 main 函数)与被调用函数,主函数有且仅能有一个。从 1.3 节的例子中可以看到,主函数的名字用 main 表示,不能变成其他名称,main 后面直接连接一个小括号"()"。被调用函数用来实现一个或几个特定功能,可以是用户自己设计(定义)的函数,也可以是 C 编译系统中自带的库函数。例如,例 1.6 中的 add 函数与 max 函数就是用户自己设计的函数,也称自定义函数,用来实现计算两个整数之和与求出两个整数之间最大值的功能。

在 1.3 节的 3 个例子中,主函数里面的 printf 就是库函数,是由 C 编译系统自动提供的,实现输出相应数据的功能,直接拿来引用(调用)即可,无需用户自己定义。在 C 语言中,对于主函数与用户自定义函数,其函数体要用一对大括号"{}"括起来,表示函数体的开始与结束,大括号"{}"里面包含了实现函数功能的各类 C 语句。而对于库函数,则要求按照规定的函数格式设置相应的函数参数,以达到实现功能的目的。有关函数定义的方法及步骤,后面的章节会一一详细地介绍,在此不必深究。

需要注意的是,主函数可以调用用户自定义函数与库函数(被调用函数)来完成相应的功能,被调用函数之间也可以相互调用。但是,被调用函数是不能调用主函数的。

3. 程序的执行起始于主函数,以主函数执行完毕为终止

C 程序的执行流程总是从主函数(main 函数)开始,无论主函数处在程序的什么位置上。例如,在例 1.6 所示的 C 程序中,主函数的书写位置也可以放在 add 函数与 max 函数之后,而不会影响运行结果。对于一些复杂结构的 C 程序,程序执行过程中或许会出现多次跳转。但是,最终整个程序一定是以主函数执行完毕为终止,这一点需要牢牢记住。

4. 程序的实现功能由函数中的 C 语句来完成

C 程序中的函数功能主要由各类 C 语句来完成。例如,变量赋值语句、表达式计算语句、函数调用语句、复合语句、空语句等。C 语言语句的书写格式较为灵活,语句在排列方式上没有行的概念。即每一行可以只书写一条 C 语句,也可以把多条 C 语句写在同一行上。但是,不同的语句之间一定要用一个分号";"分隔开来。例如:b=2;a=b-c;也就是说,分号";"是每一条 C 语句结束的标识。

5. C 语言本身并不提供专门的输入与输出语句

C 语言本身并不提供专门的输入与输出语句,C 程序中对数据输入及输出功能是通过调用相应的(输入与输出)库函数完成的。例如,例 1.5 与例 1.6 所示程序中的 scanf 与 printf 库函数可以完成按照指定的格式进行数据的输入与输出功能。当然,C 编译系统还提供了其他一些具有输入与输出功能的库函数,如 gets 函数(字符串输入库函数)、puts 函数(字符串输出库函数)等。一些常用的输入库函数与输出库函数及其使用方法,将在本书后面章节中介绍。

6. C 程序中应当包含必要的注释,以增强可读性

注释是对程序语句或某一程序段的文字性说明,有助于阅读程序时更好地理解程序的含义以及编程者的程序设计思路。注释可以是汉字,也可以是英文,还可以是中英文结合。一个高质量的程序都应加上必要的注释,以增加程序的可读性。在程序运行过程中,计算机是不会对注释作任何处理的。

C 语言程序的注释形式有以下两种:

(1) 单行注释//……

单行注释//……是指对 C 程序的每一行加上注释,"//"表示注释开始。单行注释通常写在程序中某一行语句结束后的右侧,表明是对该行程序语句的注释。注释范围以"//"表示开始,以换行符结束。例如,在例 1.4 与例 1.5 所示程序中,程序的每一条语句都添加了单行注释,方便阅读(注:单行注释也可以单独占一行)。

(2) 程序块(段)注释/*……*/

程序块(段)注释/*……*/是指为 C 程序中的某一部分语句加上注释,以/*……*/的形式表示,里面可以包含一行或多行内容,如例 1.6 程序中的注释所示。但是,"/*"必须与"*/"成对的使用。也就是说,编译系统在发现一个"/*"后,会在程序中自动搜寻下一个"*/",而把所搜寻到的两个"/*"之间的内容全部当做注释处理。

1.4.2　养成良好的代码书写规范

由于 C 语言对语法限制不太严格,程序设计自由度大,不同的代码书写风格也不会影响程序的最终运行结果,因此会导致很多初学者学习 C 语言时只关注程序运行结果正确与否,而不太重视程序的代码书写规范。比如,经常会出现按自己的习惯随意命名变量名称、把多条 C 语句书写在同一行上、语句排列不工整、缺少必要的程序注释等不规范的情况。尽管这些不会对程序的正确性产生影响,但是却使程序缺乏可读性,别人理解起来也困难。所以,从书写清晰,便于程序阅读、理解及维护的角度出发,初学者书写 C 程序语句时应该养成以下良好的规范:

① 无论是什么类别的 C 语句,每一行仅书写一条语句。

② 对 C 程序中的函数体的标识{……},其中"{"与"}"分别占一行。

③ 用行缩进的方式显示函数体中语句的结构,体现出阶梯式的层次关系。

例如,程序 A 的语句书写形式如下:

```
#include <stdio.h>
main()
{
    ...          //右缩进;
    程序 A 的内容;
    ...          //右缩进;
}
```

而程序 B 的语句书写形式如下:

```
main()
{ ...          //无缩进;
    程序 B 的内容;
    ...          //无缩进;
}
```

尽管程序 A 与程序 B 在内容上都是正确的,但是前者的 C 语句书写形式要比后者规范。

④ 对 C 程序中的一些重要语句,在其右侧加上行注释。对于 C 程序中的自定义函数,应在其定义起始处加上程序块注释,言简意赅地介绍自定义函数的功能及被调用的情况说明。

⑤ 对 C 程序中的常量、变量、函数、数组等数据元素的命名,应该要"顾名思义"。例如,自定义一个实现"求和"功能的函数,以"add"命名要比以"XYZ"命名更具有可理解性。

如果程序员不养成良好的代码书写规范,会让人感到读代码很疲倦,这样的代码也很难被理解与修改。所以,学习 C 语言之初,就要注重良好的代码书写规范,这对今后程序的阅读与理解影响很大。

1.5 在 Visual C++ 6.0 环境下运行 C 程序

1.3 节中的几个 C 程序实例,是不能被计算机直接识别并执行的。必须要在专门的编译系统下,利用 C 语言编译程序(编译器),把编写好的 C 程序转化成二进制形式的目标程序。然后再把该目标程序(或和其他已编译好的目标程序一起)与编译系统所支持的库函数连接起来,生成能被计算机执行的 C 语言可执行程序,从而运行得到程序结果。

1.5.1 C 程序的执行流程

　　C(源)程序文件的后缀名以.c 为标识,在编译环境下通过编译后所生成的目标程序文件以.obj 为标识,最后经连接所得到的是后缀名为 .exe 的最终可执行程序。例如,用户编写了一个程序名为 A 的 C 程序 A.c,其执行流程如图 1.1 所示。

　　从图 1.1 中可见,一个编辑好的 C(源)程序的运行过程依次由编译、连接与执行三个阶段组成。如果在编译过程中发现 C 程序有语法性错误,将无法生成相应的目标程序而进入后续的连接阶段。用户应当重新检查源程序,查找出错误,修改源程序并重新编译,直到无错为止。需要注意的是,有时 C 程序在编译过程中未发现错误,能生成目标程序以及最终的可执行程序,但是运行的结果却不正确。出现这种情况一般不是语法方面的错误,而可能是事先编写好的 C 程序中存在某些逻辑方面的错误。例如,赋值不正确、计算公式中的数值有错误等。同样。应当返回检查所编写的 C 程序,并改正错误。

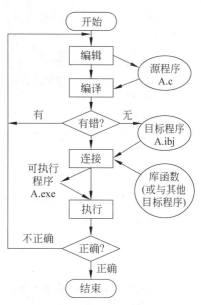

图 1.1　C 程序的执行流程

1.5.2 Visual C++ 6.0 简介

　　为了编译、连接与执行 C 程序,必须要有相应的 C 语言编译系统。目前,市面上大多数 C 语言编译系统都是基于软件的集成开发环境(工具)之中,即把对程序的编辑、保存、编译、连接、执行等各个操作全部集中在一个软件界面上,直观易用,功能丰富。

　　Visual C++ 6.0 是美国微软公司推出的一款高级程序语言集成开发工具,集程序的代码编辑、程序编译、连接和调试等功能为一体,主要编辑 C、C++ 等高级语言,并提供可视化的编程界面,是一款功能强大的可视化开发工具。Visual C++ 6.0 开发工具的界面设计美观友好,操作简单,支持中文输入与输出,开发过程也更加快捷和方便。本书中的所有 C 程序都是在 Visual C++ 6.0 环境下开发与调试的。

　　图 1.2 是 Visual C++ 6.0(中文版)的主界面窗口。可以看到,该开发环境使用了多文档/视图结构,并在窗体中添加了分割窗体的功能,能够将具有不同功能的窗体紧凑地结合在一起。

1.5.3 Visual C++ 6.0 环境下运行 C 程序的方法

1. 安装与进入 Visual C++ 6.0 环境

　　读者可以双击中文版的 Visual C++ 6.0 压缩包(300MB 左右),按照相应的中文提示安装软件。建议安装完毕后在桌面上建立 Visual C++ 6.0 快捷方式图标,双击后即可进入如图 1.2 所示的主界面。

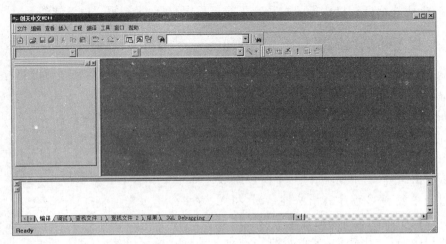

图 1.2　中文版 Visual C++ 6.0 主界面窗口

2. 输入、编辑与保存 C(源)程序

(1) 输入 C(源)程序

在 Visual C++ 6.0 主界面选择"文件"菜单,在弹出的下拉菜单中选择"新建"选项,如图 1.3 所示。

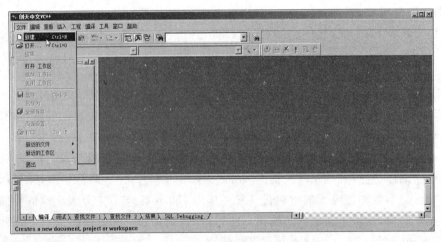

图 1.3　Visual C++ 6.0 主界面"新建"窗口

在弹出的"新建"对话框中选择"文件"选项卡,单击其中的 C++ Source File 选项,表明准备建立一个 C/C++(源)程序。在对话框右半部分的"文件"文本框中自定义输入新建的完整的 C 源程序文件名。例如,若新建一个文件名为 LiZi 的 C 程序,一定要在"文件"文本框中输入完整的文件名,即 LiZi.c。需要注意的是,LiZi.c 的后缀名.c 不可少。如果写成 LiZi 的形式,Visual C++ 6.0 默认新建的是一个文件名为 LiZi 的 C++ 源程序(注:C++ 源程序文件的后缀名是.cpp),系统在编译时可能会出错。然后,在"文件"文本框下面的"目录"对话框中单击"目录"对话框右边的按钮,自定义设置 C 程序文件的目录位置。例如,选择"D:\C 语言程序设计与实训",表明即将新建的 C 程序文件 LiZi.c 将置于本地计算机 D 盘下的"C 语言程序设计与实训"文件夹中,如图 1.4 所示。当然,也可以单击"目录"对话框

右边的按钮设置 C 程序文件的目录位置。

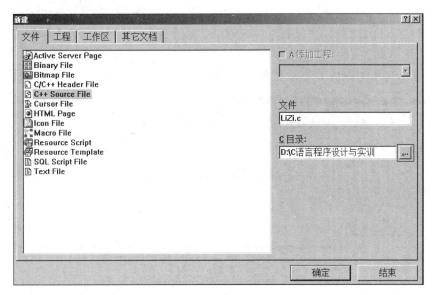

图 1.4 "新建"对话框

(2) 编辑、保存及另存当前的 C(源)程序

单击图 1.4 中的"确定"按钮,即进入 Visual C++ 6.0 的编辑窗口,如图 1.5 所示。窗口的标题栏中显示 LiZi.c 的标记,说明此时 LiZi 这个 C 程序已经被新建。同时还可以看到空白的程序编辑区内有光标在闪烁,提示可以输入 C 程序的代码。在英文输入法环境下输入 1.3 节中例 1.4 所示的 C 程序(程序的中文注释允许在中文输入法环境下输入),完毕后可以单击编辑界面窗口上方工具栏中的"保存"图标,对 C 程序进行保存,如图 1.6 所示。同样,打开计算机 D 盘"C 语言程序设计与实训"文件夹,可以发现里面新出现了一个 LiZi.c 文件,这也就是编辑好的 C 程序文件。也可以对已保存好的 LiZi.c 文件做"另存"处理,即

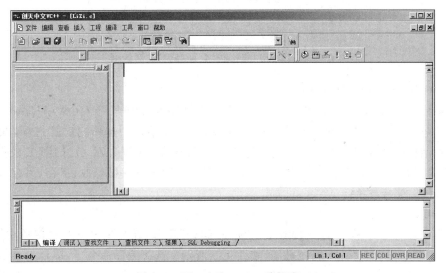

图 1.5 Visual C++ 6.0 编辑窗口

更换其文件文件名或存储路径。例如,把 LiZi.c 文件名改为 ShLi.c,把原来存放文件的目录(D:\C 语言程序设计与实训)改为 C:\AMD。方法是在图 1.6 的界面中选择"文件"菜单中的"另存为"选项,在弹出的"保存为"对话框的"保存在"下拉框中选择"本地磁盘(C:)",选定 C 盘中的 AMD 文件夹,在"文件名"文本框中输入文件名称 ShLi.c,如图 1.7 所示。单击"保存按钮",则将原先的 LiZi.c 文件重命名为 ShLi.c,另存在 C:\AMD 目录下。

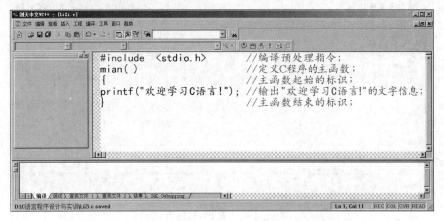

图 1.6　保存后的 C 程序编辑窗口

图 1.7　以 ShLi.c 文件名"保存为"的对话框

（3）打开已有的 C(源)程序

如果事先在 Visual C++ 6.0 环境下已经编辑并保存好某个 C(源)程序,再次进入 Visual C++ 6.0 主界面后可以单击"文件"菜单,在下拉菜单中选择"打开"选项,在弹出的"打开"对话框的相应目录下选定之前所建立的 C 程序文件(如 LiZi.c),如图 1.8 所示。单击"打开"按钮,进入程序编辑界面。接下来,仍然可以对该程序做修改、保存、另存等操作。

3. 编译、连接与执行

（1）编译

编辑与保存了 C 程序文件 LiZi.c 后选择"编译"菜单,在弹出的下拉菜单项中选择"编译 LiZi.c"菜单项,即对其做编译操作,如图 1.9 所示。选择编译命令后,屏幕上会出现一个英文对话框(中文含义是"你是否同意建立一个默认的项目工作区?"),如图 1.10 所示。单击"是"按钮,则进入编译阶段。

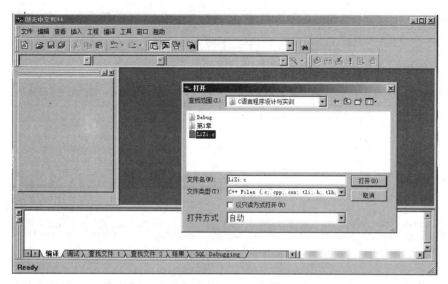

图 1.8　打开名为 LiZi.c 的 C 程序对话框

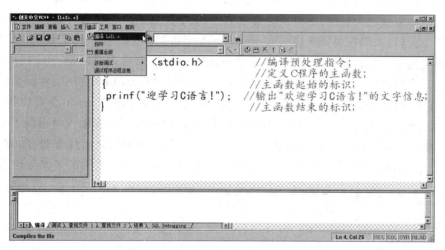

图 1.9　"编译"操作窗口

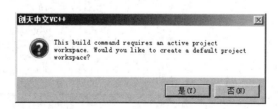

图 1.10　"是否同意建立一个默认的项目工作区?"的对话框

　　在编译过程中,系统会自动检查 C 程序是否有语法错误,会在主窗口下部指出错误的位置及类型,如图 1.11 所示。

　　通常,Visual C++ 6.0 把所发现的 C 程序语法错误分为两类,即 error 类别(致命性错误)与 warning 类别(警告性错误)。如果 C 程序中有 error 类别的错误,则无法通过编译阶

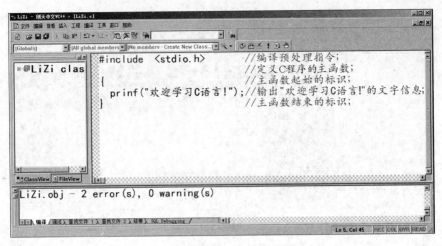

图 1.11　编译阶段检测出错误的提示窗口

段,更不用说后面的连接阶段与执行阶段了。此时需要返回检查源程序中的语法错误,并予以改正,然后再次编译,观察是否能够通过编译。如果 C 程序中有 warning 类别的错误,表明此类错误严重性较为轻微,一般不会影响程序的编译与连接,但也有可能影响程序最终执行的结果。所以,如果在编译阶段只有 warning 类别错误,而无 error 类别错误,不妨先让程序做后面的连接与执行操作,仔细观察和分析最终运行结果后再返回检查 C 程序,对其作相应修改。当然,C 程序编译后的结果应该是 error 类别与 warning 类别的错误数均为 0。

以 C(源)程序 LiZi.c 为例,在编译阶段,系统检测出该程序有 error 类别的错误(错误数为 2),如图 1.11 所示。逐一检查程序内容,发现 C 程序 LiZi.c 在输入时遗漏了主函数名称 main,并且写错了函数名 printf(错写成 prinf)。在做正确修改之后保存程序,重新编译,这时发现程序通过了编译,如图 1.12 所示(error 类别与 warning 类别的错误数均为"0")。

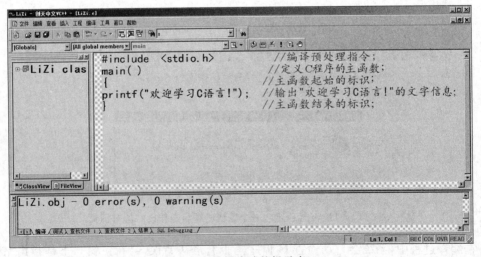

图 1.12　编译成功的提示窗口

　　注:为使初学者加深印象,这里对 C 程序 LiZi.c 修改后编译成功的窗口界面(图 1.12 所示)添加了背景色彩,以示与图 1.11 的区别。

（2）连接

C（源）程序通过编译阶段后，会在其存储位置上生成相应的目标程序。（例如，在 D 盘 "C 语言程序设计与实训"文件夹中可以发现一个新增的 LiZi.obj 程序文件。）在图 1.12 所示界面中选择"编译"菜单中的"构件 LiZi.exe"菜单项，如图 1.13 所示。当出现图 1.14 所示界面时，表示连接成功。此时已生成了一个 LiZi.exe 可执行程序文件，同样可以在 D 盘 "C 语言程序设计与实训"文件夹中看到它。

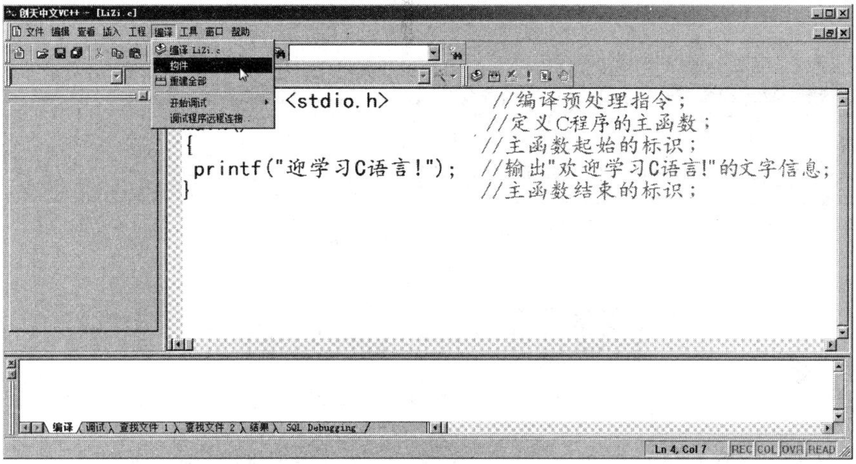

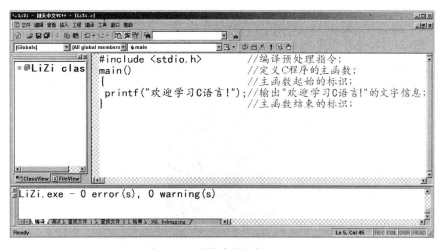

图 1.13　"连接"操作窗口

图 1.14　连接成功的提示窗口

（3）执行

选择"编译"菜单中的"执行 LiZi.exe"菜单项，即开始执行该程序，如图 1.15 所示。程序执行后，屏幕将切换至图 1.16 所示的输出结果的窗口。按下任意键后，输出窗口消失，又转回至程序编辑主界面窗口。用户可以对 C 程序再次做修改、补充等其他工作。

4. 退出

在程序编辑主界面窗口选择"文件"菜单中的"关闭工作区"菜单项，在弹出的英文对话

图 1.15 "执行"操作窗口

图 1.16 程序输出结果窗口

框(中文含义为"是否关闭所有文档窗口")中单击"是"按钮,则回到之前的 Visual C++ 6.0 主界面窗口。用户可以新建或打开其他 C(源)程序文件。

实训 1　熟悉 Visual C++ 6.0 环境

任务 1　解压缩 Visual C++ 6.0 工具压缩包,安装至本地计算机上,认真观察安装过程,在计算机桌面创建如图 1.17 所示的 Visual C++ 6.0 快捷方式图标。

图 1.17 Visual C++ 6.0 快捷方式图标

任务 2　在 Visual C++ 6.0 环境下创建一个文件名为 ShiXun1.c 的 C(源)程序文件,并输入以下 C 程序代码:

```
#include <stdio.h>
main()
{
    printf("欢迎学习 C 语言! \n");      //输出"欢迎学习 C 语言! "的文字信息;
    printf("你准备好了吗? \n");      //输出"你准备好了吗?"的文字信息;
```

}

在计算机的 C 盘中建立一个文件名为"C 语言程序"的文件夹,保存 ShiXun1.c 文件。编译、连接并执行 ShiXun1.c,观察运行结果是否与图 1.18 一致。

运行结果如下:

图 1.18　ShiXun1 程序运行结果

任务 3　把任务 2 中 ShiXun1.c 程序的第 4 条与第 5 条语句:

```
printf("欢迎学习 C 语言! \n");
printf("你准备好了吗?\n");
```

分别改为:

```
printf("欢迎学习 C 语言! \t");
printf("你准备好了吗?\t");
```

其余不变,以文件名 ShiXun2.c 另存至 C 盘下"C 语言程序"的文件夹中。编译、连接并执行,观察运行结果与 ShiXun1.c 的执行结果有什么不同,课外查找资料分析原因。

1.6　本　章　小　结

本章首先介绍了计算机程序的概念以及程序设计语言的分类。按照时代发展划分,程序设计语言可分为机器语言、汇编语言与高级语言。其中,按照思维方式划分,又可以把高级语言分为面向过程与面向对象两类。C 语言是面向过程的高级语言。

其次介绍了计算机程序设计所经历的主要阶段:分析,设计,编码,运行结果、分析与测试,编写程序文档。

再次介绍了 C 语言的发展及主要特点,举例说明了 C(源)程序的基本结构,一个 C 程序是由一个主函数(有且仅有一个,用 main 标识)与若干个被调用函数(用户自定义函数、库函数)组成。编程时需要养成良好的代码书写规范,以及了解运行 C 语言程序所历经的流程:编译以.c 为后缀名的 C(源)程序,连接以.obj 为后缀名的 C 目标程序,执行以.exe 为后缀名的 C 可执行程序。

最后,通过实例介绍了在 Visual C++ 6.0 环境下运行一个简单 C 程序(LiZi.c)的方法。

习　题　1

一、选择题

1. 一个 C(源)程序文件的后缀名是(　　)。

　　A. .exe　　　　　　B. .c　　　　　　C. .obj　　　　　　D. .opt

2. 一个 C 程序总是从(　　)开始执行。

A. 主函数　　　　　B. 子函数　　　　C. 库函数　　　　D. 不确定

3. 关于 C 程序中的注释,以下说法错误的是(　　)。

　　A. 注释可以提高程序的可读性

　　B. 注释内容的正确与否会影响程序的执行结果

　　C. 可以只为部分程序语句添加注释

　　D. 添加注释的方式分为单行注释与程序块(段)注释两种

4. 关于 C 程序的函数调用,以下说法正确的是(　　)。

　　A. 主函数可以调用用户自定义函数

　　B. 主函数可以调用自己

　　C. 用户自定义函数可以调用主函数

　　D. 用户自定义函数之间不可以相互调用主函数

5. 关于 C 源程序,下列说法错误的是(　　)。

　　A. C 源程序不能直接被计算机识别并运行

　　B. C 源程序从编辑开始到结果运行,要经过编译、连接与执行三个阶段

　　C. C 源程序在编译阶段出现 warning 类别的错误时,则不能进入连接阶段

　　D. 一个 C 源程序运行并得到了最终结果,不代表该程序就没有错误

6. 一个 C 源程序主要由(　　)组成。

　　A. 变量　　　　　B. 常量　　　　　C. 函数　　　　　D. 数字

二、问答题

1. 面向过程与面向对象的高级语言的主要区别是什么?

2. C 语言的主要特点是什么?

3. 计算机程序设计所经历的主要阶段有哪些?

4. 请简述良好的 C 程序代码书写规范。

第 2 章　数据类型与运算

本章学习目标

- C 语言的基本数据类型及其分类
- C 语言标识符的命名规则
- 常量与变量
- 常用的 C 语言运算符与表达式,运算符的优先级与结合性
- C 语言前置自增/自减运算与后置自增/自减运算的区别
- C 语言中不同数据类型之间的自动转换规则

　　计算机程序的执行离不开数据。计算机程序通过对各类数据的处理来完成功能实现的过程。数据主要分为两大类,一类数据在程序执行前就已预先设定,且在程序运行期间不能被改变,这类数据称为常量。另一类数据在程序运行期间可能会发生变化或被重新赋值,这类数据称为变量。C 语言中提供了丰富的数据类型。数据类型定义了一个对象(常量与变量)应具有何种类型的数值,以及可以对其做什么样的运算。运算用运算符来描述,它决定了对运算对象应该进行何种运算,用运算符把各种运算对象连接起来的式子称为表达式。C 程序中的语句主要通过各种表达式实现。

2.1　C 语言基本数据类型

　　C 程序在处理数据之前,要求数据具有明确的数据类型。C 语言数据类型有很多,为了突出程序设计能力及应用主线,避免初学者一开始因接触较多数据类型而深陷烦琐的语法细节中,本节主要介绍 C 语言中一些常用的基本数据类型。

2.1.1　数据类型的概念

　　类型是指由各种特殊的事物或现象抽象出来的共同特征(属性)所形成的集合。类型是一个抽象的概念,是一组具体特征的集合。数据类型就是对一个具体的数据所具有特征的抽象,即对 C 语言中具体的数据进行归纳分类,从数据性质、表示形式、占据存储空间的大小以及构造特点等方面抽象出的共同点。

2.1.2　数据类型的分类

　　C 语言支持的数据类型比较丰富,分为基本数据类型(整型、实型、字符型),构造类型(数组类型、结构体类型、共同体类型、枚举类型),特殊类型(指针类型)与空类型四大类,如表 2.1 所示。本节主要介绍 C 语言基本数据类型中的整型、实型与字符型,其余数据类型将在后续章节中介绍。

表 2.1　C 语言数据类型分类

数据类型	类型名称	类　型　说　明
基本类型	整型	基本类型是自我说明的,即基本类型的值不可以再分解成其他数据类型
	实型(浮点型)	
	字符型	
构造类型	数组类型	用构造(组合)的方法来定义一个或多个基本类型。一个构造类型的值可以分解成若干个"元素"或"成员",每一个"元素"可以是一个基本类型或又是一个构造类型
	结构体类型	
	共同体类型	
	枚举类型	
特殊类型	指针类型	一种特殊的数据类型,用来表示某个数据在计算机内存中的地址
空类型	void 类型	用来标识函数的类型。如果某函数被调用后,并不需要向调用者返回具体的函数值(返回值为空),则该函数可以定义成"void"类型

2.1.3　基本数据类型

在 C 语言中,任何数据的表现都有两种形式:常量或变量。无论是常量还是变量,都必须有自己的数据类型,每一种数据类型也都有固定的表示方式,如基本整型、单精度实型等。这种表示方式实际上确定了数据类型三个方面的属性,即表示的数据范围、在内存中的存储形式以及所占内存空间的大小。

C 语言中的每种基本数据类型都用一个关键字表示。例如,int(基本整型)、float(单精度实型)、char(字符型)、double(双精度实型)等。此外,还有 4 个修饰词可以出现在表示上述几个基本类型的关键字之前,从而派生原来的含义。它们是 short（短型）、long（长型）、signed（有符号）和 unsigned（无符号）。例如,short int 表示短整型,unsigned int 表示无符号整型,long int 表示长整型等。

通常,计算机所支持的机器字长的位数一般是固定的(32 位或 64 位)。所以,计算机中能表示数据的取值范围也是有限的。现实中,数字有正负之分("＋"号或"－"号表示),但是计算机区分正负数是以该数在计算机内存中(二进制存储形式)所在字节最高位所对应的"0"值或"1"值来判断,最高位是"0"表明是正数,最高位是"1"表明是负数。

注:正数与零在计算机中是以其二进制原码的形式存放的,而负数则是以其二进制补码的形式存放。有关二进制数的原码、补码及其相互转换方法,请读者自行查阅《计算机组成原理》、《微机原理》等相关书籍。

在计算机中,一个数据所对应二进制形式的最高位不设符号位,这样的数据称为无符号数,用 unsigned 修饰。一个无符号数的数值只能是大于或等于零。尽管一个无符号数所能表示的数据范围与对应的一个有符号数表示的数据范围相同,但却比有符号数所能表示的正数范围部分扩大了一倍。最后,不同的 C 语言编译系统所表示的同一基本数据类型的数值范围会略有不同。例如,对于一个 int 类型(基本整型)数据,在 Visual C++ 6.0 编译系统下占 4 个字节(32 位)长度,而在 TC 2.0 编译系统下只占 2 个字节(16 位)长度。表 2.2 给出了 Visual C++ 6.0 环境下基本数据类型、字宽与数据的表示范围。

表 2.2　Visual C++ 6.0 环境下基本数据类型、字宽与数据表示范围

类　　型	类型名称与说明符	字宽(字节)	数据取值范围
整型	基本整型 int	4	$-2^{31} \sim 2^{31}-1$
	无符号整型 unsigned (int)	4	$0 \sim 2^{32}-1$
	短整型 short (int)	2	$-2^{15} \sim 2^{15}-1$
	无符号短整型 unsigned short (int)	2	$0 \sim 2^{16}-1$
	长整型 long (int)	4	$-2^{31} \sim 2^{31}-1$
	无符号长整型 unsigned long (int)	4	$0 \sim 2^{32}-1$
实型(浮点型)	单精度实型 float	4	小数点后的有效数字默认保留 6 位
	双精度实型 double	8	小数点后的有效数字默认保留 15 位
	双精度长实型 long double	8	小数点后的有效数字默认保留 19 位
字符型	有符号字符型 char	1	$-2^7 \sim 2^7-1$
	无符号字符型 unsigned char	1	$0 \sim 2^8-1$

注:① 表中类型说明符中出现的(),表示该部分书写时可以省略。
　　② 基本整型 int、短整型 short(int)、长整型 long(int)分别与有符号基本整型(signed)int、有符号短整型(signed) short(int)、有符号长整型(signed)long(int)等同。

2.2　数据的表现形式

学习本节内容之前,先看一个简单的 C 程序例子:

例 2.1　已知圆的半径 r 的值为 8,编程求出该圆的周长 C 与面积 S。

分析:求解问题的算法很简单,关键是找出圆周长 C、圆面积 S 与圆半径 r 之间的转换公式。

圆周长:C=2×r×圆周率。

圆面积:S=r×r×圆周率。

C 程序代码如下:

```
#include <stdio.h>              //编译预处理指令;
main()
{
    int r;                      //定义基本整型变量 r,表示圆的半径;
    float C,S;                  //定义单精度实型变量 C 与 S,表示圆的周长与面积;
    r=8;                        //把整数 8 赋给变量 r;
    C=2*r*3.14;                 //计算 C 的值,作为圆的周长;
```

```
        S=r * r * 3.14;                    //计算 S 的值,作为圆的面积;
        printf("C=%f,S=%f\n",C,S);  //在屏幕上输出 C、S 的值;
}
```

程序运行结果如下：

```
C=50.240002,S=200.960000
Press any key to continue_
```

有了以上编写程序的基础,下面主要对 C 程序中一些具体数据的表现形式作简单介绍。

2.2.1 关键字

关键字是 C 语言规定的具有特殊含义的字符串,只能被 C 语言本身使用,不能作其他用途使用。C 语言的关键字总共有 32 个(见附录 A),如例 2.1 程序中的 int、float 就是关键字。

2.2.2 标识符

标识符是用户对 C 程序中的变量、常量、函数、数组、类型、文件等符号命名的有效字符序列。简单地说,标识符就是一个对象的名字,由用户自己定义。例如,在例 2.1 所示程序中,r(圆的半径名)、C(圆的周长名)、S(圆的面积名)就是标识符。C 语言对标识符的命名规则如下：

① 标识符只能由英语大小写字母、数字与下画线中的一种或多种组成。

② 标识符只能以英语大小写字母或下画线开头。

③ 标识符不能与 C 语言关键字重名。

④ 标识符区分英语字母大小写。

例 2.2　下列 C 语言的标识符中,哪些是不合法的?

A;ABc;ABC;3G;Bill—Smith;_ab;float;T315;a * b;$;

答：不合法的标识符是：3G(以数字"3"开头,不合法);Bill—Smith(标识符中出现了"—",而非下画线"_");float(与 C 语言关键字重名);a * b(标识符中出现了" * ",非法);$ (" $ "是特殊字符,非法)。

注：Visual C++ 6.0 编译系统把"ABc"与"ABC"看作是两个不同的标识符,标识符区分英语字母大小写。

2.2.3 常量

在 C 程序运行的过程中,常量的数值始终不发生改变。常量主要分为以下几类：

1. 整型常量

以整数形式表示的常量。例如,数字 1、25、300 等。根据不同的表现方式,整型常量还可分为八进制、十进制与十六进制三种表示方式,如表 2.3 所示。

表 2.3 整型常量的表示方式

表示方式	说　明	举　例
八进制	八进制形式表示,通常是无符号数,以数字"0"开头	0167、077、054
十进制	十进制形式表示,没有前缀	123、45、78
十六进制	十六进制形式表示,以"0x"或"0X"开头	0x129、0x7 AB6、0x5E

注:① 初学者在编写 C 程序时,建议采用十进制整数形式来表示整型常量。

② 在 C 语言中,整型常量可以用后缀加字母 L 或 l 表示长整型。例如,054L 表示长整型八进制数 54,123L 表示长整型十进制数 123。在 Visual C++ 6.0 环境下,基本整型与长整型没有区别。

2. 实型常量

在 C 语言中,实型常量采用十进制形式,主要有以下两种表示方法:

(1) 十进制小数方法

由正负号、数字 0～9 与小数点组成,并且小数点不可或缺。例如,0.54、1.8、2.0、0.1 等。需要注意的是,C 语言中,2 与 2.0 是两类不同类型的常量,前者是整型常量,而后者却是实型常量,尽管二者表示的数值相同。以十进制小数方式表示某一实型常量时,数字"0"可以忽略不写。比如,0.54 可以写成".54",2.0 可以写成"2.",0.1 可以写成".1"。

(2) 指数方法

数学中可以用指数(幂)的形式来表示一个实数。例如,用 1.256×10^2 表示 125.6。指数表示方法即用字母 e(或 E)表示指数,表示方式如下:

"尾数 e 指数"

例如:12.35e2 表示 12.35×10^2,$-1.3e5$ 表示 -1.3×10^5。

注意:在指数表示方法中,指数只能是整数,而尾数则可以是整数,也可以是小数。但是,指数或尾数均不能省略。

例如:3e、e.8、5e2.7、e-2 的写法都是错误的。

在 Visual C++ 6.0 环境下,实型常量的类型默认为双精度实型(double)。如果在实型常量的后面加字母 F(或 f),则表示该常量是单精度实型(float)。

3. 字符常量

字符常量是由一对单引号(' ')括起来的普通字符或转义字符。例如,'A'、'%'、'b'、'\n'、'\t'等都是合法的字符常量。字符常量分为以下两类:

(1) 普通字符

普通字符可以是计算机键盘上字符集中的任意单个字符,包括英语字母(如'A'、'f'等),特殊字符(如'@'、'%'、'&'等),数字字符(如'2'、'3'、'5'等)与控制字符(如'空格'、'Ctrl'等)。无论取自字符集中的哪一种,普通字符常量只能是一个字符,必须由一对单引号(' ')括起来。

普通字符常量对应的数值是一个正整数,其实就是该字符所对应的 ASCII 值,读者可以通过 ASCII 表(附录 B)查阅到每一个普通字符常量所对应的 ASCII 值。例如,'A'的 ASCII 值是 65,'a'的 ASCII 值是 97,'&'的 ASCII 值是 38。需要注意的是,在 C 语言中,数字字符不代表其真实数字的含义。比如,数字字符'9'与十进制整数 9 是不同的。前者表示的是一个普通字符常量,即一个形状为'9'的符号,在计算机内存中占 1 个字节,其数值应该是'9'所对应的 ASCII 值(整数 57)。后者则表示一个十进制整型常量,数值为 9,在计算机内存中占 4 个字节(二进制形式存储)。

（2）转义字符

转义字符是一类特殊的字符常量,以一个反斜杠"\"开头,后面跟一个字符或一串字符,转义字符常量同样要用一对单引号(' ')括起来,比如,'\n'、'\t'、'\ddd'等。顾名思义,转义字符所表示的真正意义与自身原有含义不同,故而"转义"。例如,转义字符 '\n',其意义并不是把'\'与'n'两个普通字符常量写在一起,而表示的是"换行"的意义。(如果在第一条输出语句之后连接着转义字符'\n',则第二条输出语句将换到下一行输出,而不是紧跟在第一条语句之后输出。)

转义字符主要起到控制 C 程序输出语句格式的作用,使之排列美观。一些常用的转义字符及其含义如表 2.4 所示。无论是普通字符常量还是转义字符常量,其在计算机内存中只占 1 个字节的字宽(长度)。

表 2.4　常用转义字符及其含义

转义字符	含　义
\n	换行
\0	字符串结束标识
\t	横向跳至(同一行)下一个输出位置
\v	竖向跳格
\f	换页
\b	退格
\ddd	ddd 表示 1 至 3 位八进制数所代表字符的 ASCII 值
\xhh	hh 表示 1 至 2 位十六进制数所代表字符的 ASCII 值

例 2.3　转义字符的应用。

C 程序 1:未使用转义字符输出 C 语句。

```
#include <stdio.h>
main()
{
    printf("欢迎学习 C 语言!");        //输出文字"欢迎学习 C 语言!"
    printf("C 语言难学吗?");           //输出文字"C 语言难学吗?"
    printf("C 语言不难学。");          //输出文字"C 语言不难学。"
}
```

程序运行结果如下:

```
欢迎学习C语言! C语言难学吗? C语言不难学。Press any key to continue_
```

C 程序 2:使用转义字符'\n'与'\t'输出 C 语句。

```
#include <stdio.h>
main()
{
    printf("欢迎学习 C 语言! \n\n");   //(第一行上)输出文字"欢迎学习 C 语言!"
```

```
    printf("C语言难学吗?\t");         //(第三行上)输出文字"C语言难学吗?"
    printf("C语言不难学。\n \n");      //(横向空一位置)输出文字"C语言不难学。"
}
```

程序运行结果如下：

使用转义字符后,例 2.3 中第 2 个程序的输出结果在文字格式排列方面比第 1 个程序美观。C 语言中的转义字符还有很多,但对于初学者而言,开始并不需要掌握所有的转义字符及其含义,只需要了解几个主要的即可。

4. 字符串常量

字符串常量是由一对双引号("")括起来的字符序列,如"hello"、"HeFei—City"、"A"、"@♯$％＆9"等。需要注意的是,组成字符串常量的字符个数可以是一个,也可以是多个,但是字符串常量必须要用一对双引号("")括起来。在 C 语言中,"A"与'A'是两类不同类别的常量,前者是字符串常量,而后者是字符常量,区分二者不同之处在于到底是"戴双引号帽子还是戴单引号帽子"。

对于一个字符串常量,在计算机内存中的实际位宽(长度)要比其自身位宽(长度)多出一个字节。当该字符串常量被调入计算机内存后,计算机会在该字符串的末端为其自动添加一个字节,字节内容是'\0'(转义字符常量,表示字符串结束的标识)。

例如,字符串常量"HeFei—City"在计算机内存中的实际存放情况如下：

H	He	F	e	i	—	C	i	t	y	\0

同样,字符常量'A'在计算机内存中只占 1 个字节,实际存放情况如下：

A

而字符串常量"A"在计算机内存中占 2 个字节,实际存放情况如下：

A	\0

5. 符号常量

用一个标识符代表一个常量,即标识符形式的常量,使用♯define 命令行定义。
例如：

```
#define PI 7.8
```

即 PI 为符号常量,其数值是 7.8。PI 的值在整个 C 程序运行期间都不会改变,始终是7.8,也不能再被赋予别的数值。

注：关于♯define 命令行在 C 语言中的其他应用,初学者不必深究。

2.2.4 变量

在程序运行过程中,值可以发生改变的数据称为变量。变量在计算机内存中占据一定大小的存储空间(单元)。

1. 变量名

在 C 语言中,每一个变量都有一个唯一的名称,即变量名。变量名是一个变量区别于另一个变量的唯一标识。变量名的命名规则与 C 语言标识符的命名规则一样,即只允许变量名由英语大小写字母、下画线或数字组成,并且只能以英语大小写字母或下画线开头。建议初学者编写 C 程序时最好使用小写英语字母命名变量,命名要"见名知意",增加程序的可理解性,有助于记忆。在 Visual C++ 6.0 环境下,对 C 程序变量的命名是区分英语字母大小写的,比如,sum 与 SUM 就是两个不同的变量名。

2. 变量的数据类型

C 语言中的每一个变量都具有一种数据类型(在定义时指定),计算机会根据变量的数据类型为其分配相应的内存空间(单元),用来存储变量的值。C 语言提供的变量数据类型包括数值类型(整型、实型),字符类型,构造类型(数组类型、结构体类型、共同体类型、枚举类型)与指针类型。本节主要介绍整型、实型与字符型变量,其类型名称、类型说明符(用关键字表示)以及每一种类型所占字节数(宽度)如表 2.5 所示。

表 2.5　整型、实型、字符型变量的类型说明符与所占字节数

类　　型	数据类型的名称与说明符	字节(宽度)
整型	基本整型 int	4
	无符号整型 unsigned (int)	4
	短整型 short (int)	2
	无符号短整型 unsigned short (int)	2
	长整型 long (int)	4
	无符号长整型 unsigned long (int)	4
实型(浮点型)	单精度实型 float	4
	双精度实型 double	8
	双精度长实型 long double	8
字符型	有符号字符型 char	1
	无符号字符型 unsigned char	1

注:(1) 在定义变量数据类型时,()里面的关键字可以省略。
　　(2) C 语言中没有字符串类型的变量。

3. 变量的定义

编写 C 程序时,对变量必须做到"先定义,后使用"。定义变量时,需要指定该变量的数据类型与名称,通过定义语句来定义一个或多个变量。

变量定义的形式如下:

数据类型 变量名 1,变量名 2,……,变量名 n;

例 2.4　简单的变量定义语句。

```
int i;              //语句 1,定义 1 个基本整型变量 i;
```

```
float x,y,z;          //语句2,定义3个单精度实型变量x,y,z;
char ch1,ch2;         //语句3,定义2个字符型变量ch1,ch2;
```

"数据类型"即C语言中的数据类型说明符。比如,例2.4中定义变量用到的int(基本整型)、float(单精度实型)、char(字符型)就是相应的数据类型说明符。定义变量时,数据类型与该变量名之间要用一个空格分隔开。允许在一条语句中定义多个同一类型的变量,但是每个变量名之间用逗号","分隔开,最后用分号";"表示定义语句的结束,如语句2和语句3所示。

初学者需要注意以下几点:

① 可以通过一条语句来定义多个同一类型的变量,也可以分别定义每一个变量。

例如,例2.4中的语句3,也可以用2条语句分别定义变量ch1与变量ch2,即:

```
char ch1;
char ch2;
```

为增强程序的可读性,不建议初学者采用把多个同一类型变量分开定义的方式。

② 不允许通过同一条语句定义多个不同类型的变量。

例如,例2.4中语句1定义的变量x(int类型)与语句2定义的变量x、y、z(均为float类型)是两类不同类型的变量,则下列写法均是错误的:

```
int float i,x,y,z;         //错误!
float int i,x,y,z;         //错误!
```

③ 在C语言中,同一个变量只能被定义一次,且不能被重复定义。

例如,下列对变量定义的语句均是错误的:

错误一:

```
float x,y,z,x;    //因为x被定义了两次。错误!
```

错误二:

```
int i;            //语句1;
float i,x,y,z;    //同一个程序中,变量i在语句1中已经被定义,可是在语句2中又被重复定
                    义。错误!
```

④ 在一条语句上定义多个同类型的变量时,建议按照变量名的英语首字母顺序依次排列变量名。

假设把例2.4中的语句2改为:

```
float z,x,y;
```

就C语言语法的正确性来说,该语句没有错误。但是,按照变量名的英语首字母顺序(以x、y、z的顺序)来定义多个同类型的变量,会增加程序的可读性。建议初学者在学习C语言之初就养成良好的程序书写规范。

4. 变量赋值

C语言中的变量可以被看做是一个存储数据的"容器",功能就是往里面存储相应的数据。对变量的操作主要分为"给变量存放值"(为变量赋值)与"从变量中取值"。

（1）变量赋初（始）值

变量赋初值即在定义变量的同时就为其赋予初始值，也称为对变量的初始化。初始值必须是常量（或是由常量组成的表达式），初始值的类型可以与变量的数据类型相同，也可以不同。

例 2.5 对变量赋初值。

```
int i=2;                        //语句 1;
int j=3+8-7;                    //语句 2;
float x,y=3.5,z=5;              //语句 3,定义 3 个单精度实型变量 x,y,z;
char ch1='B',ch2=97,ch3;        //语句 4,定义 3 个字符型变量 ch1,ch2,ch3;
```

初学者需要注意以下几点：

① 对程序中的某个变量赋初值之后，不代表该变量的值在程序中就"永远不变"了，该变量的值可以通过赋值语句再次发生变化。例如，在语句 1 中定义了变量 i（int 类型），并把常量 2（int 类型）作为初始值赋给了 i，这只能说明此时变量 i 的值为 2，并不代表之后变量 i 的值（2）不会发生改变。如果在语句 1 后增加一条对变量 i 的赋值语句 i=5;，即：

```
int i=2;                        //语句 1,i 的值为 2;
i=5;                            // i 的值变为 5;
int j=3+8-7;                    //语句 2;
...
```

其余不变，则程序执行完以后，i 的值变成了 5，而不是初始值 2。

② 可以把一个由多个常量组成的表达式作为初始值赋给某个变量，该变量得到的初始值则是这个常量表达式最终的运算结果。

例如，语句 2 中的 int j=3+8-7;，则变量 j 得到的初始值是表达式 $3+8-7$ 的结果，即 j=4。

③ 在对多个相同数据类型的变量做赋初值（初始化）操作时，可以只对其中的部分变量赋初值。在 Visual C++ 6.0 环境下，未被赋初值的变量则默认其初始值为 0（整型变量）、0.0（实型变量）或'\0'（字符型变量）。

例如，语句 3：

```
float x,y=3.5,z=5;
```

该语句对只对变量 y、z 进行了赋初值操作，而未对变量 x 赋初值。则变量 x 的初始值默认为 0.0。

同样，对于语句 4：

```
char ch1='B',ch2=97,ch3;
```

字符型变量 ch3 的初始值默认为'\0'。

④ 在对 C 程序中的数值类型以及字符类型的变量赋初值时，原则上要求变量类型与所赋的常量类型保持一致，即把某一数据类型的常量赋给同一数据类型的变量，如语句 1 所示。但是，也允许出现变量类型与所赋的常量类型不一致的情况。

例如，语句 3：

```
float x,y=3.5,z=5;
```

语句 4：

```
char ch1='B',ch2=97,ch3;
```

分别出现了 z＝5（把整型常量 5 赋给单精度实型变量 z）与 ch2＝97（把整型常量 97 赋给字符型变量 ch2）的赋初值情况。变量赋初值语句本身没有错误,赋初值过程中 C 编译系统会作数据类型自动转换,使二者（变量与常量）具有同一数据类型。这个转换过程是 C 编译系统自动完成的,用户不必过问。也就是说,在语句 3 中,执行完 y＝3.5 后,变量 y 得到的初始值其实是 3.500000；在语句 4 中,执行完 ch2＝97 后,变量 ch2 得到的初值其实是'a'（整数 97 所对应的 ASCII 码）。关于 C 语言不同数据类型的自动转换准则,后面章节将作详细介绍。

（2）变量赋值

变量赋值即在该变量已被定义的基础上给变量赋上新值,变量原有的值将被新值取代。在 C 语言中,通过赋值语句完成对变量的赋值操作,格式如下：

变量名=常量/表达式;

其中,表达式可以由多个常量组成,也可以由多个变量组成,或者由多个常量与变量混合组成。注意,对于后两种情况,表达式中出现的变量需要事先被定义。

例 2.6 为变量 a、b、c 赋值。

```
int a,b,c;
a=1;
b=1;
c=a+b+6;
```

同样,初学者需要避免下列错误的变量赋值方式：

错误 1：

```
int a,b;
a=b=1;          //错误!
```

错误原因：不允许对变量 a 与变量 b 在同一条语句上赋值,尽管二者被赋予的是同样的数值。

正确写法如下：

```
int a,b;
a=1;
b=1;
```

错误 2：

```
int a;
a=b+6;          //错误!
```

错误原因：在语句 a＝b＋6;中出现了未定义的变量 b。

正确写法如下：

```
int a,b;
a=b+6;
```

错误 3：

```
int a;
1=a;            //错误!
```

错误原因：语句 1＝a;错误,不允许把变量赋给常量。

正确写法如下：

```
int a;
a=1;
```

错误 4：

```
int a,b;
a+b=1;          //错误!
a+3=b;          //错误!
```

错误原因：语句 a＋b＝1;与语句 a＋3＝b;错误,不允许把单个常量或变量赋给一个表达式(由常量或变量组成)。

正确写法如下：

```
int a,b,c;
c=a+b;
c=1;
b=a+3;
```

2.3　运算符与表达式

除了控制语句及输入/输出语句之外,在功能实现方面,C 语言中几乎所有的基本操作都是通过运算符来处理。运算符起到对运算对象(常量、变量)完成所规定操作的作用。用运算符把多个不同的运算对象连接起来的式子称做表达式。所以,C 语言的运算符主要用于构成各种表达式,它描述的是对某一个具体的表达式求值运算的过程。表达式也是 C 程序中主要的语句。

下列是一些常见的 C 语言表达式：

```
y=x+3;
15-'b'+2/12.456;
b=(++a)-2;
a /=a * =(a =2) ;
f=a-b%c;
--a ||++b&&c++;
max=a>b ? a: b-7;
a=8,a+=3,a * a;
```

```
1/(float)a-6;
```

以上每一个表达式都至少包含了 2 个及以上的不同运算符。只有先搞清表达式中每一个运算符的功能、运算结合性以及不同运算符之间的运算优先级,才能正确地对表达式进行运算。所以,学习 C 语言运算符之前,读者需要首先了解运算符的几个基本特性。

(1) 功能

该运算符所能实现的功能是什么,对运算对象将完成什么样的操作。在 C 语言中,尽管很多运算符的写法与实际中的某些数学符号相同,但是二者的功能却完全不一样。例如,C 语言运算符"％",其功能是对两个整数做"求余数"的操作,而不是做"百分比"操作。

(2) 结合性

运算符的结合性是指对于由一个或多个同类运算符所构成的表达式,表达式的运算次序是什么。这里涉及运算符对运算对象的结合方向。运算符的结合性分为左结合与右结合两种。

例如:

```
a-b-1;          //表达式 1;
```

表达式 1 中是由一个同类运算符"－"(减法运算符)构成,"－"的结合性是左结合,即对表达式 1 的运算次序是由左至右,可以看做是(a－b)－1;

再例如:

```
int x,y;
y=x;       //表达式 2;
```

对于表达式 2,是把 x 的值赋给 y,还是把 y 的值赋给 x? 因为表达式 2 中的运算符"="(赋值运算符)的结合性是右结合,所以,表达式 2 的功能是把 x 的值赋给变量 y。

(3) 优先级

运算符的优先级是指当一个表达式中存在多个不同的运算符时,不同运算符之间的运算顺序是什么,即先对表达式中的哪一个运算符做运算,再对哪一个运算符做运算。也就是"先算谁,后算谁"的问题。

例如:

```
X+Y＊Z;          //表达式 3;
```

表达式 3 中存在"＋"(加法运算符)与"＊"(乘法运算符)两种不同的运算符,与实际中的算术运算一样,C 语言中"＊"运算符的优先级要高于"＋"运算符,即先做"＊"(乘法)运算,再做"＋"(加法)运算。

(4) 运算符的"目"

运算符的"目"指的是一个运算符(做运算时)所连接运算对象的个数,也称为"元"。C 语言中的运算符分为单目(一元)、双目(两元)与三目(三元)三种类别。

单目:仅连接一个运算对象(做运算)的运算符。例如,C 语言中的"＋＋"(自增运算符)、"&"(取地址运算符)等就是单目运算符。

双目:同时连接两个运算对象(做运算)的运算符。例如,C 语言中的"＋"(加法运算符)、"一"(减法运算符)等就是双目运算符。

注：C语言中双目运算符的优先级要低于单目运算符。

三目：同时连接三个运算对象（做运算）的运算符。例如，C语言中的"?："(条件运算符，也是C语言中仅有的一个三目运算符）。

注：C语言中三目运算符"?："的优先级要低于单目运算符。有趣的是，三目运算符"?："却比某些双目运算符（如赋值运算符、逗号运算符）的优先级要高，而比某些双目运算符（如算术运算符、关系运算符等）的优先级又要低。

为了让初学者达到即学即用的目的，本节只介绍C语言中一些常用的运算符，如表2.6所示。更多运算符及其优先级与结合性的介绍见附录C。

表 2.6　C语言常用运算符

类　型	种　类
算术运算符	＋　－　＊　／　％　＋＋　－－
赋值运算符	＝　＋＝　－＝　＊＝　／＝　％＝
关系运算符	＞　＜　＝　！＝　＞＝　＜＝　＝＝
逻辑运算符	＆＆　‖　！
条件运算符	？＝
逗号运算符	，
其他运算符	Sizeof　＆　＊　()

2.3.1　算术运算符

C语言中算术运算符的名称、符号表示、功能描述、优先级及结合性如表2.7所示。算术运算符又分为普通算术运算符与自增/自减两大类。

表 2.7　C语言算术运算符的名称、符号表示、功能、优先级与结合性

名　称	符号表示	功能描述	优先级（由高至低）	结合性
取相反数	－	求一个数的相反数	同级	右结合
自增	＋＋	在自身数值基础上做"＋1"操作		右结合
自减	－－	在自身数值基础上做"－1"操作		右结合
乘法	＊	乘法运算	同级	左结合
除法	／	除法运算		左结合
求余	％	两个整数之间求余数运算		左结合
加法	＋	加法运算	同级	左结合
减法	－	减法运算		左结合

注：取相反数（－）、自增（＋＋）、自减（－－）运算符是单目运算符，其余均是双目运算符。

1. 普通算术运算符

C语言普通算术运算符有"－"(取相反数）、"＋"(加法）、"－"(减法）、"＊"(乘法）、"／"

（除法）、"%"（求余）。初学者务必牢记以下几点：

① 在普通算术运算符中，运算符"－"（取相反数）与运算符"－"（减法）的写法完全相同，都用计算机键盘上的减号键"－"来表示。到底表示的是哪一个运算符，需要由运算符"－"使用时所连接运算对象的个数来确定。

例如，某 C 程序段如下：

```
...
int x,y,a,b;
x=-a;        //表达式 1;
y=a-b;       //表达式 2;
...
```

表达式 1 中的"－"为取相反数运算符（单目），因为其仅连接一个运算对象 a，作用是求出变量 a 的相反数。表达式 2 中的"－"为减法运算符（双目），因为其连接了两个运算对象（a 与 b），作用是求出变量 a 减去变量 b 的差值。

② 在 C 语言中，乘法运算符要用"＊"表示，而不是"×"。除法运算符要用"/"表示，而不是"÷"。关于除法操作，C 语言语法规定，当除数与被除数都是整型数据时，得到的结果却是二者的整除商（整数）。在除数与被除数中，只要有一个是实型数据，得到的结果才是二者相除后的真正结果（实数）。

例如，7/2＝3，而不是 3.5。因为分子与分母均是整数，结果是二者的整除商。

2/8＝0，而不是 0.25，理由同上，二者的整除商是 0。

然而，2.0/8＝0.25，因为分子（2.0）是实型数据。

2/8.0＝0.25，因为分母（8.0）是实型数据。

③ 在 C 语言中，做求余运算时，要求符号"%"两边的运算对象必须都是整型数据。"%"左侧的数值是被除数，"%"右侧的数值是除数，功能是求两数相除得到的余数。余数的符号与被除数的符号相同。

例如：

```
13%5=3; (-13)%5=-3;13%(-5)=3;
```

④ C 语言中没有乘方（幂）运算符。比如，需要计算 a3 时，表达式要写做"a ＊ a ＊ a";的连乘形式。当然，也可以运用 C 标准数学库函数 pow，即写成"pow(a,3);"。关于 C 语言中一些常用的标准数学库函数，将在后面章节中作介绍。

⑤ C 语言普通算术运算符的结合性大多是左结合。其中，"＊"（乘法）、"/"（除法）、"%"（求余）三种运算符的优先级相同，"＋"（加法）、"－"（减法）两种运算符的优先级相同。但是，前三个运算符的优先级要大于后两个运算符的优先级。

2. 自增/自减运算符

自增/自减运算符是 C 语言自有的一种特殊算术运算符，其功能是对某个变量本身执行"＋1"或"－1"的操作，然后再把得到的结果重新赋给该变量。自增/自减运算符是单目运算符，具有右结合性，用符号"＋＋"或"－－"表示。由于"＋＋"或"－－"运算符既可以写在变量的前面（如：＋＋a、－－a），也可以写在变量的后面（如：a＋＋、a－－），所以自增/自减运算符分为前置自增/自减和后置自增/自减两种形式。尽管这两种形式的自增/自减运算符的功能大体相同，但是在实际应用中，二者还是存在略微差异的。

（1）前置自增/自减

前置自增/自减也称为前缀自增/自减，把"＋＋"或"－－"写在变量的前面（左边），即"＋＋变量名"或"－－变量名"的形式。例如，＋＋a（等价于 a＝a＋1），－－a（等价于 a＝a－1）。对于前置自增/自减运算，实际应用中需要做到的是"先自增（自减），后引用"。

例 2.7 前置自增/自减运算。

假设 x＝5，分别执行 y＝＋＋x；与 y＝－－x；操作，求 y 的值。运算结果如表 2.8 所示。

表 2.8 前置自增/自减运算

前置自增/自减语句	等价语句	执行该语句后 x 的值	执行该语句后 y 的值
y＝＋＋x；	x＝x＋1；y＝x； （先自增，后引用）	6	6
y＝－－x；	x＝x－1；y＝x； （先自减，后引用）	5	5

（2）后置自增/自减形式

后置自增/自减也称为后缀自增/自减，把"＋＋"或"－－"写在变量的后面（右边），即"变量名＋＋"或"变量名－－"的形式。同样，a＋＋（等价于 a＝a＋1），a－－（等价于 a＝a－1）。但是，对于后置自增/自减运算，实际应用中需要做到的是"先引用，后自增（自减）"。请再看下面的例子。

例 2.8 后置自增/自减运算。

假设 x＝5，分别执行 y＝x＋＋；与 y＝x－－；操作，求 y 的值。运算结果如表 2.9 所示。

表 2.9 后置自增/自减运算

前置自增/自减语句	等价语句	执行该语句后 x 的值	执行该语句后 y 的值
y＝x＋＋；	y＝x；x＝x＋1； （先引用，再自增）	6	5
y＝x－－；	y＝x；x＝x－1； （先引用，再自减）	5	6

对于自增/自减运算符的学习与应用，初学者需要注意以下几点：

① 无论是哪一种形式的自增/自减运算，运算对象只能是单个整型（实型、字符型）变量，不能是常量或表达式。例如，3＋＋、－－6、（a＋2）＋＋、－－（a－b）等形式都是非法的（注：对于某些 C 编译系统，如果自增/自减运算对象是单个实型变量，则运算结果可能会出现异常）。

② 频繁使用自增/自减运算符，会出现一些人们意想不到的情况（副作用）。

例如，a＋＋＋b；是理解成（a＋＋）＋b 呢，还是 a＋（＋＋b）呢？所以初学者在使用自增/自减运算符时，要避免一些会产生歧义的写法，在语句中多加一些小括号，便于理解。如 a＋（＋＋b）；等。

③ 建议初学者不必花过多的精力去探究一些复杂的自增/自减运算表达式。因为不同的 C 编译系统处理这些表达式时，可能会有不同的运算方式，容易产生理解上的二义性。

例如,已知 a=3,b=(a++)+(a++)+(a++);求 b 的值。

很多初学者认为,执行完 a++操作后,a=4。则 b=4+4+4,b 的最终结果是 12。但是,答案是错误的。实际上,Visual C++ 6.0 编译系统的处理方式是这样的:对于变量 a 而言,是后置自增方式,先引用再自增,b 得到的结果是 3 个 a 的原值相加结果,即 b=3+3+3=9。而此后 a 连续再自增 3 次,即 a 的值由初始值 3 变为 6,最终 a=6。

再例如,已知 a=3,b=(++a)+(++a)+(++a);求 b 的值。

Visual C++ 6.0 编译系统的处理方式是:由于 a 是前置自增,则首先 a 连续自增 3 次,即 a 的值由初始值 3 变为了 6,即 a=6;然后再把 a 的新值进行相加,即 6+6+6=18,得到的 b 值则是 18。

所以,再次强调初学者对上述复杂自增/自减运算表达式的求解过程做简单了解即可,不必深究。

2.3.2 赋值运算符

赋值运算符是一种能够改变变量值的运算符,它在计算完赋值表达式的值之后,还将会改变被赋值变量的数值。赋值运算符是双目运算符,优先级要低于所有的算术运算符。赋值运算符左边的操作对象只能是单个变量,运算符右边的操作对象可以是单个变量、常量或者是由常量与变量构成的表达式。C 语言赋值运算符分为两类:普通赋值运算符与复合赋值运算符。

1. 普通赋值运算符

普通赋值运算符用一个等于符号"="表示,作用是把"="右边的操作对象(常量、变量、表达式)赋给"="左边的单个变量(事先已定义),其形式如下:

变量名=常量/变量/表达式;

普通赋值运算符主要起到给变量赋值的作用。

例如:

```
int x,y;
x=1;                    //把 1 赋给变量 x;
y=x-5;                  //把(x-5)的值赋给变量 y,即 y=-4;
y=--x;                  //把(--x)的值赋给变量 y,即 x=0,y=0;
```

2. 复合赋值运算符

复合赋值运算符是 C 语言的一种特殊的赋值运算符,即把普通赋值运算符"="与普通算术运算符连接起来。所以,涉及算术运算的复合赋值运算符有 5 个,分别是+=、-=、*=、/=、%=。采用复合赋值运算的书写形式,可以使 C 语句执行的效率高。

例如,已知 a=2,b=3,计算复合赋值表达式:b-=a-1;

分析:先计算出:b-(2-1)的结果,结果是 3-(2-1)=2;然后再把这个结果 2 重新赋给变量 b,即 b 的最终值为 2。也就是说,表达式 b-=a-1 等价于 b=b-(a-1)。

注:因为减法运算符"-"的优先级高于复合赋值运算符"-=",所以表达式 b-=a-1 没有必要写成 b-=(a-1)的形式。

复合赋值运算符及举例如表 2.10 所示。

表 2.10　复合赋值运算符及举例

复合赋值运算符	举　　例	等　价　形　式
+=	x+=2; b+=a+5;	x=x+2; b=a+(b+5);
-=	x-=y; b-=a+5;	x=x-y; b=b-(a+5);
*=	x*=y; b*=a+5;	x=x*y; b=b*(a+5);
/=	x/=2; b/=a+5;	x=x/2; b=b/(a+5);
%=	x%=2;(x为整型变量) b%=a+5;(a,b为整型变量)	x=x%2; b=b%(a+5);

注：表中 5 个复合赋值运算符的优先级相同,结合性均是右结合。

例 2.9　已知 m=2,执行完下列表达式之后,m 的值是多少?

① m+=m*=m-=m+3;

② m*=m-=m+=m;

分析：①复合赋值运算符是右结合性,需要从右向左依次计算。对于 m+=m*=m-=m+3;先执行 m-=m+3,即 m=2-(2+3)=-3,也就是说,m-=m+3 的结果是-3。然后执行 m*=-3,则 m=-3*(-3),即 m=9,所以,m*=-3 得到的结果是 9。最后执行 m+=9,即 m=m+9,也就是 m=9+9=18。因此,执行完 m+=m*=m-=m+3 后,m 的最终结果是 18。

② 同理,首先执行 m+=m,m 的值是 4(2+2),再执行 m-=m,m 的值是 0(4-4),最后执行 m*=m,则 m 的最终值是 0(0*0)。

2.3.3　关系运算符

关系运算符也称做比较运算符,比较两个数值,判断所比较的结果是否满足给定的条件。例如,a<10;是一个关系表达式,"<"则是一个关系运算符。如果 a=9,说明满足给定的 a<10 条件;反之,若 a=11,则条件不满足。C 语言提供了 6 种关系运算符,如表 2.11 所示。

表 2.11　关系运算符及其优先级、结合性

关系运算符名称	符号表示	优先级(由高至低)	结合性
大于	>		左结合
大于或等于	>=		左结合
小于	<	同级	左结合
小于或等于	<=		左结合
等于	==		左结合
不等于	!=	同级	左结合

关系运算符都是双目运算符,结合性为左结合。其中,"大于"(＞)、"大于或等于"(＞＝)、"小于"(＜)、"小于或等于"(＜＝)这四个关系运算符的优先级要比等于"＝＝"和"不等于"(!＝)的优先级高。

此外,初学者需要注意以下几点:

① 掌握 C 语言中某些关系运算符的正确写法。例如,运算符"＞＝"(大于或等于)不能写成"≥",运算符"!＝"(不等于)不能写成"≠"等。

② 关系运算符中的"等于"是用来判断两个数据是否相等,起到的是二者之间"比较"的作用,一定要用双等于号"＝＝"表示。不能写成单等于号"＝"的形式,否则就变成赋值运算符了,完成的是赋值操作。

例如:

```
int x,y;         //定义变量 x 与 y;
y=x;             //语句 1:把 x 的值赋给 y;
y==x;            //语句 2:比较 y 的值与 x 的值是否相等;
```

可见,C 语言中"＝＝"与"＝"起到的作用完全不同。

③ 任何一个关系表达式的最终结果只能有两种可能,要么是"真"(成立),要么是"假"(不成立),没有第三种可能性。在 C 语言中,分别用整数"1"与"0"表示一个关系表达式的最终结果,即"1"表示关系成立(真),"0"表示关系不成立(假)。这里的数字"1"与"0",通常也称为"逻辑 1"与"逻辑 0"。对"逻辑 1"与"逻辑 0"所进行的相关操作,则是通过 C 语言中的逻辑运算符来完成的。

2.3.4 逻辑运算符

对数据的逻辑值("逻辑 1"或"逻辑 0")做相关操作的运算符称为逻辑运算符,用逻辑运算符把关系表达式或其他逻辑量连接起来的式子就是逻辑表达式。C 语言中的逻辑运算符有很多,这里主要介绍三种常用的逻辑运算符:"与"(＆＆)、"或"(‖)和"非"(!),如表 2.12 所示。逻辑运算符"非"(!)是单目运算符,只要求有一个运算对象,如"!a"。逻辑运算符"与"(＆＆)、"或"(‖)都是双目运算符,要求有两个运算对象,如"a＆＆b","a‖b"等。在三个逻辑运算符中,"非"的优先级最高,其次是"与",最后是"或"。

表 2.12　逻辑运算符及其优先级、结合性

逻辑运算符名称	符号表示	举　　例	优先级(由高至低)	结合性
非	!	!a、!(a＋b＞0)	高	右结合
与	＆＆	a＆＆b、(a＜2)＆＆(b＜7)	较高	左结合
或	‖	a‖b、(a＞1)‖(b＜0)	较低	左结合

前面已经说过,C 语言中以数字"1"或"0"表示一个关系表达式的最终结果,即"1"表示关系成立("真"),"0"表示关系不成立("假")。同时,C 语言还规定,当且仅当一个数据对象(变量、常量、表达式)的最终结果为 0 时,逻辑值为"0",用数字"0"表示;否则逻辑值就都为"1",用数字"1"表示。也就是说,C 语言将一个非零数值的逻辑值默认为"1"("真")。

这样一来,逻辑运算符连接的运算对象不仅可以是"逻辑 1"或"逻辑 0",而且可以是 C

语言中其他的整型、实型、字符型数据以及表达式等。因为 C 编译系统最终是以数据的数值结果是"0"还是"非 0"来判断它们的逻辑值是"逻辑 0"还是"逻辑 1"。

例如,'A'的逻辑值是"1"(逻辑 1)。因为数据'A'所对应的 ASCII 值是 97,而 97≠0,所以'A'的逻辑值是 1。再例如,已知 a＝7.0,表达式"a＋5"的逻辑值是 1(逻辑 1),因为 a＋5＝12.0≠0。而表达式"a－7.0"的逻辑值是 0(逻辑 0),因为 a－7.0＝0.0,这个结果的数据值转化为整数就是 0。

表 2.13 为逻辑运算的"真值表",用 a 与 b 的逻辑值(0 或 1)表示相互之间以不同组合的形式做逻辑运算时逻辑运算符"!"、"＆＆"、"‖"所得到的逻辑值。

从表 2.13 中发现,逻辑"非"运算就是对一个数的逻辑值做"取反"操作,即!0＝1,!1＝0。当两个数做逻辑"与"运算时,只有当这两个数的逻辑值都为"1"时,结果才为"1";只要有一个数的逻辑值为"0",结果必然是"0"。同样,对于逻辑"或"运算,只有两个数的逻辑值都为"0"时,结果才为"0";其中有一个数的逻辑值为"1",结果必然是"1"。

表 2.13　"!"、"＆＆"、"‖"做逻辑运算的"真值表"

a	b	!a	!b	a＆＆b	a‖b
0	0	1	1	0	0
0	1	1	0	0	1
1	0	0	1	0	1
1	1	0	0	1	1

假设,a＝3,b＝2。因为 a 与 b 的数值均为非 0,所以,a 与 b 的逻辑值都是逻辑"1"。则有:

① a＆＆b＝1。

② a‖b＝1。

③ !a＝0。

④ a＆＆!b＝0。

⑤ 4＆＆8－a‖a＆＆!b＝1。(注:4 的逻辑值是"1",8－a 的逻辑值是"1",a 的逻辑值是"1",!b 的逻辑值是"0")

通过这几个例子可以看出,逻辑表达式的运算结果不是逻辑"0",就是逻辑"1",不会有其他值。逻辑表达式中参与运算的对象可以是具体的数(常量或变量),也可以是表达式(如"8－a;")。但是,在运算过程中,一定要注意"!"、"＆＆"、"‖"三种逻辑运算符之间的优先级,以及逻辑运算符与其他运算符之间的优先级。初学者可以从附录 C 中查阅相应的 C 语言运算符、优先级及其结合性情况。

关于逻辑运算,初学者还需要掌握以下知识内容:

1. "逻辑短路"现象

逻辑表达式在求解的过程中,并不是所有的逻辑运算符都会被执行,只有 C 编译系统认为在执行完下一个逻辑运算符之后才能求出表达式的最终结果时,才会执行该运算符,这就是 C 语言中的"逻辑短路"现象。

例如,表达式 1 与表达式 2 做逻辑"与"运算时,即"表达式 1＆＆表达式 2"。表达式自左向右求解,如果系统已计算出表达式 1 的逻辑值为"0",也就是说,尽管还未对表达式 2 进行计算,但是已经能够确定下来整个表达式的逻辑值(0),系统此时就会终止运算。即系统不会去执行表达式 2,即表达式 2 中的数据会保持不变。

同理,如果表达式 1 与表达式 2 做逻辑"或"运算时,即"表达式 1‖表达式 2"。如果系统已计算出表达式 1 的逻辑值为"1",同样会发生"逻辑短路"现象(请读者思考其中的原因),系统终止运算,从而表达式 2 不会被执行。

例 2.10 已知 a=3,b=0,c=−2,执行下列逻辑表达式之后,a,b,c 的值是分别多少?

(1) !a && b−− && (c+=3)

分析:a=3,则 a 的逻辑值为"1",!a=0。由于 !a 将与后面的表达式做逻辑"与"运算,但根据逻辑"与"运算法则,系统已判断出整个表达式的逻辑值为"0",所以系统将终止对表达式 b−− 与 c+=3 进行计算,b,c 会保持原值不变,即 a=3,b=0,c=−2。

(2) (++a) ‖ (++ b && −−c)

分析:首先执行 ++a,即 a=4,但是 ++a 的逻辑值为"1"。由于将与后面的表达式做逻辑"或"运算,但根据逻辑"或"运算法则,系统已判断出整个表达式的逻辑值为"1"。同样,系统将终止对表达式 ++ b && −−c 进行计算。所以,b,c 会保持原值不变,即 a=4,b=0,c=−2。

2. 关系运算符与逻辑运算符的综合应用

生活中有时会出现判断某事物的条件不是一个简单条件的情况,而是由给定的多个简单条件所组成的复合条件。例如,参加少年组比赛的选手年龄在 8~12 岁之间。这时就需要判断两个条件:① 年龄大于或等于 8 岁;② 年龄小于或等于 12 岁。两个条件需要同时满足,即条件 1 与条件 2 之间是"并且"的关系。像这样的复合条件无法用一个关系表达式表示,需要用两个关系表达式的组合来表示。假设选手年龄用变量 age 来表示,上述复合条件可以表示成 age>= 8 并且 age<=12。再例如,年龄不超过 6 岁的儿童或者 80 岁以上的老人可以免费就餐,则(就餐)条件表示成 age<=6 或者 age>= 80。查询年龄在 35 岁以内(不包括 35 岁)的人,即(查询)条件可以表示成 age>=35 的相反。

在 C 语言中,当逻辑运算符用来连接一个或多个关系表达式时,逻辑"与"(&&)表示的是"并且"的意思,逻辑"或"(‖)表示的是"或者"的意思,逻辑"非"(!)则表示的是"相反"、"取反"的意思。

例 2.11 使用逻辑运算符与关系运算符组成表达式表示下列条件。

① 判断数学公式 a>b>c。

表达式:(a>b) && (b>c);

② 已知三角形的三边分别用 a,b,c 表示,满足三角形成立的条件是什么?

分析:首先,三角形的三条边长必须都大于 0,并且满足两边之和大于第三边(或者是两边之差小于第三边)。

表达式:a>0&&b>0&&c>0&&(a+b>c)&&(a+c >b)&&(b+c >a);

③ a 与 b 不同时为负数。

分析:a 与 b 不同时为负数,即 a 与 b 之间最多只能有一个值小于 0,或者二者都大于或等于 0,可以用三种方式表示:

表达式 1:(a<0&&b>=0)‖(a>=0&&b<0)‖(a>=0&&b>=0);

表达式 2：(a>=0) ‖ (b>=0)；

表达式 3：!(a<0 && b<0)；

从例 2.11 中得知，使用逻辑运算符表示复合判断条件的方法并不唯一。例如，条件 a<0 也可以表示成!(a>0 ‖ a==0)。初学者不需要深入探究对同一个复合判断条件的不同表示方法，因为这不是 C 语言程序设计的学习重点。关于这方面的内容，有兴趣的读者可以查阅《离散数学》、《图论》等后续计算机专业教材。

2.3.5　条件运算符

条件运算符是 C 语言中唯一的一个三目运算符，用符号"?："表示。条件运算符连接了三个运算对象，其表现形式如下：

表达式 1?表达式 2：表达式 3

读者可以这样理解条件运算符的运算过程：首先计算出表达式 1 的值，如果表达式 1 的值为真（逻辑 1），则表达式 2 的值将作为整个条件表达式的值；如果表达式 1 的值为假（逻辑 0），则表达式 3 的值将作为整个条件表达式的值。

例如，对于赋值表达式：min=(a<b)?a：b；

其执行结果 min 的值就是 a 与 b 之间的最小值。即如果满足 a<b，把 a 的值作为条件表达式的值赋给 min，反之(a<b 不满足)，把 b 的值作为条件表达式的值赋给 min。

条件运算符的优先级高于赋值运算符，却又低于关系运算符、逻辑运算符与算术运算符。所以，赋值表达式 min=(a<b)?a：b 中的小括号可以省略，写成 min=a<b? a：b；的形式。下面是几个含有条件运算符的表达式，请读者自行分析它们的功能。

表达式 1：a=(5>3?4：7)；

表达式 2：m<n?x：a+3；

表达式 3：Z=(a==b)?a+1：b+2；

表达式 4：X+=(a>=b?a：b)；

表达式 5：a++>=10 && b--＞20 ? a?b；

条件运算符的结合性是右结合。例如，对于表达式 w<x?x+w：x<y?x：y；正确的理解应该是 w<x?x+w：(x<y?x：y)，而不是(w<x?x+w：x<y)?x：y。

2.3.6　逗号运算符

逗号运算符是 C 语言提供的一种特殊运算符，用"，"将至少两个表达式连接起来，组成一个表达式，称为逗号表达式。逗号表达式的一般形式如下：

表达式 1,表达式 2,……,表达式 n

其功能是先计算表达式 1 的值，再计算表达式 2 的值，从左至右依次计算每个表达式的值，直至表达式 n，最终以表达式 n 的值作为整个逗号表达式的值。

例 2.12　计算下列逗号表达式的值。

(1) a=5,a++,a * 3

分析：首先执行表达式 1：a=5;再执行表达式 2：a++;(执行完 a++,a 的值为 6。)

最后执行表达式 3：a＊3；即 a＊3 的值为 18。所以，整个逗号表达式的值就是表达式 3(a＊3;)的值，即 18。

（2）a＝1,a＋5,a－－

分析：首先执行表达式 1：a＝1;再执行表达式 2：a＋5;(执行完 a＋5,a＋5 的值为 6，但是 a 的值仍为 1)最后执行表达式 3：a－－;即 a－－ 的值为 0。所以，整个逗号表达式的值就是表达式 3(a－－)的值，即 0。

（3）x＝(a＝3＊5,a＊4)

分析：小括号中是一个逗号表达式，即首先执行。执行完 a＝3＊5,则 a＝15。再执行 a＊4,即 a＊4＝60。所以，小括号中逗号表达式的值是 60。再把 60 赋给 x,即 x＝60。

逗号运算符是 C 语言所有运算符中优先级最低的运算符，其结合性是左结合。求解逗号表达式时，一定要分清最终逗号表达式的值与逗号表达式中的变量值。

例如，在求解逗号表达式"a＝1,a＋2,a＋3"的过程中，由 a＝1,计算 a＋2 的值，得出 a＋2 的值为 3,但是此时 a 的值不变，还是 1。同理，再计算 a＋3 的值，得出 a＋3 的值为 4,即整个逗号表达式的值为 4,而 a 的值仍然是 1。

注：C 程序中并不是所有出现逗号"，"的地方都构成逗号表达式。例如，在对多个变量的说明中，在自定义函数的形参参数表中，逗号只是作为多个变量的分隔符。

2.3.7 其他运算符

除了上述一些常用的运算符之外，C 语言还有几个特殊运算符，这里作简单介绍。

1. 求数据类型长度运算符

求数据类型长度运算符用符号"sizeof"表示，功能是在当前 C 编译系统环境下求出某个变量或某一种数据类型的长度(以所占字节的个数表示)。sizeof 运算符是单目运算符，运算对象只能是单个变量名称或数据类型名称。

使用形式：sizeof(变量名/数据类型名称);

例如：

```
int x;sizeof(x);        //求 int 数据类型变量 x 的长度;
sizeof(float);          //求 float 数据类型的长度;
sizeof(char);           //求 char 数据类型的长度;
```

例 2.13 通过一个简单的 C 程序了解 sizeof 运算符的使用。

C 程序代码如下：

```
main()
{
    int a=4;double b;
    printf("%d %d\n",sizeof(int),sizeof(a));   //求 int 数据类型及其变量 a 的长度;
    printf("%d %d\n",sizeof(double),sizeof(b)); //求 double 数据类型及其变量 b 的长度;
    printf("%d %d\n",sizeof(float),sizeof(char));  //求 float 与 char 数据类型的长度;
}
```

程序运行结果如下：

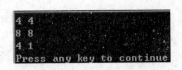

分析：本程序通过使用 C 语言中的格式化输出函数——printf 函数(printf 函数将在第 3 章中介绍)输出单个变量以及数据类型在计算机内存中所占的字节数。从程序运行结果中可以看到，在 Visual C++ 6.0 编译环境下，int 类型数据占 4 个字节，double 类型数据占 8 个字节，float 类型数据占 4 个字节，char 类型数据占 1 个字节。

2. 数据类型强制转换运算符

数据类型强制转换运算符是将一个表达式值的数据类型强制转换成用户指定的任意类型，使用形式如下：

(类型说明符)表达式；

小括号"()"中的类型说明符即表示用户需要把表达式值的(原有)数据类型强制转换成的(新)数据类型。

例如，(float)(a+3);表示的是把表达式 a+3 最终值的数据类型强制转化成 float 类型。如果 a=1，则 a+3=4。执行完(float)(a+3);之后，则 a+3 的结果变成了 4.000000 (float 类型)。

注：数据类型强制转换运算符是单目运算符，优先级高于 C 语言中的普通算术运算符。

例 2.14 已知 int a=5，b=12.8，c=66，计算下列表达式的值。

① (float)(a/2)。

② (float)a/2。

③ (int)(b-1)。

④ (char)c。

① 分析：首先计算出 a/2 的值(2)，然后再把"2"转换成 float 数据类型，即(float)(a/2) 的结果是 2.000000。

② 分析：首先计算(float)a，即把 a 的数据类型(int 类型)转换成 float 数据类型，所以 (float)a=5.000000，再计算 5.000000/2，则最终的值是 2.500000。

③ 分析：首先计算出 b-1 的值(11.8)，然后再把 11.8 转换成 int 数据类型，即(int) (b-1)的结果是 11。(请初学者注意，在把小数 11.8 强制转换为整数的过程中，会造成小数部分的丢失。也就是说，转换后的结果是"11"，而非经四舍五入后的结果"12"。)

④ 分析：c 是一个 int 类型数据，其数值是 66。把 c 强制转换为字符型数据类型，即转换后的结果为 66 所对应的 ASCII 码。通过查阅 ASCII 码表(附录 B)，得知整数 66 所对应的 ASCII 码为大写英语字母'B'，即(char)c 的结果为'B'。

最后，在使用数据类型强制转换运算符时，类型说明符外面的小括号不能少。例如，把本例①中的表达式写成 float(a/2);就是非法的。

3. 取地址运算符

取地址运算符用符号"&"表示，其功能是表示 C 语言中一个变量的存储地址。

例如，已知 int x=5;则 &x 表示变量 x 的地址(二进制形式表示)。

"&"为单目运算符，具有右结合性，其运算对象只能是单个变量，一般用于 C 语言的格式化输入函数——scanf 函数中。关于取地址运算符"&"的使用,将在本书第 3 章中介绍。

2.4　数据类型自动转换

C 语言允许不同类型的数据在表达式中进行混合运算。但是,运算时 C 编译系统会自动把不同类型数据转换成同一类型数据进行运算。转换的原则是把数据的低级数据类型向高级数据类型转化,即把占内存空间小的数据类型转换成占内存空间大的数据类型。例如,计算表达式"3+2.54"的结果时,由于是两种不同类型的数据相加,C 编译系统会自动先把 3(整型数据)转换成 3.000000(实型数据),再与 2.54 相加,即结果为 5.540000。

2.4.1　算术运算中的数据类型转换

在算术运算中,C 编译系统所遵循的数据类型自动转换规则如图 2.1 所示。图中横向

向左的箭头表示必定的转换。例如,在对表达式做算术运算时,char 与 short 数据类型必定将自动转换成 int 数据类型,float 数据类型将自动转换为 double 数据类型。图中纵向向上的箭头表示当运算对象为不同类型时所转换的方向,即低级类型(低精度)向高级类型(高精度)的转换,以保证转换中数据的精度不会丢失。需要注意的是,纵向箭头的方向只是表示数据类型级别的高低由低至高转换,但是实际运算中无需逐级转换,可由运算对象中级别低的数据直接转换为级别高的。

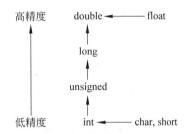

图 2.1　不同数据类型的自动转换规则

例如,

假设有 int x;long y;则表达式"x+y"的计算过程是先将 x 的值取出,直接转换为 long 类型(不必先转换为 unsigned 类型后再转换为 long 类型),然后作 x+y 的求和操作,其结果应该是 long 类型。这里请初学者务必注意,计算"x+y"的过程中,变量 x 的数据类型仍然是 int 类型,并没有发生变化,只是对变量 x 的值进行了类型转换。

再例如,

假设有 int a;float b;long d;double e;

则表达式 65+a+b+'C'+d+e;的计算次序如下:

① 计算 65+a 的值,结果为 int 类型。

② 将①的结果转换为 float 类型,与 b 的值相加,结果为 float 类型。

③ 通过 ASCII 码,将'C'转换成 67(int 类型),再把 67 转换成 67.000000(float 类型),与②的结果相加,结果为 float 类型。

④ 把 d 的值转换成 float 类型,与③的结果相加,结果为 float 类型。

⑤ 把④得到的结果转换成 double 类型,与 e 的值相加,最终结果为 double 类型。

2.4.2　赋值中的数据类型转换

C 语言赋值运算中,我们希望某一种数据类型的变量接收的是同一数据类型的常量。但是,有时也会出现赋值号(=)两边的数据类型不同的情况。

例如:

```
int x;
x=1.579;          //1.579 是 float 类型常量;
```

C 编译系统将根据图 2.1 所示的不同数据类型转换规则完成赋值操作。这里主要介绍几种常见的情况。

(1) 把整型常量(或整型表达式)赋给一个实型变量

例如:

```
float a=5;
```

Visual C++ 6.0 编译系统会把整型常量 5 自动转换成实型常量 5.000000,再把其赋给 float 类型变量 a,即变量 a 得到的数值其实是 5.000000。

(2) 把实型常量(或实型表达式)赋给一个整型变量

例如:

```
int a=4.89;
```

Visual C++ 6.0 编译系统会自动舍去实型常量 4.89 的小数部分(注意,不能对 4.89 做四舍五入处理),即把 4.89 转换为整型常量 4,再把 4 赋给变量 a,即变量 a 得到的数值其实是 4。

(3) 把整型常量(或整型表达式)赋给一个字符型变量

例如:

```
char a=68;
```

Visual C++ 6.0 编译系统会通过 ASCII 码表自动把 68 转换为所对应的字符常量'D',再把字符常量'D'赋给变量 a,即变量 a 得到的值其实是一个字符常量'D'。

注:整型常量能够表示的范围很大,但是在 ASCII 码表中,所有字符所对应的 ASCII 值的范围是 0～255。也就是说,如果把一个在 0～255 范围之外的整数(如 280、－1 等)赋给一个字符型变量,将会出现乱码。

(4) 把实型常量(或实型表达式)赋给一个字符型变量

例如:

```
char a=69.78;
```

Visual C++ 6.0 编译系统首先把 69.78 转换为整型常量 69,然后与(3)相同,把整型常量 69 所对应的 ASCII 码'E'赋给变量 a。同样,也不能把一个数值范围在 0～255 范围之外的实数赋给一个字符型变量。

(5) 把字符型常量(或字符表达式)赋给一个整型变量

例如:

```
int a='A';
```

Visual C++ 6.0 编译系统会通过 ASCII 码表自动把'A'转换为所对应的整数 65,再把 65 赋给变量 a,即变量 a 得到的值是一个整型常量 65。

实训 2　运算符与表达式的综合应用

任务 1　赋值运算符及其表达式的应用。调试以下程序,思考并观察运行结果。
C 程序代码如下:

```c
#include <stdio.h>
main()
{
    int a=4,b,x=5;
    b=a;
    printf("b=%d\n",b);
    x+=a;      //语句 1;
    printf("语句 1 执行完毕,x 的结果: \t");
    printf("x=%d\n",x);
    x-=a;      //语句 2;
    printf("语句 2 执行完毕,x 的结果: \t");
    printf("x=%d\n",x);
    x*=a;      //语句 3;
    printf("语句 3 执行完毕,x 的结果: \t");
    printf("x=%d\n",x);
    x/=a;      //语句 4;
    printf("语句 4 执行完毕,x 的结果: \t");
    printf("x=%d\n",x);
    x%=a;      //语句 5;
    printf("语句 5 执行完毕,x 的结果: \t");
    printf("x=%d\n",x);
}
```

程序运行结果如下:

任务 2　自增/自减运算符及其表达式的应用。调试以下程序,思考并观察运行结果。
C 程序代码如下:

```c
#include <stdio.h>
main()
{
    int a=10,b;
    b=++a;        //对 a 做前置自增操作;
    printf("a=%d,b=%d\n",a,b);
    b=--a;        //对 a 做前置自减操作;
```

```
    printf("a=%,b=%d\n",a,b);
    b=a++;           //对 a 做后置自增操作;
    printf("a=%d,b=%d\n",a,b);
    b=a--;           //对 a 做后置自减操作;
    printf("a=%d,b=%d\n",a,b);
    b=-(a++);    //对 a 做后置自增操作,a 自身值的正负号属性不变;
    printf("a=%d,b=%d\n",a,b);
    b=-(--a);    //对 a 做前置自减操作,a 自身值的正负号属性不变;
    printf("a=%d,b=%d\n",a,b);
}
```

程序运行结果如下:

任务 3 关系运算符、逻辑运算符及其表达式的应用。调试以下程序,思考并观察运行结果。

程序(1)

C 程序代码如下:

```
#include <stdio.h>
main()
{
    int a=1,b=3,c=-2,x;
    x=a--&&b++&&(c=+1);        //语句 1;
    printf("x=%d,a=%d,b=%d,c=%d\n",x,a,b,c);
}
```

程序运行结果如下:

思考:b 的值为什么是 4,而不是 3? c 的值为什么是 1,而不是 -2?

若把程序(1)中的语句 1 改为 x=a--&&b++‖(c=+1);即变为程序(2),请思考执行完语句 2 后,a、b、c、x 的值分别是多少。

程序(2)

C 程序代码如下:

```
#include <stdio.h>
main()
{
    int a=1,b=4,c=-2,x;
```

```
        x=a--&&b++||(c=+1);          // 语句 2;
        printf("x=%d,a=%d,b=%d,c=%d\n",x,a,b,c);
}
```

程序运行结果如下：

```
x=1,a=0,b=5,c=-2
Press any key to continue
```

任务 4 条件运算符及其表达式的应用。调试以下程序,思考并观察运行结果。
C 程序代码如下：

```
#include <stdio.h>
main()
{
    int x=1,y=2,w=3,T;
    T=w<x?x+w:x<y?x:y;    //语句 1;
    printf("T=%d\n",T);
}
```

程序运行结果如下：

```
T=1
Press any key to continue
```

思考：如果把程序中的语句 1 变成"T＝w＞x？ x＋w：x＞y？ x：y；",其余部分不变,
则程序执行完毕后,T 的值是多少?

任务 5 逗号运算符及其表达式的应用。调试以下程序,思考并观察运行结果。
C 程序代码如下：

```
#include <stdio.h>
main()
{
    int a,b;
    b=(a=5,--a,a*3,a+=4);
    printf("a=%d,b=%d\n",a,b);
}
```

程序运行结果如下：

```
a=8,b=8
Press any key to continue
```

任务 6 数据类型转换及其表达式的应用。调试以下程序,思考并观察运行结果。
C 程序代码如下：

```
#include <stdio.h>
main()
{
    char c1,c2,c3,c4;
```

```
        c1='E';                     //将字符'E'的 ASCII 码放到 c1 变量中;
        c2=c1+32;                   //得到字符'e'的 ASCII 码,放入 c2 变量中;
        c3='f';
        c4=c3-32;
        printf("%c\n",c2);          //输出 c2 的值(字符形式);
        printf("%d\n",c2);          //输出 c2 的值,是字符'e'的 ASCII 码所对应的数值;
        printf("%c\n",c4);          //输出 c4 的值(字符形式);
        printf("%d\n",c4);          //输出 c4 的值,是字符'e'的 ASCII 码所对应的数值;
    }
```

程序运行结果如下:

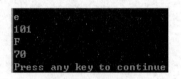

注:本程序中的语句"c2＝c1＋32;"与"c4＝c3－32;",其作用是分别把大写英文字母'E'转换成小写英文字母'e',以及把小写英文字母'f'转换成大写英文字母'F'。这种英文大小写字母之间的转换方法需要掌握。

2.5 本 章 小 结

本章首先介绍了 C 语言的数据类型,并在 Visual C++ 6.0 环境下对 C 语言中的基本数据类型的分类及其特点(类型说明符、字宽、数据取值范围等)作详细介绍。

其次介绍了 C 语言中的常量与变量的概念。常量是程序在运行过程中,其值始终不发生改变的量。C 语言中的常量分为整型常量、实型常量、字符常量(普通字符常量与转义字符常量)与字符串常量。变量是程序在运行过程中,其值可以发生改变的数据。C 语言中的变量分为数值类型(整型、实型),字符类型,构造类型(数组类型、结构体类型、共同体类型、枚举类型)与指针类型。对变量名的命名要符合 C 语言标识符的命名规则。

再次介绍了 C 语言中的一些常用的运算符:算术运算符、赋值运算符、关系运算符、逻辑运算符、条件运算符、逗号运算符、数据类型强制转换运算符等。介绍了运算符的优先级与结合性问题。对于算术运算符,要区分前置自增/自减与后置自增/自减运算符在使用上的区别。对于逻辑运算符,要注意逻辑表达式求解过程中的逻辑短路现象。

最后介绍了 C 语言算术运算中的数据类型自动转换规则,以及赋值过程中数据类型的转换方法。

习 题 2

一、填空题

1. C 语言中一个 float 类型数据所占字节数是_____。

2. 若有定义:float f＝13.8;则表达式(int)f％4 的值是_____。

3. 若有定义:int x＝5;则表达式 x＝x＋1.78 的值是_____。

4. 若有定义：int x＝10,y＝3,z;则表达式 z＝(x％y,x/y) 的值是_____。

5. 若有定义：int k＝3,j＝4;运行表达式(k＋＝j,j/＝4.0,++j,j+2)后,表达式的值是_____,变量 k 的值是_____,变量 j 的值是_____。

6. 设 a,b,c 为整型数,a＝2,b＝3,c＝4,则表达式 a ＊＝16＋(b++)－(++c);的值为_____。

7. 字符串"abcdef"在计算机内存中所占的字节数是_____个字节。

8. 若 a＝4,b＝2,c＝3,d＝1,m＝0,n＝1,则运行完表达式(m＝a＞b)‖(n＝d＞c)后,m＝_____, n＝_____。

9. 若用变量 ch 表示一个大写英文字母,其对应的小写英文字母是_____。

10. 代数式 $\dfrac{xy-5}{4z}$ 表示成 C 语言表达式为_____。

二、选择题

1. C 语言中运算对象必须是整型数据的运算符是(　　)。

　A. ＊　　　　　　　B. \　　　　　　　C. ％　　　　　　　D. ＝＝

2. 已知 int a,x＝4,y＝3,z＝5,执行完表达式 a＝(x＞y＆＆x＞z)?x:y+z 后,a 的值是(　　)。

　A. 3　　　　　　　B. 4　　　　　　　C. 5　　　　　　　D. 8

3. 以下选项中,合法的用户自定义变量名是(　　)。

　A. 老王　　　　　B. _2Test　　　　C. float　　　　　D. 8ab

4. 以下正确的实型常量的表示方法是(　　)。

　A. 1.2E　　　　　B. .5789　　　　　C. 1.2e0.6　　　　D. 7

5. 若变量已正确定义,以下合法的赋值表达式是(　　)。

　A. a＝1/b＝2　　B. ++(a+7)　　　C. a＝a/(b＝5)　　D. y＝int(a)+b

6. 已知 x＝11,则表达式 x ＊1/3;的值是(　　)。

　A. 3　　　　　　　B. 5　　　　　　　C. 11　　　　　　D. 12

7. 设 a,b 均为 double 型,且 a＝5.5,b＝2.5;则表达式(int)a+b/b 的值是(　　)。

　A. 6.500000　　　B. 6　　　　　　　C. 5.500000　　　D. 6.000000

8. 已知 int a＝3,执行完表达式 a＋＝a－＝a ＊a 后,a 的值是(　　)。

　A. －3　　　　　　B. －12　　　　　C. 6　　　　　　　D. 9

9. 假设变量 x,y,z 均为 double 类型,且均已被定义,则以下不能正确表示表达式 x/(y×z)的是(　　)。

　A. x/y ＊z　　　　B. x ＊(1/(y ＊z))　　C. x/y ＊1/z　　　D. x/y/z

10. 若 t 已定义为 float 型,则表达式 t＝1,t++,t+5 执行完之后,t 的值是(　　)。

　A. 7　　　　　　　B. 7.000000　　　C. 1.000000　　　D. 2.000000

11. 若有定义 int a,b;float x,y;则以下正确的赋值语句是(　　)。

　A. a＝1+b＝2;　　B. y＝(x％2)/10;　　C. a+b＝x;　　　　D. x ＊＝y+8;

第3章 数据输入与输出

本章学习目标
- C语言单个字符输入/输出函数（getchar 函数/putchar 函数）的使用方法
- C语言格式化输入/输出函数（scanf 函数/printf 函数）的使用方法
- 使用格式化输入函数（scanf 函数）输入数据时需要注意的事项

每一个 C 程序都包含输入与输出操作。因为要对数据做相应的运算，所以要给出数据，并输出对数据运算后的结果。向计算机输入数据称为输入，数据可以在程序中事先被定义好，当然，用户也可以在程序运行过程中通过计算机终端输入设备（键盘、鼠标等）自行输入数据。从计算机终端输出设备（显示器、打印机等）输出数据称为输出，用户可以根据实际需要设置输出数据的显示格式、方式等。

C语言本身不提供专门的输入与输出语句，数据的输入与输出操作均是由 C 编译系统自带库函数中的标准输入函数及输出函数完成的。C 编译系统自带的库函数中有很多"标准输入/输出函数"，通过计算机终端设备（输入/输出设备）实现数据的各种输入与输出功能。本章主要介绍单个字符的输入——getchar 函数、单个字符的输出——putchar 函数、格式化输入——scanf 函数、格式化输出——printf 函数这四个最基本的输入与输出函数。

3.1 单个字符输入与输出

getchar 函数和 putchar 函数是 C 语言标准库函数中专门用于单个字符输入与输出的函数。getchar 函数的作用是从键盘上输入（读取）单个字符，按回车键后表示输入结束，被输入的字符会自动会现在计算机屏幕上。putchar 函数的作用是把一个字符输出到计算机屏幕所指定的位置（光标闪动）上。无论是 getchar 函数还是 putchar 函数，一次只能对一个字符做输入或者输出操作。

3.1.1 单个字符输出函数——putchar 函数

putchar 函数的调用形式如下：

```
putchar(a);
```

参数 a 可以是一个字符常量、字符变量，或者是整型表达式（其值必须在 0～127 之间）。函数功能是将参数 a 所对应的字符输出至计算机屏幕（光标闪动的位置）上。

例如：

```
putchar('B');
```

在计算机屏幕上输出大写英文字符'B'。

```
char ch1;
```

```
putchar(ch1);
```

在计算机屏幕上输出字符型变量 ch1 所对应的字符。

```
putchar('B'+2);
```

字符‘B’的 ASCII 值是 66,‘B’+2 的值则为 68,即字符‘D’所对应的 ASCII 值。所以,putchar('B'+2);的结果等同于 putchar('D');,即在计算机屏幕上输出的是大写英文字母‘D’。

```
putchar('\n');
```

注:‘\n’是 C 语言中的转义字符常量,表示回车换行。putchar('\n');的作用不是在计算机屏幕上(直接)输出字符'\n',而是指当有后续数据输出时,需要换行(输出)。这一点请初学者务必注意。

3.1.2　单个字符输入函数——getchar 函数

getchar 函数的调用形式如下:

```
ch=getchar();
```

其中,ch 为字符型变量或整型变量。

与 putchar 函数调用形式不同的是,getchar 函数中没有参数,即小括号"()"中不填写任何内容。其功能是通过键盘任意输入一个字符到计算机屏幕的指定位置上。计算机接收通过 getchar 函数输入的字符时,可以使用一个字符型或整型变量接收,也可以把 getchar 函数直接作为一个操作对象参与计算。

例如:

```
char ch1;
ch1=getchar();
```

该程序定义了一个字符型变量 ch1,getchar 函数从键盘上任意读取(输入)一个字符作为函数值,把它赋给变量 ch1。

```
char ch1,ch2;              //语句 1;
ch1=getchar();             //语句 2;
ch2=getchar();             //语句 3;
putchar(ch1);              //语句 4;
putchar(ch2);              //语句 5;
```

语句 1 中定义了两个字符型变量:ch1 与 ch2,语句 2 和语句 3 则两次使用 getchar 函数,把从键盘上任意读取(输入)的两个字符作为函数值,分别赋给变量 ch1 与 ch2,然后语句 4 和语句 5 依次输出这两个字符。

```
char ch1,ch1;              //语句 1;
ch1=getchar();             //语句 2;
ch2=getchar()+2;           //语句 3;
```

语句 1 中定义了两个字符型变量 ch1 与 ch2;语句 2 则使用 getchar 函数,从键盘上任意读取(输入)一个字符,作为函数值赋给变量 ch1;语句 3 则是通过键盘再读入下一个字符,并将该字符所对应 ASCII 码的数值与常数 2 相加运算,将其计算结果(所对应的 ASCII 码)再赋给变量 ch2。

假设语句 2 使用 getchar 函数从键盘上读取的字符是字母'A',语句 3 则把'A'+2 的值 67(65+2)所对应的 ASCII 码('C')赋给变量 ch2,即变量 ch2 得到的是字母'C'。

实训 3   putchar 函数与 getchar 函数的应用

任务 1   在计算机屏幕上输出 BUS 三个字符,调试程序并观察结果。
C 程序代码如下:

```
#include <stdio.h>
main()
{
    char a,b,c;                       //定义 a,b,c 三个字符型变量;
    a='B';b='U'; c='S';               //给 3 个字符型变量赋值;
    putchar(a);                       //向显示器输出字符'B';
    putchar(b);                       //向显示器输出字符'U';
    putchar(c);                       //向显示器输出字符'S';
    putchar ('\n');                   //换行;
}
```

程序运行结果如下:

```
BUS
Press any key to continue
```

任务 2   改写任务 1 程序如下,调试并观察结果是否与任务 1 程序执行结果相同。
C 程序代码如下:

```
#include <stdio.h>
main()
{
    char a,b,c;
    a=66; b=85;c=83;
    putchar(a);
    putchar(b);
    putchar(c);
    putchar ('\n');
}
```

任务 3   使用 getchar 函数,从键盘上输入 BUS 三个字符,并在计算机屏幕上输出。调试程序并观察结果。

C 程序代码如下:

```
#include <stdio.h>
```

```
main()
{
    char a,b,c;               //定义 a,b,c 三个字符型变量;
    a=getchar();              //从键盘输入一个字符'B',赋给字符变量 a;
    b=getchar();              //从键盘输入一个字符'U',赋给字符变量 b;
    c=getchar();              //从键盘输入一个字符'S',赋给字符变量 c;
    putchar(a);               //输出变量 a 的值('B');
    putchar(b);               //输出变量 b 的值('U');
    putchar(c);               //输出变量 c 的值('S');
    putchar('\n');            //换行;
}
```

程序运行结果如下:

任务 4　改写任务 3 程序如下,从键盘上依次输入 BUS 三个字符,调试并观察结果是否与任务 3 程序执行结果相同。

```
#include <stdio.h>
main()
{
    putchar(getchar());
    putchar(getchar());
    putchar(getchar());
    putchar('\n');
}
```

任务 5　从键盘上任意输入一个小写英文字母,把它转换成相应的大写英文字母输出。调试程序并观察结果。

```
#include <stdio.h>
main()
{
    char ch1,ch2;
    ch1=getchar();            //从键盘上任意输入一个字符(假设为小写英文字母'f');
    ch2=ch1-32;               //通过 ASCII 码进行大小写英文字母转换;
    putchar('\n');            //换行;
    putchar(ch2);             //输出 ch2 的值,即是输入小写字母'f'所对应的大写字母'F';
    putchar('\n');            //换行;
}
```

程序运行结果如下:

3.2 格式化输入与输出函数

对大量多种数据类型的数据进行输入与输出操作时,可以使用格式化输入与输出函数。C 语言中用来实现格式化输入与输出操作的主要是 scanf 函数和 printf 函数。使用这两个函数进行数据的输入与输出,程序员可以根据数据的不同类型,为其指定不同的输入或输出格式。C 语言提供的输入与输出格式很多,也很烦琐,为了便于初学者更好地掌握,本节主要介绍一些常用的格式,初学者重点掌握一些常用的格式规则即可,不必深究每一个细节。对这一部分的学习,最好采用边看书、边上机练习的方式,通过调试程序逐步掌握 C 语言数据输入与输出的应用。

3.2.1 用 printf 函数输出数据

printf 函数的功能是按照指定的格式在计算机终端输出设备上(如计算机显示器)输出若干个指定格式的数据。

1. printf 函数的格式

printf 函数的形式如下:

```
printf("格式控制串",输出表列);
```

例如:

```
printf("%d,%d,%f",a,b,a-b);                //printf 函数 1;
```

功能:分别输出 a 的值(十进制整数形式)、b 的值(十进制整数形式)、a-b 的值(十进制小数形式)。

假设 a=3,b=5,

输出结果如下:

```
3,5,-2.000000
```

再例如:

```
printf ("c =%d +%d =%d",a,b,a+b );         // printf 函数 2;
```

功能:输出"c=a 的值(十进制整数形式)+b 的值(十进制整数形式)=a+b 的值(十进制整数形式)"。

同样假设 a=3,b=5,

输出结果如下:

```
c=3+5=8
```

从上面的例子中可见,printf 函数括号中的内容主要由以下两部分组成:

(1) 格式控制串

用一对双引号" "括起来的字符串,用于指定输出数据的类型、格式、个数。

如 printf 函数 1 中的%d、%d、%f\n,printf 函数 2 中的 c=%d+%d=%d\n。格式控制串也称做"格式字符串",包括以下两个信息:

① 格式声明。

由"%"与格式字符组成。如"%d"、"%f"等。作用是将相应的数据转换成指定的格式（形式、类型），然后再输出。例如，"%d"表示输出"十进制形式的整数数据"，"%f"表示输出"十进制形式的小数"数据（小数点后保留 6 位小数数字）。

② 普通字符。

即按原样输出的字符。如 printf 函数 1 中%d,%d,%f 里面的","，printf 函数 2 中 c=%d+%d=%d 里面的"c=、+、="。它们将会按照原样输出。

初学者需要注意的是，如果格式控制串中含有 C 语言的转义字符，转义字符只是起到控制输出格式的作用，而转义字符本身则不会被输出。

例如，把前面的 printf 函数 2 改写成以下形式：

```
printf ("c=%d +%d =%d\n",a,b,a+b);   //格式控制串中增加了转义字符'\n';
```

输出结果仍然是

c=3+5=8

而不是

c=3+5=8\n

因为转义字符'\n'在这里起到的作用是控制输出格式，即（printf 函数 2）之后的输出数据将换行输出，而 printf 函数 2 本身并不显示输出转义字符'\n'。

再例如，假设 a=6,b=8,

```
printf("%d\n%d",a,b);       //b 的值将在 a 的值的下一行输出；
```

输出结果如下：

6
8

而不是

6\n8

(2) 输出表列

需要输出的数据元素名称，也称做数据列表。输出表列中的数据元素可以是变量、常量、表达式。如 printf 函数 1 中的 a、b、a-b（共输出三个数据元素，a 的值、b 的值、a-b 的值）。

2. 基本格式字符

对不同类型的输出数据所指定的不同的格式声明，用格式字符来表示，如表 3.1 所示。这里主要介绍 C 语言中有关数据输出的一些常用的基本格式字符。

(1) d 格式字符

输出一个有符号的十进制整数。（按照十进制整数的实际长度输出。）

例如：

```
printf("%d,%d",100,-50);
```

输出结果如下：

```
100,-50
```

表 3.1　数据输出的基本格式字符

	%d	以有符号十进制形式输出整型数据
整型数据	%o	以无符号八进制形式输出整型数据
	%x	以无符号十六进制形式输出整型数据
	%u	以无符号十进制形式输出整型数据
实型数据	%f	以有符号小数形式输出实型数据（默认保留 6 位小数）
	%e	以指数形式输出实型数据
	%g	以数值宽度最小的形式输出实型数
字符型数据	%c	输出一个字符
	%s	输出一字符串

（2）f 格式字符

以小数形式输出实数。实数中的整数部分全部输出，小数部分则保留 6 位。

例如：

```
float a=8.0;
printf("%f",a/3);
```

输出结果如下：

```
2.666667
```

（3）e 格式字符

以指数形式输出实数。不同的 C 编译系统显示实数的小数部分的位数与指数部分所占的列数会有所不同。（在 Visual C++ 6.0 环境下，输出数字的小数部分为 6 位，指数部分占 5 列。）

例如：

```
printf("%e",567.89);
```

输出结果如下：

```
5.678900 e+002
```
6 位小数　5 列数字

注：例 3 中的"%e"也可以写成"%E"形式。数值按标准化指数形式输出，小数点前面必须有且只能有 1 位非零数字。

例如：

```
printf("%E",0.56789);
```

输出结果如下：

<u>5</u>.678900 E-001

1 位非零数字　大写字母 E

（4）c 格式字符

用来输出一个字符。

例如：

```
char ch='W';
printf("%c",ch);
```

输出结果如下：

W

注：如果一个整数的数值范围在 0～127 之间，也可以使用“％c”格式，将其按照字符形式输出，系统会在输出前把该整数转换成其 ASCII 码所对应的字符。

例如：

```
int a=66;
printf("%c",a);
```

输出结果如下：

B

如果整数值比较大，超出了 0～127 的范围，则以字符形式输出该整数最低位置的字节信息（二进制数）。

例如：

```
int a=322;
printf("%c",a);
```

输出结果仍然为：

B

很多初学者对此无法理解，其实 322 所对应的二进制数如下：

00000001	01000010
高位字节	低位字节

其低位字节为：01000010，即十进制数 66，所对应的 ASCII 码字符是‘B’。关于这方面的内容，初学者不必深究。

（5）s 格式字符

用来输出字符串。

例如：

```
printf("%s","abcdefg");
```

输出结果如下：

```
abcdefg
```

```
printf("%s,%s","abcdefg","a");
```

输出结果如下：

```
abcdefg,a
```

3. 附加说明符

关于 C 语言数据的输出格式,在 % 和格式字符之间还可以增加附加说明符(修饰符),用于对输出格式进行微调。如指定输出数据所占的域宽、显示精度(实数的小数点后所保留小数位的位数)、对齐方式等。附加说明符的表示与作用如表 3.2 所示。

表 3.2 数据输出格式的附加说明符

附加说明符	作 用
l(英文字母)	输出 long 型数据(只可与 d、o、x、u 结合用),即构成 % ld、% lo、%lx、%lu 形式
L(英文字母)	输出 double(或 long double)型数据(只可与 f、e、g 结合用),即构成 %Lf、%Le、%Lg 形式
输出域宽：m(整数)①	指定数据输出所占的宽度(列数)
显示精度：.n(n 为大于或等于 0 的整数)②	对于实型数据的输出,".n"表示保留输出小数点后 n 位小数;对于字符串,".n"表示指定从左端截取 n 个字符输出

　　注：① 若 m 为正整数,当数据的实际宽度小于 m 时,则该数据在域内以右对齐方式输出;当数据的实际宽度大于或等于 m 时,则该数据以实际宽度全部输出。若 m 为负整数,当数据的实际宽度小于 m 的绝对值时,则该数据在域内以左对齐方式输出;当数据的实际宽度大于或等于 m 的绝对值时,则该数据以实际宽度全部输出。

　　② 对于输出字符串,若字符串本身的长度小于或等于 n 时,则该字符串将按原样被输出。

例 3.1 使用 printf 函数输出整型数据。
C 程序代码如下：

```
#include <stdio.h>
main()
{
    int a=123;
    int b=456;
    long c=1234567890;
    printf("%d,%d\n",a,b);
    printf("%5d\t,%2d\n",a,b);          //语句 1;
    printf("%-5d\t,%-2d\n",a,b);        //语句 2;
    printf("a=%d,b=%d\n",a,b);          //语句 3;
    printf("c=%ld\n",c);                //语句 4;
}
```

程序运行结果如下：

```
123,456
  123    ,456
123      ,456
a=123,b=456
c=1234567890
Press any key to continue
```

① 在语句 1 中,设置 a 的域宽为 5(大于 a 的实际宽度"3"),所以数据 a 实际输出时在指定的域宽范围内是右对齐方式;b 的域宽为 2(小于 b 的实际宽度"3"),即数据 b 是按原样被输出。

② 在语句 2 中,设置 a 的域宽为−5,则数据 a 实际输出时在指定的域宽范围内是左对齐方式;b 的域宽为−2,则数据 b 还是按原样被输出。

③ 在语句 3 中,printf 函数里面的格式控制串中增加了相应的普通字符("a="、","、"b="等),它们将按原样被输出。

④ 在语句 4 中,因为 c 是长整型数据,数值较大,一般按照长整型格式"%ld"输出。若以基本整型格式"%d"输出,则可能会在某些 C 编译系统下产生数据溢出(数据显示异常)现象。

例 3.2 用 printf 函数输出实型数据。

C 程序代码如下:

```
#include <stdio.h>
main()
{
    float x=1234.56;
    float y=1.23456789;
    double z=1234567.123456789;
    printf("x=%f,y=%f\n",x,y);                  //语句 1;
    printf("z=%f\n",z);
    printf("z=%e\n",z);
    printf("z=%20.10f\t,z=%12.5f\n",z,z);      //语句 2;
    printf("x=%.3f\n",x);                       //语句 3;
    printf("x=%-10.3f\n",x);                    //语句 4;
    printf("x=%4.3f\n",x);                      //语句 5;
}
```

程序运行结果如下:

```
x=1234.560059,y=1.234568
z=1234567.123457
z=1.234567e+006
z=  1234567.1234567889  ,z=1234567.12346
x=  1234.560
x=1234.560
x=1234.560
Press any key to continue_
```

① 在语句 1 中,x=%f 与 y=%f 的输出格式默认数据 x 与数据 y 实际输出时小数部分保留 6 位数字。x(1234.56)在实际输出时显示为 1234.560059,而不是 1234.560000,这是因为在 Visual C++ 6.0 环境下,以"%f"的格式输出实型数据,有时会存在精度显示误差,这一点初学者不必深究。y(1.23456789)在实际输出时显示为 1.234568(四舍五入形式)。

② z 的值为 1234567.123456789,其实际所占宽度为 17(包含小数点)。在语句 2 中,z=%20.10f 的输出格式指定了数据 z 的输出域宽为 20(大于 z 实际所占宽度 17),保留 10

位小数,所以数据 z 输出时是右对齐方式,并保留 10 位小数;z=%12.5f 的输出格式指定了 z 的输出域宽为 12(小于 z 实际所占宽度 17),保留 5 位小数,所以数据 z 将按原样输出,并保留 5 位小数。

③ 在语句 3 中,%.3f 的输出格式表明数据 x 按照其实际所占宽度(7)原样输出,并保留 3 位小数。这也是对 C 语言中实型数据常用的一种格式输出方式。

④ 在语句 4 中,%−10.3f 的输出格式指定数据 x 的输出域宽为 10(大于 x 实际所占宽度 7),x 实际输出时的显示位置是左对齐方式,并保留 3 位小数。

⑤ 在语句 5 中,%4.3f 的输出格式指定数据 x 的输出域宽为 4(小于 x 实际所占宽度 7),所以 x 在实际输出时将按原样输出,并保留 3 位小数。

例 3.3 用 printf 函数输出字符型数据。

C 程序代码如下:

```
#include <stdio.h>
main()
{
    int m=97;
    char ch='B';
    printf("m: %d %c\n",m,m);        //语句 1;
    printf("ch: %d %c\n",ch,ch);     //语句 2;
    printf("%s\n","student");
    printf("%9s\n","student");       //语句 3;
    printf("%-9s\n","student");      //语句 4;
    printf("%9.4s\n","student");     //语句 5;
}
```

程序运行结果如下:

① 在语句 1 与语句 2 中,通过 ASCII 码转换,可以把整数"97"以字符型数据格式"%c"输出(结果为'a'),也可以把单个字符'B'按照整型数据格式"%d"输出(结果为"66")。

② 在语句 3 与语句 4 中,"%9s"与"%−9s"的输出格式指定了字符串 student 的输出域宽为 9(大于 student 的实际宽度 7),前者以右对齐的方式显示输出,后者以左对齐的方式显示输出。

③ 在语句 5 中,"%9.4s"的输出格式要求依次截取字符串 student 最左边的 4 个字符输出,即显示输出 stud,对齐方式为右对齐。

3.2.2 用 scanf 函数输入数据

scanf 函数的功能是按照指定的格式,通过终端设备(如计算机键盘)输入(读取)若干个数据,依次赋给对应的变量(存入对应的变量中)。

1. scanf 函数的格式

scanf 函数的形式如下:

scanf("格式控制串",地址表列);

例如:

```
scanf("%d,%3d,%7.2f",&a,&b,&c);          //scanf 函数 1;
scanf("a=%d,b=%d",&a,&b);                //scanf 函数 2;
```

在 scanf 函数中,"格式控制串"的含义同 printf 函数,也是由"格式声明"与"普通字符"两部分组成。"地址表列"是由若干个(数据)地址组成的表列,一般是变量的地址或是字符串的首地址。

2. 格式声明

与 printf 函数中的格式声明相似,scanf 函数中的格式声明也是从"%"开始,以格式字符(如 d、f、c、s 等)结束,在"%"与格式字符之间也可以增加附加说明符(修饰符),如 scanf 函数 1 中的%d,%3d,%7.2f。同样,格式声明中还可以增加一些普通字符,如 scanf 函数 2 中的 a=,b=。

scanf 函数中用到的输入格式字符与附加说明符的用法与 printf 函数差不多,如表 3.3 和表 3.4 所示。

表 3.3　数据输入的基本格式字符

整型数据	%d	输入十进制整数据
	%o	输入八进制整数据
	%x	输入十六进制整数据
	%u	输入无符号十进制整数据
实型数据	%f	输入小数形式的单精度实型数据
	%e	输入指数形式的单精度实型数据
字符型数据	%c	输入一个字符
	%s	输入一个字符串

表 3.4　数据输入的附加说明符

附加说明符	作　　用
l	与 d、o、x、u 结合输入 long 型数据;与 f 结合输入 double 型数据
m	指定数据输入的宽度(域宽)
*	忽略输入的数据(即不将输入的数据赋给相应变量)

注:初学者在学习 scanf 函数时,大可不必死记硬背这两个表,学会使用简单的形式进行数据输入即可。

3. 地址表列

地址表列即输入变量的地址列表,对于简单变量,变量的地址用"&"符号加上"变量名"

表示,"&"符号也称为取址符,如 scanf 函数 1 中的地址表列——"&a,&b,&c",分别表示变量 a 的地址、变量 b 的地址、变量 c 的地址。对于字符串或复合类型的变量,则是以其(首)地址来表示(数据地址的相关内容将在后面章节中作介绍)。需要注意的是,变量地址与变量名是两个不同的概念。

比如,把 scanf 函数 1 改写成如下形式:

```
scanf("%d,%3d,%7.2f",a,b,c);        //错误!
```

因为在地址表列中,a、b、c 为变量名,而不是变量地址,所以是错误的。

4. 使用 scanf 函数时需要注意的问题

许多初学者因 scanf 函数的写法有错,导致程序运行错误。同样,输入数据时,如果不注意数据的输入格式,尽管程序本身是正确的,但是程序最终的执行结果也会出现异常,初学者对此应予以足够认识。这里主要介绍书写及使用 scanf 函数时需要注意的一些问题,初学者不可忽视。

① 与 printf 函数一样,scanf 函数的地址表列里面所含数据地址的个数要与格式控制串中的格式声明个数保持一致,且一一对应。

例如:

```
scanf("%d,%d",&a,&b,&c);          //错误!
        2个   3个(不一致)
scanf("%d,%d,%f",&a,&b);          //错误!
        3个       2个(不一致)
scanf("%d,%d,%f",&a,&b,&c);       //正确!
        3个       3个(一致)
```

② 在 scanf 函数的格式控制串中,如果除了格式声明符之外还存在其他普通字符(包括转义字符),当输入数据时,对应的位置上也要输入这些普通字符。

例如:

```
scanf ("a=%d,b=%f",&a,&b);  //scanf 函数 3;
```

假设输入 a 的值为 5,b 的值为 8.7,
在实际的输入数据过程中,则应该输入:

```
a=5,b=8.7↙ ("↙"表示输入回车键)
```

再例如:

```
scanf ("a=%d\t,b=%d",&a,&b);//scanf 函数 4;
```

假设输入 a 的值为 7,b 的值为 9,
在实际的输入数据过程中,则应该输入:

```
a=7 ,b=9↙ (7与,之间输入"Tab"键)
```

请注意,使用 scanf 函数进行数据输入时,格式控制串中的普通字符(如 scanf 函数 3 中的"a="、","、"b="必须按照原样输出,且不可缺少,不能出现格式控制串中其他没有的字符。

对于 scanf 函数 3,以下的输入方式都是错误的,请读者自行分析原因。

```
5,8.7↙  错误!
5  8.7↙  错误!
a=5 b=8.7↙  错误!
a=5,b=8.7:↙  错误!
```

③ 当使用 scanf 函数输入多个数值型(整型、实型)数据时,如果其格式控制串中没有任何普通字符(包括空格),则在输入多个数据时,数据之间要用空格键或制表(Tab)键分开。

例如:

```
scanf("%d%d%f",&a,&b,&c);    //scanf 函数 5;
```

假设用户输入 a、b、c 的值分别为 5、6、7.8,

则正确的输入是:

5 6 7.8↙ (输入时,5 与 6 之间以及 6 与 7.8 之间分别用<u>一个空格</u>分开!)

而以下的输入方式则是错误的,请读者自行分析原因。

错误 1:5,6 ,7.8↙

错误 2:5,6 7.8↙

错误 3:5↙

        6↙

        7.8↙

错误 4:567.8↙

④ 当使用 scanf 函数对多个字符型数据连续输入时,则实际输入时不能用空格以及其他字符把每一个字符类型数据分隔开来。

例如:

```
scanf("%c%c%c",&ch1,&ch2,&ch3);    //scanf 函数 6;
```

假设用户输入字符类型变量 ch1、ch2、ch3 的值分别是'A'、'B'、'C',

则正确的输入是:

ABC↙ (输入时,ABC 之间不能用空格或其他字符分开!)

而以下的输入方式是错误的,请读者自行分析原因。

错误 1:A,B,C↙

错误 2:A B C↙

错误 3:A B ,C↙

错误 4:A↙

        B↙

        C↙

⑤ 使用 scanf 函数对若干个数值型数据与字符型数据进行混合输入时,初学者需要掌握以下正确的数据输入方式。

例如:

- scanf("%d%d%c",&a,&b,&ch1);

正确的输入方式如下：

5 6A↙

输入时，数字"5"与数字"6"之间用一个空格分开，而数字"6"与字母"A"之间不能有空格及其他字符，否则系统会把空格或其他字符赋给变量 ch。)
- scanf("%c%c%d",&ch1,&ch2,&a);

正确的输入方式如下：

AB5↙

（输入时，字母"A"与字母"B"以及字母"B"与数字"5"之间不能有空格及其他字符。)
- scanf("%d%c%d",&a,&ch2,&b);

5A8↙

（输入时，数字"5"与字母"A"以及字母"A"与数字"8"之间不能有空格及其他字符。)
- scanf("%d,%c,%d",&a,&ch2,&b);

5,A,8↙

（输入时，数字"5"与字母"A"以及字母"A"与数字"8"之间用","隔开。)
- scanf("%c%d%d",&ch1,&a,&b);

正确的输入方式如下：

A5 6↙

（输入时，字母"A"与数字"5"之间不能有空格，数字"5"与数字"6"之间用一个空格分开。)
- scanf("%d%d",&a,&b);
  scanf("%c",&ch1);

正确的输入方式同①，即：

5 6A↙

（数字"5"与数字"6"之间用一个空格分开，字母"A"紧接着数字"6"后面输入。)

因为 C 语言程序书写时没有行的概念，不能因 scanf 函数的输入语句占了上下两行，而在输入数字"5"与数字"6"之后再换行输入字母'A'。即这样的输入方式是错误的：

5 6
A↙

（换行输入'A'，错误！)

对于初学者，要极力避免因数据输入方式出错而导致程序执行结果发生异常的情况。所以，本书作者根据多年的教学实践，提出了设计或书写 scanf 函数时应遵循的一些建议：

① scanf 函数中的数据输入类型最好要与该数据自身的类型保持一致。

对于 Visual C++ 6.0 等很多 C 语言编译系统而言，如果 scanf 函数中的数据输入类型与该数据的自身类型(之前被定义的类型)不一致,尽管程序能通过编译阶段,但是执行时会出现异常。

例如:

```
#include <stdio.h>
main()
{
    float a;           //定义 a 为 float 类型变量;
    scanf("%d",&a);
    printf("a=%f",a);
}
```

假设用户实际输入整数 5(int 类型),试图把整数 5 赋给变量 a(float 类型),则程序的执行结果不是用户预想的"a=5.000000",而会出现如下的异常情况:

```
5
a=0.000000Press any key to continue
```

② 设计 scanf 函数时,scanf 函数的格式控制串中尽量不要出现普通字符,也不要使用'\n'、'\t'等转义字符,以减少不必要的输入量,避免给实际数据输入造成麻烦。

例如:

```
scanf("%d%d%f",&a,&b,&c);            //scanf 函数 7;
scanf("a=%d,b=%d,c=%f",&a,&b,&c);    //scanf 函数 8;
```

假设要求 a、b、c 输入的数值依次是 5、2、7.8,

对于 scanf 函数 7,实际数据输入时的正确方式如下:

```
5   2   7.8↙
```

对于 scanf 函数 8,实际数据输入时的正确方式如下:

```
a=5,b=2,c=7.8↙
```

scanf 函数 7 与 scanf 函数 8 完成的是同样的数据输入功能,可见,前者比后者给实际输入带来了方便。

③ 在输入实型数据时,格式字符的域宽不要使用 m.n 形式的附加说明符。

例如:

```
scanf("%f",&a);      //scanf 函数 9;
        未设置域宽
```

实际输入数据时正确的方式如下:

```
2.5↙
scanf("%9.5f",&a); //scanf 函数 10;
        设置了域宽
```

则实际输入数据时正确的方式如下:

_ _ _2.50000↙

（左边需先空出 2 列，再输入数值 2.50000，务必保留 5 位小数输入，否则程序运行时会出错。）可见，使用 scanf 函数 9 在实际输入时要比使用 scanf 函数 10 方便得多。

④ 当输入数值较大（如 double 类型）的实型数据时，最好在 scanf 函数中使用％lf 或％le 格式，以防出现数据溢出现象。

⑤ 在程序设计中，书写 scanf 函数时，最好能在此之前先书写一条简单的 printf 函数，用于对即将到来的输入操作做提示，以方便用户输入相应的数据。

例如：

```
printf("请输入 a,b,c 三个整数：\n");        //用于对即将输入 a,b,c 三个整数做提示；
scanf("%d,%d,%d",&a,&b,&c);
```

实训 4　scanf 函数与 printf 函数的综合应用

任务 1　调试程序 1 至程序 4，并按照要求修改相关程序语句，思考与观察程序执行结果。

程序 1：

C 程序代码如下：

```
#include <stdio.h>
main()
{
    printf("%s\n","student");
    printf("%11s\n","student");
    printf("%-11s\n","student");
    printf("%11.3s\n","student");
    printf("%-11.3s\n","student");
    printf("%4.3s\n","student");
    printf("%-4.3s\n","student");
}
```

程序运行结果如下：

```
student
       student
student
          stu
stu
 stu
stu
Press any key to continue
```

程序 2：

C 程序代码如下：

```
#include <stdio.h>
main()
```

```
{
    int a,b;
    scanf("%d%d",&a,&b);            //假设用户输入 10 赋给变量 a,输入 20 赋给变量 b;
    printf("a=%d ,b=%d\n",a,b);     //语句 1;
    scanf("%d,%d",&a,&b);           //语句 2;
    printf("a=%d,b=%d\n",a,b);      //语句 3;
}
```

程序运行结果如下：

请思考，若将程序 2 的语句 1 改为：

```
printf("a=%f ,b=%f\n",a,b);
```

语句 2 改为：

```
scanf("a=%d,b=%d",&a,&b);
```

语句 3 改为：

```
printf("a=%5d,b=%-5d\n",a,b);
```

其余不变，请按照变动要求调试程序，并观察输出结果。

程序 3：

C 程序代码如下：

```
#include <stdio.h>
main ()
{
    int a,b;
    float c,d;
    scanf("%d%d",&a,&b);
    printf("a=%c,b=%c\n",a,b);
    scanf("%f%f",&c,&d);
    printf("c=%f,d=%f\n",c,d);      //语句 1;
}
```

程序运行结果如下：

请思考，如果将语句 1 改为：

```c
printf("c=%8.3f\n,d=%-8.3f\n",c,d);
```

运行结果是什么,为什么?

程序 4:

C 程序代码如下:

```c
#include <stdio.h>

main()
{
    int ch1,ch2;                    //语句 1;
    ch1=100;                        //语句 2;
    ch2=101;                        //语句 3;
    printf("ch1=%c,ch2=%c\n",ch1,ch2);
    printf("ch1=%d,ch2=%d\n",ch1,ch2);
}
```

程序运行结果如下:

```
ch1=d,ch2=e
ch1=100,ch2=101
Press any key to continue
```

请思考,如果将语句 1 改为:

```c
char ch1,ch2;
```

运行结果是什么,为什么?

如果将语句 2 与语句 3 改为:

```c
ch1=1000;
ch2=1010;
```

运行结果又是什么,为什么?

任务 2 使用 printf 函数设计一个显示"成绩菜单"界面的程序,运行并观察结果。

C 程序代码如下:

```c
#include <stdio.h>
main()
{
    char choice;
    printf("\t**********成绩菜单**********\n");
    printf("\t=======================\n");
    printf("\t 1----输入成绩 2----修改成绩\n");
    printf("\t 3---- 累加成绩 4----求成绩平均值\n");
    printf("\t 5----成绩排序 6----输出成绩\n");
    printf("\t 7----退出 \n");
    printf("\t=======================\n");
    choice=getchar();
```

```
      printf("choice=%c\n",choice);
}
```

程序运行结果如下:

请思考,printf 函数中'\t'的作用是什么?
请进一步理解转义字符的用法与意义。

3.3 本 章 小 结

本章主要介绍 C 编译系统标准函数库中常用的数据输入函数与输出函数的名称及其使用方法。

首先介绍针对 C 语言中单个字符的输入函数(getchar 函数)与输出函数(getchar 函数)以及使用方法;其次介绍格式化输入函数(scanf 函数)与格式化输出函数(printf 函数)的使用,以及如何按照指定的格式输入、输出数据的方法和格式。最后,通过相关实例介绍使用scanf 函数时需要注意的一些问题。

习 题 3

一、选择题

1. 假设:

```
char a,b;
scanf("%c%c",&a,&b);
```

在实际输入时,则用(　　　)作为输入分隔符。

A. 空格　　　　　　　　B. 逗号　　　　　　　　C. 冒号　　　　　　　　D. 以上都不对

2. 假设:

```
float x,y,z;
char c;
scanf("%f,%f,%f",&x,&y,&z);
scanf("%c",&c);
```

若希望把 2.1、3.2、5.0 三个数分别赋给 x、y、z,把'W'赋给 c,则正确的输入方式是(　　　)。

A. 2.1,3.2,5.0↙ W↙　　　　　　　　　　　B. 2.1↙,3.2↙,5.0↙,W↙

C. 2.1,3.2,5.0W✓   D. 2.1,3.2,5.0W✓

3. 假设：

```
float x=123.45678;
printf("%2.7f \n",x);
```

则输出结果是（   ）。

A. 123.5678   B. 123.46;

C. 123.4567800   D. 12.4567800

4. 假设：

```
int b=125;printf("%d,%o,%x\n",b,b+1,b+2);
```

则输出结果是（   ）。

A. 25,175,7D   B. 125,176,7F

C. 125,176,7D   D. 125,175,2F

5. 假设：

```
char ch;
```

则以下（   ）与 putchar('A');的功能等同。

A. printf("%d\n",ch);   B. printf("%c\n",ch);

C. printf("%d\n",A);   D. printf("%c\n",A);

6. 假设：

```
char ch;
ch=getchar();
```

则以下正确的 C 语句写法是（   ）。

A. getchar(ch);   B. ch＝getchar(ch);

C. ch＝putchar();   D. printf("%c\n",getchar());

7. 已知 C 程序代码如下：

```
#include <stdio.h>
main()
{
    int a=12,b=34;
    printf("%d",a);
    printf("%d",b);
}
```

则执行程序后,屏幕上输出的结果是（   ）。

A. 12,34   B. 1234   C. 12 34   D. 12;34

8. 关于 C 语言中 scanf 函数的使用,下列说法正确的是（   ）。

A. 一个 scanf 函数一定要对应一个 printf 函数

B. 用一个 scanf 函数仅输出一个字符时,其功能与 getchar 函数等同

C. 一个 scanf 函数不能同时对若干个类型不同的数据进行输入

D. 使用 scanf 函数输入某一类型的数据,则不能改变该数据的类型进行输入

9. 字母 A 的 ASCII 码值为十进制数 65,则下面程序的输出是(   )。

```c
#include <stdio.h>
main()
{
    char ch1,ch2;
    ch1='A'+5-3;
    ch2='A'+6-3;
    printf("%d,%c\n",ch1,ch2);
}
```

A. 67,D   B. B,C   C. C,D   D. 以上都不对

10. 若在屏幕上输出字符串"abcde",下列正确的 scanf 函数的写法是(   )。

A. scanf("%c",abcde);   B. scanf("%s",abcde);

C. scanf("%s",abcde\0);   D. scanf("%c",abcde\0);

二、程序阅读题。通过上机调试,请写出下列程序的执行结果。

1. 程序 1

```c
#include <stdio.h>
main()
{
    char ch1='D';
    putchar(ch1);
    putchar('\n');
    putchar(ch1+32);
    putchar('\n');
    printf("%-5c\n",ch1);
}
```

2. 程序 2

```c
#include <stdio.h>
main()
{
    float x=123.45;
    float y=1.23456789;
    double z=1234567.123456789;
    printf("x=%.1f\t,y=%.2f\n",x,y);
    printf("z=%e\n",z);
    printf("z=%-20.7f\n,z=%20.5f\n",z,z);
    printf("x=%1.3f\n",x);
    printf("y=%-10.3f\n",x);
}
```

3. 程序3

```
#include <stdio.h>
main()
{
    printf("\t*********游戏开始*********\n");
    printf("\t=========================\n");
    printf("\t 1----单人游戏 2----双人游戏\n");
    printf("\t 3----关卡选择 4----难度设置\n");
    printf("\t 5----返回上层 6----游戏退出\n");
    printf("\t=========================\n");
}
```

第4章 程序结构设计与应用

本章学习目标

- 算法的特征以及常用的算法描述工具
- 顺序、选择、循环三种基本的程序流程结构
- 使用 if 语句与 switch 语句设计 C 语言选择结构程序的方法
- 使用 while 语句与 for 语句设计 C 语言循环结构程序的方法
- 循环的嵌套
- 使用 break 语句与 continue 语句实现 C 程序循环跳转的方法

在计算机程序执行过程中,需要控制程序语句的执行顺序,由事先设计好的程序语句流程完成对相应数据对象的处理来实现特定的功能。C 程序具备结构化程序设计的特点,程序体有顺序、选择与循环三种基本结构,每个基本结构中又可以包含一条或多条 C 语句,甚至是其他基本结构。所以,C 程序结构清晰,易读性强。

4.1 算 法 简 介

什么是算法? 在计算机科学中,算法是为解决一个问题而采取的步骤或过程,是对该问题解决方案准确而又完整的描述。算法不是计算机程序,但是,程序员通常在编程之前事先设计(构思)出拟解决问题的算法,再根据算法运用某种计算机程序设计语言(如 C 语言、Java 语言等高级语言)编写出相应的程序。算法不具有唯一性,解决同一个问题可以采用不同的算法。例如,从合肥出发去上海旅游,可以选择不同的行程路线。但是,为了有效地解决问题,不仅需要保证算法正确,还要考虑算法的质量,来选择合适的算法。算法质量的好与坏会影响到程序的执行效率,所以说算法是程序设计的核心。

由于本书面向的读者群主要是应用型本科计算机及其相关专业低年级学生,书中的 C 程序以强调语法结构的正确性为主,以其功能实现为最终目的。而对程序在设计过程中采用的算法及其优越性评价等方面不作过多要求。当然,对计算机程序及其算法设计方面感兴趣的学生可以阅读《数据结构与算法》、《高级程序算法设计》等计算机专业相关书籍。

4.1.1 算法的特性

1. 确定性

算法中的每一个步骤或每一条语句必须是明确的,理解起来不会产生歧义(二义性)。例如,语句"60 分以上算及格"就是一条意思不明确的语句,在理解上可能会产生歧义,如"刚好 60 分整算不算及格"? 所以,把原语句改成"60 分及其以上算及格",这样理解就不会产生歧义了。

2. 有穷性

无论某一个算法有多么复杂,该算法应包含有限的操作步骤,而不能是无限的。例如,

某算法中有"找出所有小于 100 的实数"这样一个操作步骤,该操作步骤就不具有有穷性。因为小于 100 的实数有很多,无穷无尽,无法全部列举出。当然,算法的有穷性也应该在"一个合理的范围之内",能被人们所接受。再例如,设计一个程序,要求数据存储周期为"一千年"。尽管"一千年"具有有穷性,但是它超出了人们心目中的合理范围,所以也不能把设计这个程序的算法视为有效算法。

3. 可行性

可行性也称为有效性,即算法中的每一个操作过程都具有可行性,每一个步骤都应该能够被有效地执行,并得到有效的结果。例如,某算法中有步骤 s=1000/0;,因为除法运算中的分母不能为 0,所以步骤 s=1000/0;将无法被执行。也就是说,该算法不具有可行性。

4. 输入与输出

算法中的一系列操作步骤都离不开对相应数据的计算,这些数据称为输入数据。输入数据既可以来源于程序中已有的对象,也可以通过用户使用计算机外部设备(如键盘、鼠标等)自行输入。例如,有下列 C 程序:

```
#include <stdio.h>
main()
{
    int a,b;
    a=7;                      //数据 a 的值;(程序中已有变量的初始值)
    scanf("%d",&b);           //输入数据 b 的值;(通过 scanf 函数由用户自主输入)
    printf("%d,%d\n",a,b);    //输出数据 a 与 b 的值;
}
```

在这个程序中,输入数据 a 的值来源于程序中已有的对象,即变量 a 的初始值(7);而输入数据 b 的值是用户通过 scanf 函数自行输入得来的。

设计算法的目的是为了求解"问题",得到结果。所以,算法中的一系列操作步骤执行完毕后,必须向用户返回一个或多个计算结果(输出数据),如本例中的 printf 函数用来输出 a 与 b 的值。所以,算法必须具备数据的输入与输出功能,否则没有意义。

4.1.2　算法的描述工具

描述一个算法有多种不同的工具(方法),一般可以采用自然语言、流程图、N-S 图、伪代码、PAD 图、结构框图等。本节主要介绍自然语言、流程图与伪代码这三种常用的描述算法的工具。

1. 自然语言

自然语言就是人们日常使用的语言。使用自然语言描述一个算法便于理解,通俗易懂。但是,自然语言往往没有严格的语言文字规范,描述时也容易出现歧义性。例如,小王告诉小张,说他的女儿语文考了 90 分。在这句话中,到底是小王的女儿考了 90 分,还是小张的女儿考了 90 分? 所以,自然语言只适合描述特别简单问题,而对于一些复杂性问题(尤其是包含了分支及循环结构)的算法,一般不用自然语言描述。

2. 流程图

流程图是使用规定的图形、线条与文字来描述算法的一种工具,具有直观、清晰、易理解等优点。在现代软件开发中,很多程序员都以流程图作为编写程序代码的依据。

图 4.1 列出了流程图中的一些主要元素。在流程图中,最主要的是用箭头表示控制流向,用方框表示一个数据处理,用菱形表示判断条件。

例 4.1 用流程图表示求解 6 的阶乘值(6!,即 $1\times2\times3\times4\times5\times6$)的算法。

分析:假设变量 t 为被乘数,初值为 1;假设变量 i 为乘数,初值为 2;使用流程图描述这个具有循环过程的算法,如图 4.2 所示。

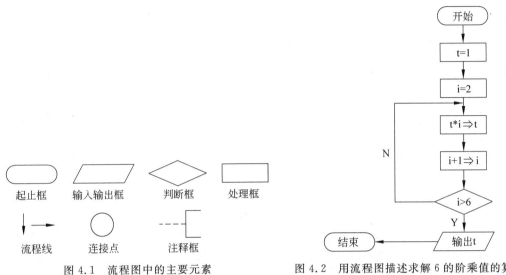

图 4.1　流程图中的主要元素　　　　图 4.2　用流程图描述求解 6 的阶乘值的算法

当然,用流程图描述算法也有不足之处。比如,绘制流程图比较耗费时间,绘制好的流程图不易于修改等。

3. 伪代码

伪代码介于自然语言和计算机高级程序设计语言之间,用文字、数字及符号来描述算法,没有固定的、严格的语法规则,可以用纯英文,也可以中英文混合使用。伪代码书写起来方便,容易看懂,修改也方便。用伪代码描述算法时,只要便于阅读理解,能够把意思表达清楚即可。

同样,用伪代码表示求解 6!的算法如下:

```
start:
    t=1;
    i=2;
    只要 i≤6,do:
    {
        t=t×i;
        i=i+1;
    }
    输出 t 的值;
end;
```

需要强调的是,伪代码只是近似计算机高级语言的程序代码,但并不是真正意义上的程序代码,也不能被计算机编译系统执行。用某一种计算机高级语言(C 语言、C++ 语言、Java

语言等)实现的算法必须严格遵循该语言的语法规则。

例如,编写求解 6!的 C 程序代码如下:

```
#include <stdio.h>
main()
{
    int i,t;
    t=1;
    i=2;
        while(i<=6)
        {
            t=t*i;
            i++;
        }
        printf("%d\n",s);
}
```

4.1.3 程序的基本流程结构

顺序结构、选择(分支)结构与循环结构是计算机高级程序的三种基本流程结构。但对于一些复杂的程序,内部结构往往是由这三种基本流程结构混合而成的。不论是哪一种流程结构,都有以下共同点:

① 仅有一个"入口"与"出口"。

② 流程结构中不存在无限循环(死循环)。

③ 流程结构中的每部分内容(操作)都有机会被执行到。

1. 顺序结构

程序只有执行完 A 框中的内容(语句)之后,才能执行 B 框中的内容(语句),二者之间的执行次序不能颠倒,如图 4.3 所示。

2. 选择(分支)结构

程序根据菱形中的判断条件 P 选择到底执行 A 框中的内容(语句),还是 B 框中的内容(语句)。也就是说,A 框与 B 框中的内容不允许都被执行,到底执行哪一个,要根据判断条件 P 是否成立的情况(成立 Y/不成立 N)来决定,这也称做双分支选择结构,如图 4.4 所示。当然,也允许 A 框中的内容或者 B 框中的内容有一个为空(即什么都不执行),但是不允许二者都为空。

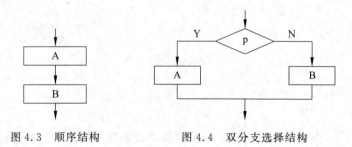

图 4.3　顺序结构　　　图 4.4　双分支选择结构

注：还有一类选择结构称为多分支选择结构。即判断条件 P 有多种取值，根据判断条件 P 的具体取值来执行相应框中的内容(语句)，如图 4.5 所示。

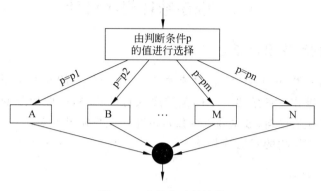

图 4.5 多分支选择结构

3. 循环结构

循环结构又称为重复结构，即反复执行某一部分操作，直至某个特定条件不满足了，才停止(执行)这一部分操作。也就是说，只要特定条件成立，相应部分的操作内容就必须反复执行。循环结构又分为两种类型，即当型循环结构与直到型循环结构。

（1）当型循环结构

当型循环结构如图 4.6 所示，其意思是"先判断条件，再决定是否循环执行"。即先判断条件 P 是否成立，如果成立(Y)，则执行 A 框中的内容(语句)，然后继续判断条件 P 是否成立，如果还成立(Y)，则需要继续执行 A 框中的内容。如此反复下去，直至条件 P 不成立(N)了，则停止执行 A 框中的内容，从而去执行后面的内容(脱离循环结构)。如果一开始判断条件 P 就不成立(N)，则程序流程直接跳过 A 框，不执行 A 框中的任何内容(语句)，转而去执行其后面的内容(脱离循环结构)。

（2）直到型循环结构

直到型循环结构如图 4.7 所示，其意思是"先执行一次，再判断条件，决定是否继续循环执行"。即不管三七二十一，首先执行 A 框中的内容(语句)一次，然后再判断条件 P 是否成立，如果成立(Y)，则继续执行 A 框中的内容，再判断条件 P 是否成立，如果还成立(Y)，则还需要执行 A 框中的内容。如此反复下去，直至条件 P 不成立(N)了，则停止执行 A 框中的内容，从而去执行其后面的语句(脱离循环结构)。

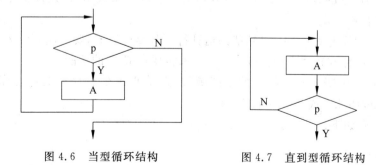

图 4.6 当型循环结构   图 4.7 直到型循环结构

当型循环结构与直到型循环结构最主要的区别是，前者有可能一次都不执行循环体部分(图中 A 框里的内容),而后者至少要执行一次。

4.2 顺序结构程序设计

4.2.1 顺序结构程序设计概念

在顺序结构的 C 程序中,各条语句(或命令)将按照位置的先后次序依次执行,以实现对相应数据对象的操作。各条语句之间是顺序执行的关系,一般用于变量定义,赋值操作(变量初始化、变量赋值语句、数据输入函数),运算处理与输出结果。

下面看一个顺序结构的 C 程序例子。

```c
#include <stdio.h>
main()
{
    int a,b;                 //语句1(变量定义);
    a=3;                     //语句2(变量赋值);
    b=a+2;                   //语句3(运算处理);
    printf("b=%d\n",b);      //语句4(输出结果);
}
```

可见,语句 1 至语句 4 必须顺序执行,各语句之间不能发生跳转。在一些结构复杂的 C 程序中,其内部的选择、循环等结构之间也可以具有顺序结构的关系。

4.2.2 顺序结构程序设计举例

例 4.2 已知圆球的半径为 r,编写 C 程序,要求从键盘上任意输入一个半径值 r(整数),计算体积 V 的值,结果保留 2 位小数。

分析:由圆球半径 r 求解圆球体积 V 的数学公式如下:$V=(4/3) \times$圆周率$\times$r3。但是,编写 C 程序时,要遵循 C 语言语法规范,即用 C 程序表达式语句来表示圆球体积 V:

$$V=(4.0/3)*3.14*r*r*r;$$

初学者编写 C 程序时,务必注意以下几点:

① 在日常的数学计算中,4/3 的结果约等于 1.333;而在 C 语言中,算术表达式 4/3 的运算结果却是 1。(请读者思考原因)

② 关于圆周率的表示,C 语言中不能直接用字符 π 来表示,建议以实型常量的形式取其近似值 3.14 来表示。

③ C 语言中没有表示"乘方"功能的运算符。若要计算 r^3,要写成 r*r*r 的连乘形式,或者通过调用 C 标准数学库函数 pow(r,3);来实现求解 r^3 的功能。

④ 如果程序中调用了 C 标准数学库函数,则需要在 C 程序开头加上库函数命令,即 #include <math.h>或 #include "math.h"。

C 程序代码如下:

```c
#include <stdio.h>
main()
{
```

```
    int r;
    float V;
    printf("请输入半径：\n");
    scanf("%d",&r);
    V=(4.0/3)*3.14*r*r*r;
    printf("圆球体积 V=%.2f\n",V);
}
```

假设输入半径 r 的值为 3，即：

3↙

程序运行结果如下：

例 4.3 通过键盘任意输入两个整数的值，分别用 a 与 b 表示，交换 a 与 b 并输出结果。

分析：在程序设计中，对两个变量存储的数值进行互换操作，需要通过设置第三个变量来完成，第三个变量一般也称做中间变量。我们做个形象的比喻：假设有一整瓶可乐与一整瓶雪碧，当要把可乐倒入装雪碧的瓶中，同时又要把雪碧倒入装可乐的瓶里，这时必须要有一个空瓶子，即暂时装"腾出来"的某一种饮料（可乐或雪碧），这个空瓶子用来作为两种饮料对调过程中的"缓冲瓶"。试图直接把雪碧倒入装有可乐的瓶子中（或者把雪碧倒入装有可乐的瓶子中）是做不到的。

C 程序代码如下：

```
#include<stdio.h>
main()
{
    int a,b,temp;
    printf("请输入 a,b 两个数：\n");
    scanf("%d%d",&a,&b);
    printf("\n 交换前：a=%d,b=%d\n",a,b);
    {
        temp=a;
        a=b;
        b=temp;
    }   //a 与 b 的数值交换过程,需要通过中间变量 temp 完成;
    printf("\n 交换后：a=%d,b=%d\n",a,b);
}
```

假设输入 a、b 的值分别为 5 与 8，即：

5 8↙

程序运行结果如下：

在本例中,如果把 a 与 b 的数值交换过程写成下列形式,则是错误的,这一点请初学者务必注意。

```
{
    a=b;
    b=a;
}       //a 与 b 的数值交换过程;错误!
```

例 4.4 已知用 a、b、c 三个正整数分别表示三角形的三条边长,通过海伦公式求解三角形面积,结果保留 2 位小数。

分析:

① 假设用变量 l 表示三角形周长值的一半,即 $l = (1.0/2) * (a+b+c)$;同时请读者分析,求解 l 的表达式能否写成"$l = (1/2) * (a+b+c)$;"的形式,为什么?

② 假设用变量 s 表示三角形面积。用海伦公式计算面积,即:

$$s = (l \times (l-a) \times (l-b) \times (l-c))^{1/2};$$

按照 C 语言语法规范,即 $s = sqrt(l * (l-a) * (l-b) * (l-c))$;注:sqrt(x) 是 C 语言中的一个数学库函数,功能是求解 x 的平方根。

C 程序代码如下:

```
#include <stdio.h>
#include <math.h>                   //数学库函数命令;
main()
{
    int a,b,c;
    float l,s;
    printf("请输入三角形的三条边长 a,b,c 的值: \n");
    scanf("%d,%d,%d",&a,&b,&c);
    l=1.0/2 * (a+b+c);
    s=sqrt(l * (l-a) * (l-b) * (l-c));
    printf("三角形面积 s=%.2f \n",s);
}
```

假设输入三角形三边 a、b、c 的值分别为 3、4、5,即:

3,4,5↙

程序运行结果如下:

细心的读者可能会提出一个问题：当用户任意输入 a、b、c 三个正整数来表示三角形的三条边长（例如，输入 3、4、8），该程序是否能正常运行？答案是否定的。因为我们知道，不是任意的三个正整数都能表示三角形的三条边长，必须满足"两边之和大于第三边"或"两边之差小于第三边"的判定条件。也就是说，关于本例中的 C 程序，用户输入 a、b、c 的值时，必须满足所输入的三个数值能够形成一个三角形这样一个先决条件，才能保证该程序运行时不会出现异常情况。所以，经验丰富的程序员编写该程序时，通常会在程序中加上一个判断合法输入数据的条件，保证程序正常运行。这个问题将在 4.3.3 节中讨论。

实训 5   顺序结构程序设计实训

任务 1   已知圆锥的半径与高度分别用 r、h 表示，编写 C 程序，要求从键盘上任意输入半径值 r（正整数）及高度值 h（正整数），计算体积 V 的值，结果保留 2 位小数。

C 程序代码如下：

```
#include <stdio.h>
main()
{
    int r,h;
    float V;
    printf("请输入圆锥的半径 r,高度 h: \n");
    scanf("%d,%d",&r,&h);
    V=(1.0/3) * 3.14 * r * r * h;
    printf("圆锥体积 V=%.2f\n",V);
}
```

假设用户输入 r 与 h 的值分别为 4 与 8，即：

4,8↙

程序运行结果如下：

任务 2   假设李明同学期末参加了五门课程的考试，编写 C 程序，求李明同学期末五门课程考试成绩的平均分（保留 1 位小数）与总分。

分析：五门课程的成绩分别用整型变量 score1、score2、score3、score4、score5 表示，平均分则用实型变量 average 表示，总分用整型变量 sum 表示。

C 程序代码如下：

```
#include <stdio.h >
main()
{
    int score1,score2,score3,score4,score5,sum;
```

```
    float average;
    printf("请依次输入 5 门课的成绩：\n");
    scanf("%d,%d,%d,%d,%d",&score1,&score2,&score3,&score4,&score5);
    sum=score1+score2+score3+score4+score5;    //求总分；
    average=sum/5;                                     //求平均分；
    printf("平均分为：%.1f\n",average);
    printf("总分为：%d\n",sum);
}
```

假设输入 5 门课程的分数分别为 85、75、69、54、91，即：

85,75,69,54,91↙

程序运行结果如下：

任务 3 已知直角三角形的两条直角边长，计算斜边长度。

分析：假设直角三角形的两条直角边长分别用实型变量 a、b 表示（a、b 的值均大于 0），斜边长度用实型变量 c 表示。则 $c=(a^2+b^2)^{1/2}$。按照 C 语言语法规范，即 c= sqrt(a * a+ b * b)；。

C 程序代码如下：

```
#include <stdio.h>
#include <math.h>
main()
{
    float a,b,c;
    printf("请输入两条直角边长：\n");
    scanf("%f,%f",&a,&b);
    c=sqrt(a * a+b * b);        //语句 1；
    printf("斜边：c=%.1f\n",c);
}
```

假设输入 a 与 b 的值分别为 3.8 与 4.6，即：

3.8,4.6↙

程序运行结果如下：

注：hypot(x,y)函数是 C 语言的标准数学库函数之一，功能是计算直角三角形的斜边长。请用表达式 c=hypot(a,b)；替换任务 3 程序中的语句 1，其余不变，调试与观察运行结果。

4.3 选择结构程序设计

在现实生活中,很多事情需要根据相应的条件来决定做还是不做。例如,如果今天下雨,小明就去图书馆看书;如果今天不下雨,小明就去操场踢足球。这是一个典型的"双分支选择"问题,也就是说,小明今天做什么事情(看书或踢足球)要由天气情况(是否下雨)来决定。看书与踢足球这两件事情,小明不可能同时去做。再例如,教师根据学生成绩评定等级,通常会按照"优"(90~100 分),"良"(80~89 分),"中"(70~79 分),"及格"(60~69 分)与"不及格"(0~59 分)这样的评定标准。而这是一个"多分支选择"问题,即由学生成绩的分数值来判定其属于哪一个等级,不同等级所对应的分数段之间不能有交集。

可见,生活中人们处理类似问题时,关键在于条件判断,即根据满足什么样的条件来决定做什么事情。同样,由于程序处理问题的需要,很多程序中都会包含选择结构,无论是双分支选择还是多分支选择结构,程序都需要在执行下一个操作之前先进行相应的条件判断。C 语言中的选择结构是通过 if 语句与 switch 语句来实现的。if 语句有三种表现形式,以实现双分支或多分支选择。为了能够较好地解决一些更复杂的问题,C 语言还允许对 if 语句进行嵌套使用。switch 语句主要解决 C 程序中的多分支选择问题。

4.3.1 if 语句

if 语句要根据给定的条件表达式进行判断,由判断的结果(成立/不成立)决定执行哪一条分支语句(或是由多条语句组成的语句组)。

if 语句有三种形式,下面分别讲解。

1. if 简单语句

if 简单语句的书写形式如下,执行流程如图 4.8 所示。

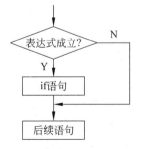

图 4.8 if 简单语句执行流程

```
if (表达式) if 语句;
后续语句;
```

注:if 是 C 语言的关键字,表示"如果"的意思。

功能:先判断 if 表达式,如果表达式成立(表达式的值为逻辑"真",即满足表达式),就执行 if 语句,之后再执行后续语句;如果表达式不成立(表达式的值为逻辑"假",即不满足表达式),则跳过 if 语句,而直接执行后续语句。通常,if 语句也称为 if 简单语句中的"内嵌语句"。

初学者务必注意以下几点:

① 关于 if 简单语句的书写形式,if(表达式)与 if 语句可以写在一行上,但两者之间要用一个空格隔开。if(表达式)之后不能有分号;,即下面的写法是错误的。

```
if (表达式);if 语句;
后续语句;
```

当然,if(表达式)与 if 语句也可以分别写在两行上。即:

```
if (表达式)
语句;
{后续语句;}
```

同样,if(表达式)的后面也不能有分号";"。

② if 简单语句中的"表达式"可以是 C 语言中的算术、关系、逻辑、赋值等表达式,也可以是单个数据,如 if(a)。此时,将以数据 a 的逻辑值是真(逻辑 1)还是假(逻辑 0)来判断表达式是否成立。

例如:

```
if (x) y=1;z=2;
```

在这个例子中,语句 y=1;是内嵌语句,其是否执行要由 x 的逻辑值来决定。如果 x 为非零数值,其逻辑值为真(逻辑 1),则表达式成立,语句 y=1;被执行,完毕后还要执行语句 z=2;(因为 z=2;是后续语句)。反之,如果 x 的数值为零,则其逻辑值为假(逻辑 0),则程序跳过(不执行)内嵌语句 y=1;,直接去执行后续语句 z=2;。

③ 在 if 简单语句形式中,要正确区分 if 简单语句中的内嵌语句与后续语句。无论 if 表达式是否成立,后续语句都要被执行。

④ if 简单语句中的内嵌语句既可以只是一条 C 语句,也可以由两条及以上的 C 语句组成,形成内嵌语句组。如果是后者,则一定要用大括号"{ }"把内嵌语句组括起来。

例如:

```
if (a>b)
{c=1;b=2;}      //if 简单语句中的内嵌语句组;
y=3;            //if 简单语句中的后续语句;
```

分析:如果 a>b 成立,则程序依次执行语句 c=1;b=2;y=3;。反之,程序只执行后续语句 y=3;。

如果把该例中的大括号去掉,其余不变,即变成下列形式,则执行流程会发生变化。

```
if (a>b)
c=1;b=2;
y=3;
```

分析:如果 a>b 成立,则程序依次执行语句 c=1;b=2;y=3;。反之,程序只执行语句 b=2;y=3;。

原因很简单,因为去掉了大括号,原内嵌语句 b=2;变成了 if 简单语句中的后续语句,与语句 y=3;一样,无论 a>b 成立与否,都要被执行。

例 4.5 从键盘上任意输入一个字符。如果该字符是小写英语字母,则把它转换成相应的大写字母输出,否则将按原样输出。

分析:

① C 语言中用来判断某个字符 ch 是否为小写英文字母,可以采用如下的逻辑表达式:
ch>='a' && ch<='z'或者 ch>=97 && ch<=122

但是,如果写成'a'<=ch<='z'或是 97<=ch<=122 的形式,则是错误的。

② 把小写英文字母转换为大写字母,可以用 C 语句"ch＝ch－32;"来实现。

③ 本例中的字符输入与输出函数,既可以使用 getchar 函数与 putchar 函数,也可以使用 scanf 函数与 printf 函数。

C 程序代码如下:

```
#include <stdio.h>
main()
{
    char ch;
    ch=getchar();
    if(ch>='a'&&ch<='z')    //if 判断条件;
    ch=ch-32;               //if(内嵌)语句;
    putchar(ch);            //if 语句的后续语句;
    putchar('\n');          //换行;
}
```

假设输入字符'b',
则输出'B'。

```
b
B
Press any key to continue_
```

假设输入字符'&',
则原样输出'&'。

```
&
&
Press any key to continue_
```

思考:如果不用 if 简单语句的形式来实现例 4.5 所示程序,能否使用本书第 2 章中所介绍的条件表达式编写该程序?

使用条件表达式,编写例 4.5 程序,C 程序代码如下,请读者自行分析。

```
#include <stdio.h>
main()
{
    char ch;
    char=getchar();
    putchar(ch>='a'&&ch<='z'?ch-32:ch);
    putchar ('\n');
}
```

例 4.6 某分段函数 y 如下,假设 x 为 float 类型,编程实现 y 的值(保留 2 位小数)。

$$y=\begin{cases} x+3 & (0\leqslant x\leqslant5) \\ x-9 & (x<0) \\ x\div6 & (x>5) \end{cases}$$

C 程序代码如下:

```
#include <stdio.h>
main()
{
    float x,y;
    printf("请输入 x 的值：\n");
    scanf("%f",&x);
    if(x>=0&&x<=5)
    y=x+3;
    if(x<0)
    y=x-9;
    if(x>5)
    y=x/6;
    printf("y=%.2f\n",y);
}
```

假设输入 x 的值是 4.8，即：

4.8↙

程序运行结果如下。

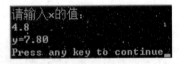

分析：

① x 的取值范围为 $0 \leqslant x \leqslant 5$，需要用逻辑表达式 $x>=0 \&\& x<=5$ 的形式来表示。

② 本例采用了三个独立的 if 简单语句来处理。在执行过程中，程序会根据用户输入 x 的具体数值依次判断符合哪一个 if 表达式，并执行表达式后面相应的 if 语句，然后再执行语句 printf("y＝%.2f\n",y);。

2. if-else 语句

if-else 语句的书写形式如下。

if(表达式) 语句 1;else 语句 2;
后续语句；

其中，else 也是 C 语言的一个关键字，表示"否则"的意思。if-else 语句的执行流程如图 4.9 所示。

功能：先判断 if 表达式，如果表达式成立（表达式的值为逻辑"真"，即满足表达式），就执

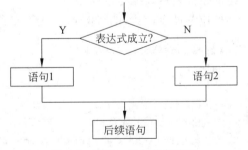

图 4.9 if-else 语句执行流程

行语句 1，之后再执行后续语句；如果表达式不成立（表达式的值为逻辑"假"，即不满足表达式），则执行 if 语句 2，之后再执行后续语句。

与 if 简单语句的使用方法类似，语句 1 与语句 2 也是 if-else 语句的内嵌语句，二者不能同时被执行（执行谁要由表达式成立与否来决定）。但无论执行完"语句 1"还是"语句 2"，后续语句都要被执行。当然，语句 1、语句 2 也可以是包含了由若干条 C 语句组成的内嵌语句

组,但是要用大括号{}括起来。

也可以把 if-else 语句中的语句 1 与语句 2 分两行来书写,即:

if(表达式) 语句 1;
else 语句 2;
{ 后续语句;}

注:if(表达式)与语句 1、else 关键字与语句 2 之间要用一个空格隔开,else 后面也不能有分号;。

例 4.7　任意输入一个 int 类型的数据,输出该数的绝对值。

分析:在数学中,正数与 0 的绝对值就是其本身,负数的绝对值是其相反数。用 x 表示输入的数据,用 y 表示其绝对值。

C 程序代码如下:

```c
#include <stdio.h>
main()
{
    int x,y;
    printf("请输入 x 的值: \n");
    scanf("%d",&x);
    if(x>=0) y=x;
    else y=-x;
    printf("y=%d\n",y);
}
```

假设输入 x 的值为 5,即:

5↙

程序运行结果如下:

假设输入 x 的值为 -6,即:

-6↙

程序运行结果如下:

例 4.8　在日常生活中,人们对闰年的判断方法如下:(1)如果某个四位数的年份可以被 400 整除;(2)如果某个四位数的年份可以被 4 整除,但是不能被 100 整除。两个条件只要满足其中一个,就认为该年份是闰年。例如,2015 年不是闰年,因为条件(1)与(2)都不满足。2016 年是闰年,因为满足条件(2)。任意输入一个四位数的年份,编写程序,判断其是否为闰年。

分析：从对闰年的判断方法，得知(1)和(2)两个条件是"或者"的关系（只要满足其一即可，当然两个条件都满足则更好）。但是条件(2)中包含了构成该条件的两个子条件（能被4整除，不能被100整除），这两个子条件之间是"并且"的关系。

假设用 int 类型变量 year 表示要判断（闰年）的年份，表示 year 能否被某整数整除，可以用 year 对该数做"求余"操作，只要结果为"0"，即表明能够被某整数整除。所以，条件(1)可表示为 year%400==0，条件(2)可表示为 year%4==0&&year%100!=0。本例中，可以用下列逻辑表达式来表示条件(1)和(2)之间的"或者"关系，从而实现对闰年的判断，即：

(year%400==0)||(year%4==0&&year%100!=0)

C 程序代码如下：

```c
#include <stdio.h>
main()
{
    int year;
    printf("请输入一个 4 位数的年份：\n");
    scanf("%d",&year);
    if((year%400==0)||(year%4==0&&year%100!=0))
    printf("该年份是闰年！\n");
    else
    printf("该年份不是闰年！\n");
}
```

假设输入年份：

2016↙

程序运行结果如下：

输入年份：

2004↙

程序运行结果如下：

例 4.9　任意输入 num1、num2、num3 三个整数，输出其中的最小值。

分析：num1 与 num2 首先比较，把其中的较小者赋给变量 min。再比较 min 与 num3 的大小，则较小者就是 num1、num2、num3 的最小值。可以用一个 if-else 语句与一个 if 简单语句实现比较过程。

C 程序代码如下：

```c
#include <stdio.h>
main()
{
    int num1,num2,num3,min;
    printf("请依次输入三个整数：\n");
    scanf("%d,%d,%d,",&num1,&num2,&num3);
    if(num1<num2) min=num1;
    else min=num2;              //if-else 语句;
    if(num3<min) min=num3;      //if 简单语句;
    printf("min=%d\n",min);
}
```

假设输入 2、5、3 三个整数，即：

2,5,3↙

程序运行结果如下：

当输入 3、1、3 三个整数，即

3,1,3↙

程序运行结果如下：

3. if-else-if 语句

if-else-if 语句的书写形式如下：

if (表达式 1) 语句 1;
else if (表达式 2) 语句 2;
...
else if (表达式 m) 语句 m;
else 语句 n;
{ 后续语句;}

执行流程如图 4.10 所示。

功能：从表达式 1 开始，依次判断每个表达式是否成立。若某个表达式 i(1≤i≤m) 成立(表达式的值为逻辑"真")，则执行该表达式后面的语句，执行完毕后，直接执行后续语句。如果表达式 1 至表达式 m 都不成立(表达式的值为逻辑"假")，则执行 else 后面的语句 n，然

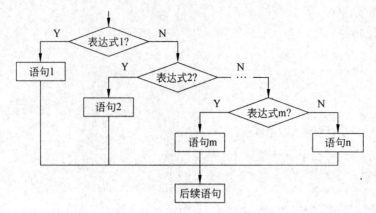

图 4.10　if-else-if 语句执行流程

后再执行后续语句。也就是说,无论执行哪一个语句分支后,都直接调转执行后续语句。语句 1、语句 2、……、语句 m、语句 n 都是 if-else-if 语句中的内嵌语句。可以只是一条 C 语句,也可以是包含了由若干条 C 语句组成的内嵌语句组,同样要用大括号{}括起来。

注:日常生活中,很多多分支选择问题适合使用 if-else-if 语句来实现,编写程序时,表达式 1、表达式 2、……、表达式 m 所表示的数据范围之间不能有交集。

例如,以下程序段中的 if-else-if 语句的写法就是错误的。因为在语句 1 中,表达式 x≤0 所表示的数据范围与语句 2 中的表达式 x≥0＆＆x≤5 所表示的数据范围之间存在共同的部分(x＝0),也就是说,当 x＝0 时,C 编译系统将无法判断程序是执行语句 1,还是执行语句 2。

```
...
if (x<=0) y=1;                      //语句 1
else if (x>=0&&x<=5) y=2;           //语句 2
else y=3;                           //语句 3
...
```

例 4.10　假设学生成绩的等级分为 A、B、C、D、E 五档,分别对应的分数段为:90～100 分、80～89 分、70～79 分、60～69 分、0～59 分。根据输入的学生成绩给出相应的等级。

分析:用 int 类型变量 score 存储学生的成绩,规定输入的成绩在 0～100 之间。

C 程序代码如下:

```
#include <stdio.h>
main()
{
    int score;
    printf("请输入学生的成绩(0-100 之间):\n");
    scanf("%d",&score);
    if(score>=90&&score<=100) printf("等级: A\n");
    else if(score>=80&&score<=89) printf("等级: B\n");
    else if(score>=70&&score<=79) printf("等级: C\n");
    else if(score>=60&&score<=69) printf("等级: D\n");
```

```
    else printf("等级：E\n");
    printf("\n");
}
```

假设输入的 score 值为 76，即：

76↙

程序运行结果如下：

```
请输入学生的成绩（0-100之间）：
76
等级：C

Press any key to continue_
```

4. if 语句的嵌套

if 语句的嵌套是指在 if 语句的内部又包含了一个或多个 if 语句，用于解决一些较复杂的多分支选择问题。if 语句的嵌套主要有以下形式：

（1）对 if 简单语句的嵌套

if (表达式) 语句;

注：在 if 简单语句的（内嵌）语句中包含了其他的 if 简单语句或 if-else 语句。

例如：

```
if (a<=100) if(a>=50)printf("A\n");
            包含（嵌套）了一个 if 简单语句
```

可见，在 if 简单语句中的（内嵌）语句里可以又包含另一个 if 简单语句：

```
if(a>=50)printf("A\n");
```

即执行语句 printf("A\n");需要满足的条件是[50,100]，即 $a \geq 50 \&\& a \leq 100$。

再例如：

```
if (b<=100) if (b>=50) printf("B\n");else printf("C\n");
                       包含（嵌套）了一个 if-else 语句
```

可见，在 if 简单语句中的（内嵌）语句里又包含了另一个 if-else 语句：

```
if (b>=50) printf("B\n");else printf("C\n");
```

分析：

语句 printf("B\n");的执行，需要满足的条件是[50,100]，即 $b \geq 50 \&\& b \leq 100$；

语句 printf("C\n");的执行，需要满足的条件是$(-\infty, 50)$，即 $b < 50$；

（2）对 if-else 语句的嵌套

```
if (表达式) 语句1;
else 语句2;
```

作为 if-else 语句中的内嵌语句，语句 1 及语句 2 中也可以包含别的 if 简单语句或 if-else 语句。

例如：

```
if (c<=100)
{ if (c>=50) printf("A\n");else printf("B\n");}      //语句 1;
    语句 1 中包含(嵌套)了一个 if-else 语句
else
{ if (c<=150) printf("C\n");else printf("D\n");}      //语句 2
    语句 2 中包含(嵌套)了一个 if-else 语句
```

分析：

语句 printf("A\n");的执行,需要满足的条件是$[50,100]$,即 $c>=50$&&$c<=100$；

语句 printf("B\n");的执行,需要满足的条件是$(-\infty,50)$,即 $c<50$；

语句 printf("C\n");的执行,需要满足的条件是$(100,150]$,即 $c>100$&&$c<=150$；

语句 printf("D\n");的执行,需要满足的条件是$(150,+\infty)$,即 $c>150$；

当然,对于 if-else 语句的嵌套,也可以仅在其语句 1 或语句 2 中嵌套 if 简单语句或 if-else 语句。

再例如：

```
if (d<=100) printf("A\n");                          //语句 1
else
{ if (d<=150) printf("B\n");else printf("C\n");}    //语句 2
    仅在语句 2 中包含(嵌套)了一个 if-else 语句
```

细心的读者会发现,仅在 if-else 语句的语句 2 中嵌套了一个 if-else 语句,其实就形成了前面所介绍的 if-else-if 语句的形式,也就是说,if-else-if 语句其实也就是对 if-else 语句的嵌套的一种形式。请读者自行分析本例中执行语句 printf("A\n");、printf("B\n");、printf("C\n");所需要满足的条件。

阅读与分析含有 if 语句嵌套的相关程序时,读者需要掌握 else 语句与 if 表达式的配对原则。即在有 if 语句嵌套的程序段中,从前至后(从上至下)依次寻找 else 语句,else 总是与前面(上方)离它最近的且尚未配对的 if 表达式配对。

例如,以下某 C 程序段中含有 if 语句的嵌套,则 if 与 else 的配对方式如大括号所示：

```
...
if(a>b)
if(a>c)
if(a>d) m=1;
else m=2;
else m=3;
...
```

分析：从上至下首先找到 else 语句 m=2;,其与前面语句 m=1;对应的 if(a>d)表达式配对；其次找到 else 语句 m=3;,向上搜寻,其与 if(a>c)表达式配对。而最前面的 if(a>b)表达式则没有 else 语句和它配对。如此一来,可以得知该 if 语句的嵌套形式其实是在 if 简单语句的内嵌语句中嵌套了一个 if-else 语句,而在这个 if-else 语句中的语句 1 部分继续嵌套了一个 if-else 语句,即 if(a>d) m=1;else m=2;。

所以在本例中,语句 m=1;的执行条件是:(a>b)&&(a>c)&&(a>d);语句 m=2;的执行条件是:(a>b)&&(a>c)&&(a<=d);语句 m=3;的执行条件是:(a>b)&&(a<=c)。

关于如何使用 if 语句嵌套方式解决 C 语言中较复杂的多选择分支结构问题,初学者不必深究,感兴趣的读者可以参阅《高级语言程序设计》、《数据结构与算法》等相关书籍。

例 4.11 比较两个整数 x 与 y 之间的大小关系。

分析:两个整数之间的关系有"大于"、"小于"与"等于"三种,可以通过使用三个独立的 if 简单语句实现。本例则采用对 if-else 语句进行嵌套的方式(在 if-else 语句的语句 1 中嵌套另一个 if-else 语句)完成实现过程。

C 程序代码如下:

```c
#include <stdio.h>
main()
{
    int x,y;
    printf ("请输入 x 与 y 两个整数: \n");
    scanf ("%d%d",&x,,&y);
    if ( x != y )
        if ( x >y ) printf ("大于关系\n");
        else printf ("小于关系\n");
    else printf ("等于关系\n");
}
```

假设输入 x 与 y 的值分别为 6 和 9,即:

6,9↙

程序运行结果如下:

4.3.2 switch 语句

if 简单语句和 if-else 语句可以较好地实现双分支选择问题,可是对于处理实际中的一些多分支选择问题,需要使用 if-else-if 语句或各种形式的 if 语句的嵌套来完成。但是,如果被嵌套的 if 语句层次较多,则程序变得冗长,可读性差,不利于初学者学习与掌握。

C 语言提供了 switch 语句。switch 语句是典型的多分支选择语句,可以方便地解决一些多分支选择结构的问题。

switch 语句的一般形式如下:

```c
switch(表达式)
{
```

```
    case 常量 1: 语句序列 1;break;
    case 常量 2: 语句序列 2;break;
    ...
    case 常量 n: 语句序列 n;break;
    default: 语句序列 n+1;
}
后续语句;
```

实现功能如下:

① 首先计算 switch 表达式的值,依次与每个 case 后面的常量值作比较。当表达式的值与某个 case 后面的常量值匹配时,则直接执行该 case 常量后面对应的语句序列(简称 case 语句),然后跳出整个 switch 语句体,执行 switch 语句体之外的后续语句。

② 若 switch 表达式的值与所有 case 后面的常量表达式的值都不匹配,则直接执行 default 关键字后面的语句序列 n+1,然后跳出整个 switch 语句体,执行 switch 语句体之外的后续语句。

举例如下:

```
switch (a)
{
    case 1: printf("A\n");break;
    case 2: printf("B\n");break;
    case 3: printf("C\n");break;
    default: printf("D\n ");
}
后续语句;
```

假设 a 是 int 类型变量,则程序会根据 a 的值来决定执行哪一个 case 常量值后面所对应的语句。比如,a=2,程序会直接执行语句 printf("B\n");。当 a=3,程序会直接执行语句 printf("C\n ");。当 a=4,即 a 的值与所有 case 后面的常量值都不相等,则直接执行语句 printf("D\n ");。无论哪一条语句执行完毕后,程序都会直接跳出整个 switch 语句体,去执行 switch 语句体之外的后续语句。

关于对 switch 语句的学习与使用,初学者务必注意以下几点:

① switch、case、break 与 default 都是 C 语言的关键字。其中 break 关键字也可以单独作为一条 C 语句使用,即 break;,功能是中断程序的执行,直接跳出当前的语句体,去执行语句体之外的后续语句。在 switch 语句体中,case 常量所对应的每一条语句序列后面的 break;语句不可缺少。如果把上例改成如下的形式:

```
switch (a)
{
    case 1: printf("A\n");        //无 break 语句;
    case 2: printf("B\n");        //无 break 语句;
    case 3: printf("C\n");        //无 break 语句;
    default: printf("D\n");
}
```

后续语句;

假设：当 a＝2,程序会首先执行 case 2 所对应的语句 printf("B\n");,但是接下来程序还要依次执行后面的 case 3 所对应的语句 printf("C\n");以及 default 关键字后面所对应的语句 printf("D\n");,最后再执行 switch 语句体之外的后续语句。从 C 语言语法的角度上来看,尽管程序正确,但是执行结果显然不是我们所希望的。也就是说,只有 switch 与语句 break;语句结合起来,才能真正实现程序的多分支结构。

关于 break;语句的具体使用方法,将在后一节"循环结构程序设计"内容中做详细介绍。

② switch 语句体的本身要用一对大括号{ }括起来。case 关键字和 default 关键字后面如果有多条 C 语句,则建议使用一对大括号{ }括起来,便于阅读。case 关键字和常量之间必须要用一个空格隔开。default 关键字及其后面的语句(简称 default 语句)可以省略不写,但也可以写在 switch 语句体的任何位置上。如果 switch 语句体中没有 default 语句,则意味着一旦 switch 表达式的值与所有 case 后面的常量值都不相等时,则程序直接跳出整个 switch 语句体(任何一条 case 语句都不执行),直接去执行 switch 语句体之外的后续语句。

③ 在同一个 switch 语句体中,任意两个 case 关键字后面的常量不能相同,但是不同的 case 常量后面允许有相同的 case 语句。此外,交换不同的 case 常量及其对应的 case 语句的位置,程序的执行流程不受影响。

例如,把本例所示 switch 语句体中的内容改成如下形式,则程序的执行流程不变。

```
switch (a)
{
    case 2: printf("B\n");break;
    case 3: printf("C\n");break;
    case 1: printf("A\n");break;
    default: printf("D\n");
}
```

但是,如果按以下方式改动 switch 语句体中的内容,则是错误的:

```
switch (a)
{
    case 1: printf("A\n");break;
    case 1: printf("B\n");break;      //与前一个"case 1"相同,错误!
    case 3: printf("C\n");break;
    default: printf("D\n");
}
```

④ switch 语句体中的 case 常量也可以是一个常量表达式,但是不能是一个变量,或者是由变量组成的表达式。

例 4.12 通过输入数字 0～6 来表示每一周的"周日"至"周六"。若输入 0～6 之外的数字,则显示"错误"。用 switch 语句实现。

C 程序代码如下:

```
#include <stdio.h>
```

```
main()
{
    int x;
    printf ("请输入 x 的数值：\n");
    scanf ("%d",&x);
    switch (x)
    {
        case 0: printf("周日\n");break;
        case 1: printf("周一\n");break;
        case 2: printf("周二\n");break;
        case 3: printf("周三\n");break;
        case 4: printf("周四\n");break;
        case 5: printf("周五\n");break;
        case 6: printf("周六\n");break;
        default: printf("错误\n");
    }
    printf ("\n");
}
```

假设输入 x 的值为 2，即：

2↙

程序运行结果如下：

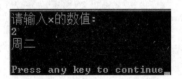

假设输入 x 的值为 8，即：

8↙

程序运行结果如下：

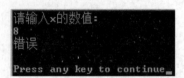

4.3.3　选择结构程序设计举例

例 4.13　任意输入 a、b、c 三个整数，判断能否构成三角形的三条边。如果能构成三角形，通过海伦公式求解三角形面积，结果保留 2 位小数。

分析：本例在前面例 4.3 的基础上进行了改进，即在求解三角形面积之前，需要对任意输入的三个整数能否构成三角形进行判断。可以使用 if-else-if 语句的形式实现判断功能。判断方法如下：

① 首先判断 a、b、c 三个整数是否合法,如果其中有一个整数小于或者等于 0,则表明输入的是非法数据。(三角形的边长不可能是 0 或是负数)

② 在判断输入的 a、b、c 三个整数是否合法的基础上,继续判断 a、b、c 三个整数能否构成一个三角形,如果可以,则通过海伦公式求出其面积。

③ 如果输入的 a、b、c 三个整数是合法数据,但是不能构成一个三角形,则输出"不能构成三角形"。

同样,本例中用变量 l 表示三角形周长值的一半,即 $l = 1.0/2 * (a+b+c)$;,用变量 s 表示三角形面积。

C 程序代码如下:

```c
#include <stdio.h>
#include <math.h>
main()
{
    int a,b,c;
    float l,s;
    printf("请输入三角形的三条边长: \n");
    scanf("%d,%d,%d",&a,&b,&c);
    if(a<=0||b<=0||c<=0)
    printf("三角形的边长不能为 0 或是负数,输入数据非法! \n");
    else if(a+b>c&&b+c>a&&a+c>b)
    {
        l =1.0/2 * (a+b+c);
        s =sqrt(l * (l-a) * (l-b) * (l-c));
        printf("三角形面积 s=%.2f \n",s);
    }
    else printf("不能构成三角形! \n");
}
```

运行结果如下:

① 假设输入三角形三边 a、b、c 的值分别为 -3、4、5,即:

-3,4,5↙

程序运行结果如下:

```
请输入三角形的三条边长:
-3,4,5
三角形的边长不能为0或是负数,输入数据非法!
Press any key to continue_
```

② 假设输入三角形三边 a、b、c 的值分别为 2、3、4,即:

2,3,4↙

程序运行结果如下:

③ 假设输入三角形三边 a、b、c 的值分别为 1、1、2，即：

1,1,2↙

程序运行结果如下：

例 4.14 求一元二次方程 $ax^2+bx+c=0$ 的根。（a、b、c 分别为方程的二次项 x^2 系数、一次项 x 系数、常数项）

分析：

① 只有当方程的二次项系数 a 不为 0 时，方程 $ax^2+bx+c=0$ 才是一元二次方程，否则是一元一次方程。

② 一元二次方程根的情况取决于其系数 a、b、c 的值（其中 a 不为 0）。通常，由其辨别式 $D(D=b^2-4ac)$ 是否大于 0 来决定。

若 $D>0$，则有两个不相等的实数根 x1 与 x2；若 $D=0$，则有两个相等的实数根 x1 与 x2；若 $D<0$，则有两个不相等的虚数根。

③ 为了便于初学者学习，当 $D<0$ 时，本例不去求解方程的虚根，只输出"有两个不相等的虚数根！"文字。

（注：float 类型的数据在计算机内部存储时，因存在精度误差而会出现数据显示异常等情况，所以有些 C 语言书籍要求在判断 float 类型的数据是否为 0 时，一般不是直接与整数 0 比较，而是采用与一个很小的实型常量（例如 10^{-6}）作比较。当某个 float 类型的数据比 10^{-6} 还要小时，则可以判定该 float 类型的数据为 0。）

C 程序代码如下：

```c
#include <stdio.h>
#include <math.h>
main()
{
    float a,b,c,D,x1,x2;
    scanf("%f,%f,%f",&a,&b,&c);
    D=b*b-4*a*c;
    if(a==0) printf("不是一元二次方程! \n");
    else if(D>0)
    {
        x1=(-b+sqrt(b*b-4*a*c))/2*a;
        x2=(-b-sqrt(b*b-4*a*c))/2*a;
        printf("有两个不相等的实数根：x1=%.2f,x2=%.2f\n",x1,x2);
    }
```

```
    else if(D==0)
    {
        x1=(-b)/2*a;
        x2=(-b)/2*a;
        printf("有两个相等的实数根：x1=%.2f,x2=%.2f\n",x1,x2);
    }
    else printf("有两个不相等的虚数根！");
}
```

运行结果如下：

① 假设输入 a、b、c 的值分别为 0、4.8、5.9，即：

0,4.8,5.9↙

程序运行结果如下：

② 假设输入 a、b、c 的值分别为 1.0、2.0、1.0，即：

1.0,2.0,1.0↙

程序运行结果如下：

③ 假设输入 a、b、c 的值分别为 -2.3、8.0、3.0，即：

-2.3,8.0,3.0↙

程序运行结果如下：

④ 假设输入 a、b、c 的值分别为 2.0、1.5、9.0，即：

2.0,1.5,9.0↙

程序运行结果如下：

例 4.15 从键盘上依次输入四个整数，要求输出其中的最大值。

分析：假设用 a、b、c、d 分别表示四个数，相互之间比较大小，求出最大值。其实只要考虑"a 大于或等于 b、c、d"、"b 大于或等于 a、c、d"、"c 大于或等于 a、b、d"、"d 大于或等于 a、b、c"这四种情况即可。（而在每一种情况中，另外三个较小的数之间则不必去比较。）所以，实现本例最简单的方法是结合 C 语言中的逻辑"与"运算符（&&），通过 4 个独立的 if 简单语句完成比较过程。

C 程序代码如下：

```c
#include <stdio.h>
main()
{
    int a,b,c,d,max;
    printf("请输入 a,b,c,d 四个整数：\n");
    scanf("%d,%d,%d,%d",&a,&b,&c,&d);
    if(a>=b&&a>=c&&a>=d) max=a;
    if(b>=a&&b>=c&&b>=d) max=b;
    if(c>=a&&c>=b&&c>=d) max=c;
    if(d>=a&&d>=b&&d>=c) max=d;
    printf("max=%d\n",max);
}
```

① 假设输入 a、b、c、d 的值分别为 0、4、5、2，即：

0,4,5,2↙

程序运行结果如下：

```
请依次输入a,b,c,d四个数：
0,4,5,2
max=5
Press any key to continue_
```

② 假设输入 a、b、c、d 的值分别为 5、4、1、2，即：

5,4,1,2↙

程序运行结果如下：

```
请输入a,b,c,d四个整数：
5,4,1,2
max=5
Press any key to continue_
```

注：读者可以尝试输入四个整数不同的排列组合情况，认真观察程序的运行结果。

说明：四个数之间比较大小，也可以采取其他的比较方式。比如，首先比较 a 与 b，得出最大值 max；以及比较 c 与 d，得出最大值 max2。然后，比较 max1 与 max2，这样总共比较 3 次就可以得出四个数中间的最大值。

C 程序代码如下：

```c
#include <stdio.h>
main()
{
```

```
int a,b,c,d,max1,max2,max;
printf("请输入 a,b,c,d 四个整数：\n");
scanf("%d,%d,%d,%d",&a,&b,&c,&d);
max1=(a>=b)?a:b;
max2=(c>=d)?c:d;
if(max1>=max2)
max=max1;
else
max=max2;
printf("max=%d\n",max);
}
```

读者可以自行上机调试,通过输入 4 个不同的整数来观察程序的运行结果。

例 4.16 某销售公司员工每月的实际收入是由其基本工资与月销售额提成两部分组成,其中销售额提成部分则取决于该员工所完成的月销售额情况。假设该员工每月基本工资固定为 1500 元,某月完成了 M 元的销售额(M 为正整数),请根据员工的月销售额情况,用 switch 语句编程求解出其该月获得的实际收入。表 4.1 为该公司月销售额与销售提成比率之间的对应关系。

表 4.1　销售额及其提成比率的对应关系

月销售额(单位：元)	提成比率	月销售额(单位：元)	提成比率
月销售额<1000	1%	5000<=月销售额<7000	8%
1000<=月销售额<3000	2%	7000<=月销售额<10000	15%
3000<=月销售额<5000	4%	10000<=月销售额	20%

分析：利用 switch 语句,需要将月销售额及其对应的(销售额)提成之间的关系转化为某些正整数与提成之间的关系。在本例中,可以将销售额 M(M 为大于 0 的整数)与 1000 整除后再加上 1,得到与(销售额)提成比率所对应的正整数,作为 case 常量值,如表 4.2 所示。

表 4.2　case 常量值与提成比率的对应关系

case 常量值	月销售额(单位：元)	提成比率
1	月销售额<1000	1%
2,3	1000<=月销售额<3000	2%
4,5	3000<=月销售额<5000	4%
6,7	5000<=月销售额<7000	8%
8,9,10	7000<=月销售额<10000	15%
>=11 的整数	10000<=月销售额	20%

C 程序代码如下：

```
#include <stdio.h>
main()
```

```
{
    int M,rate,salary=1500;
    printf ("请输入 M 的数值：\n");
    scanf ("%d",&M);
    rate=(M/1000)+1;        //转换为 switch 语句中的 case 常量
    switch (rate)
    {
        case 1: salary+=M*0.01;printf("salary=%d\n",salary);break;
        case 2: salary+=M*0.02;printf("salary=%d\n",salary);break;
        case 3: salary+=M*0.02;printf("salary=%d\n",salary);break;
        case 4: salary+=M*0.04;printf("salary=%d\n",salary);break;
        case 5: salary+=M*0.04;printf("salary=%d\n",salary);break;
        case 6: salary+=M*0.08;printf("salary=%d\n",salary);break;
        case 7: salary+=M*0.08;printf("salary=%d\n",salary);break;
        case 8: salary+=M*0.15;printf("salary=%d\n",salary);break;
        case 9: salary+=M*0.15;printf("salary=%d\n",salary);break;
        case 10: salary+=M*0.15;printf("salary=%d\n",salary);break;
        default: salary+=M*0.2;printf("salary=%d\n",salary);
    }
    printf ("\n");
}
```

① 假设输入 M 的值为 1999，即：

1999↙

程序运行结果如下：

② 假设输入 M 的值为 10000，即：

10000↙

程序运行结果如下：

实训 6　选择结构程序设计实训

任务 1　任意输入一个正整数，判断它是奇数还是偶数。如果是奇数，则进一步判断它是否为 7 的倍数。

分析：采用 if-else 语句的嵌套方式来实现，即在 if-else 语句的(内嵌)语句 1 中(执行条件：该数是奇数)又包含了一个 if 简单语句，完成对"是否能被 7 整除"的判断。

　　C 程序代码如下：

```
#include <stdio.h>
main()
{
    int x;
    printf("请输入该数：\n");
    scanf ("%d",&x);
    if (x%2!=0)
    {
        printf("%d 是奇数\n",x);
        if (x%7==0)
        printf("%d 是 7 的倍数\n",x);
    }  //语句 1 中又包含了一个 if 简单语句,完成"是否能被 7 整除"的判断;
    else printf("%d 是偶数\n",x) ;
}
```

① 假设输入 x 的值为 9，即：

9↙

程序运行结果如下：

② 假设输入 x 的值为 21，即：

21↙

程序运行结果如下：

③ 假设输入 x 的值为 12，即：

12↙

程序运行结果如下：

　　在任务 1 所示的 C 程序中，还可以在 if-else 语句的(内嵌)语句 2 中(执行条件：该数是偶数)再嵌套一个 if 简单语句。例如,在对输入的数值已经判断为偶数的基础上,继续要求判断该数"能否被 6 整除"。即任意输入一个正整数,判断它是奇数还是偶数。如果是奇数,则进一步判断它是否为 7 的倍数;如果是偶数,则进一步判断它是否为 6 的倍数。请读者编程实现。

任务 2　从键盘上依次输入四个整数,要求从小到大排序。

分析:与例 4.15 类似,本任务最简单的方法如下:任意四个数比较大小,需要至少比较 6 次完成从小到大的排序过程。假设用 a、b、c、d 分别表示四个数,用 temp 表示比较过程中的中间变量,6 次比较过程则分别通过 6 个独立的 if 简单语句来实现。

C 程序代码如下:

```c
#include <stdio.h>
main()
{
    int a,b,c,d,temp;
    printf("请依次输入四个整数,每个数用逗号隔开: \n") ;
    scanf("%d,%d,%d,%d",&a,&b,&c,&d);
    if(a>=b)
    {
        temp=a;a=b;b=temp;
    }
    if(a>=c)
    {
        temp=a;a=c;c=temp;
    }
    if(a>=d)
    {
        temp=a;a=d;d=temp;
    }
    if(b>=c)
    {
        temp=b;b=c;c=temp;
    }
    if(b>=d)
    {
        temp=b;b=d;d=temp;
    }
    if(c>=d)
    {
        temp=c;c=d;d=temp;
    }
    printf(四个数从小到大: "%d,%d,%d,%d\n",&a,&b,&c,&d);
}
```

① 假设输入 a、b、c、d 的值分别为 1、6、5、3,即:

1,6,5,3↙

程序运行结果如下：

② 假设输入 a、b、c、d 的值分别为 5、4、3、2，即：

5,4,3,2↙

程序运行结果如下：

注：读者可以尝试输入四个整数，采用不同的排列组合情况，认真观察程序的运行结果。

说明：任意 N 个数通过比较大小完成排序，采用最简单的"两两比较"方式，则需要比较 (N−1)×(N−2) 次才能确保 N 个数顺序或逆序排列。显然，尽管这种比较方式简单，但是效率一般。N 个数可以有多种方法完成排序，如冒泡排序、快速排序等方法。由于本书侧重介绍 C 语言的语法知识，不涉及一些过深的算法思想，有余力的读者可以查阅《数据结构与算法》等书籍，继续学习排序方面的算法内容。

任务 3　任意输入 a、b、c 三个正整数，判断能否构成三角形的三条边。如果能构成三角形，判断其属于哪一种三角形（等边三角形、等腰三角形、直角三角形、普通三角形）。

分析：在 a、b、c 三个正整数能够构成三角形三条边的基础上，用 C 语言表达式表示对三角形形状的判断条件如下：

条件(1)等边三角形：(a==b)&&(b==c)

条件(2)等腰三角形：(a==b)‖(b==c)‖(a==c)

条件(3)直角三角形：(a*a+b*b==c*c)‖(b*b+c*c=a*a)‖(a*a+c*c==b*b)

条件(4)普通三角形：条件(1)(2)(3)均不满足。

C 程序代码如下：

```
#include <stdio.h>
main()
{
    int a,b,c;
    printf("请依次输入三个正整数,表示三角形的三条边长: \n");
    scanf("%d,%d,%d",&a,&b,&c);
    if(a+b<=c || a+c<=b || b+c<=a)
    printf("不能构成三角形! \n");
    else if((a==b)&&(b==c))
    printf("构成等边三角形! \n");
    else if((a==b)||(b==c)||(a==c))
```

```
        printf("构成等腰三角形！\n");
    else if ((a * a+b * b==c * c)||(b * b+c * c==a * a)||(a * a+c * c==b * b))
        printf("构成直角三角形！\n");
    else printf("构成普通三角形！\n");
}
```

① 假设输入 a、b、c 的值分别为 1、2、3，即：

1,2,3↙

程序运行结果如下：

```
请依次输入三个正整数,表示三角形的三条边长:
1,2,3
不能构成三角形!
Press any key to continue_
```

② 假设输入 a、b、c 的值分别为 2、2、2，即：

2,2,2↙

程序运行结果如下：

```
请依次输入三个正整数,表示三角形的三条边长:
2,2,2
构成等边三角形!
Press any key to continue_
```

③ 假设输入 a、b、c 的值分别为 2、2、1，即：

2,2,1↙

程序运行结果如下：

```
请依次输入三个正整数,表示三角形的三条边长:
2,2,1
构成等腰三角形!
Press any key to continue_
```

④ 假设输入 a、b、c 的值分别为 3、4、5，即：

3,4,5↙

程序运行结果如下：

```
请依次输入三个正整数,表示三角形的三条边长:
3,4,5
构成直角三角形!
Press any key to continue_
```

⑤ 假设输入 a、b、c 的值分别为 2、5、4，即：

2,5,4↙

程序运行结果如下：

细心的读者可能会提出疑问,等腰直角三角形也是三角形的一种,只要同时满足条件②与③即可。但是在本例中,由于事先规定了三角形的三边 a、b、c 必须为正整数,也就是说,我们无法找出(输入)三个正整数,满足构成一个等腰直角三角形的三条边的条件,所以本例中没有考虑对等腰直角三角形进行判断。

任务 4 用 switch 语句编写 C 语言程序,实现简单的计算器功能。(只要求对两个操作数完成加、减、乘、除操作)

分析:用 float 类型变量 num1 与 num2 分别表示两个操作数,加、减、乘、除操作分别用字符'+'、'-'、'*'、'/'表示。

需要注意的是,当 num1 与 num2 两个操作数作除法(/)操作时,其中第二个操作数 num2 不能为 0。所以当用户输入'\'字符对两个操作数做除法运算时,需要对 num2 进行是否为 0 的判断,如果 num2 为 0,则直接输出"除数不能为 0,错误!"的文字。

C 程序代码如下:

```c
#include <stdio.h>
main()
{
    float num1,num2;
    char ch;
    printf("请输入其中一个运算符(+、-、*、/): \n");
    scanf("%c",&ch);
    printf("请输入第一个小数: \n");
    scanf("%f",&num1);
    printf("请输入第二个小数: \n");
    scanf("%f",&num2);
    switch(ch)
    {
        case '+': printf("%f+%f=%.2f\n",num1,num2,num1+num2);break;
        case '-': printf("%f-%f=%.2f\n",num1,num2,num1-num2);break;
        case '*': printf("%f * %f=%.2f\n",num1,num2,num1 * num2);break;
        case '/':
        {
            if(num2==0) printf("除数不能为 0,错误! \n");
            else printf("%f/%f=%.2f\n",num1,num2,num1/num2);
        } break;
        default: printf("输入了错误的运算符! \n");
    }
}
```

① 假设输入 ch、num1、num2 的值分别为'+'、1.2、2.7,即:

+↙

1.2 ↙

2.7 ↙

程序运行结果如下:

```
请输入其中一个运算符（+、-、*、/）：
+
请输入第一个数字：
1.2
请输入第二个数字：
2.7
1.200000+2.700000=3.90
Press any key to continue_
```

② 假设输入 ch、num1、num2 的值分别为'-'、1.2、2.7,即:

-↙

1.2 ↙

2.7 ↙

程序运行结果如下:

```
请输入其中一个运算符（+、-、*、/）：
-
请输入第一个数字：
1.2
请输入第二个数字：
2.7
1.200000-2.700000=-1.50
Press any key to continue_
```

③ 假设输入 ch、num1、num2 的值分别为' * '、2.3、1.8,即:

*↙

2.3 ↙

1.8 ↙

程序运行结果如下:

```
请输入其中一个运算符（+、-、*、/）：
*
请输入第一个数字：
2.3
请输入第二个数字：
1.8
2.300000*1.800000=4.14
Press any key to continue_
```

④ 假设输入 ch、num1、num2 的值分别为'/'、1.5、0.3,即:

/↙

1.5 ↙

0.3 ↙

程序运行结果如下:

⑤ 假设输入 ch、num1、num2 的值分别为'＄'、1.8、0.9，即：

$✓

1.8✓

0.9✓

程序运行结果如下：

⑥ 假设输入 ch、num1、num2 的值分别为'/'、1.4、0，即：

/✓

1.4✓

0✓

程序运行结果如下：

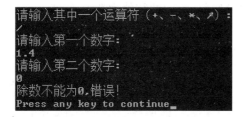

4.4 循环结构程序设计

在日常生活中，我们会遇到很多需要重复（循环）处理同一事务或操作的情况。例如，在正整数 1~80 中，依次找出能被 3 整除的数。

可以采取以下步骤：

① 用 int 类型变量 n 表示正整数，n 的初值为 1。

② 从 n=1 开始，每执行一次"n 能否被 3 整除"的判断操作后，做"n＋＋"操作。

③ 判断 n 的值。当 n 增加到 81 时，停止操作。

对于任意一个正整数 n，单独实现每一步操作并不困难。但是，要对 1 到 80（n 从 1 增至 80）总共 80 个数字重复上述三个步骤的操作，则工作量很大，程序书写时也极为不便。

基于此,C语言提供了 while 语句、for 语句与 do-while 语句三种循环语句,以完成对上述问题的重复(循环)计算,简化程序设计过程。

4.4.1 while 语句和 for 语句

1. while 语句

while 语句的书写形式如下:

```
while(循环继续条件) {循环体语句;}
后续语句;
```

其中 while 是 C 语言中的关键字,在循环结构中表示"当…,只要…"的意思,执行流程如图 4.11 所示。

功能:

首先判断 while 后面括号中的循环继续条件是否成立,如果成立(逻辑"真"或逻辑"1"),则执行循环体语句。

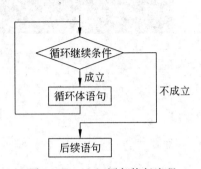

图 4.11　while 语句执行流程

循环体语句每执行一次,就要判断一次循环继续条件。如此反复,直至循环继续条件不成立(逻辑"假"或逻辑"0")时,结束循环体语句的执行,然后再去执行 while 语句(之外)的后续语句。

例 4.17　用 while 语句求解 $1+2+3+\cdots+50$ 的和。

分析:这是一个典型的循环(重复)加法计算的问题。从 0 开始相加,加数从 1 开始依次递增,当加数增至 50 后,做最后一次相加操作。当加数增至 51 时,停止计算。所以本例中的循环继续条件应该是"加数<=50"。

假设用 int 型变量 i(i 也称循环控制变量)表示加数,i 的初值设为 1。i 从 1 变到 100,每循环(相加)一次,使 i 增 1,直到 i 的值大于 50(即 51)时,停止相加操作。用 int 型变量 sum 存放每次相加操作后的累加和,在做第一次相加操作前,sum 的初值为 0。

C 程序代码如下:

```c
#include <stdio.h>
main()
{
    int i=1,sum=0;
    while (i<=50)          //循环继续条件,即当 i 的值为 51 时,停止执行循环体内的语句;
    {
        sum=sum+i;         //循环体语句 1,做累加运算;
        i++;               //循环体语句 2,加数自增 1;
    }
    printf("sum=%d\n",sum);    //while 语句的后续语句;
}
```

程序运行结果如下:

```
sum=1275
Press any key to continue_
```

初学者需要注意以下几点:

- 112 -

① while 语句执行流程的特点是"先判断,再执行"。即首先要根据 while 循环继续条件是否成立来决定循环体语句是否执行。也就是说,如果一开始就发现 while 循环继续条件不成立,则循环体语句一次都不执行,程序直接执行 while 语句的后续语句。

② while 语句中的循环体语句每执行一次之后,一定要有能够让 while 循环趋于终止的趋势。例如,在本例的循环体语句中,当循环体语句 2"i++;"每执行一次后,i 的值会递增,而这种趋势会最终会使 while 循环继续条件"i<=50"不满足。当 i 的值由 50 变为 51 时,就使得 while 循环继续条件"i<=50"不满足了,从而终止循环体语句的执行。否则循环体语句会反复执行下去,使程序执行流程陷入无限循环中。

③ while 语句中的循环体中可以只有一条循环语句,也可以由多条循环语句组成。无论是哪一种情况,建议初学者书写程序时一定要用一对大括号{}把循环体语句括起来,这样便于程序的阅读与理解,便于区分 while 语句中的循环体语句与后续语句。

④ 如果在 while 循环体中存在多条循环体语句,循环体语句的先后位置会影响运算结果。例如,改变例 4.17 中循环体语句 1 与循环体语句 2 的位置,其余不变,C 程序代码变成如下形式:

```c
#include <stdio.h>
main()
{
    int i=1,sum=0;
    while (i<=50)
    {
        i++;
        sum=sum+i;
    }
    printf("sum=%d\n",sum);    //while 语句的后续语句;
}
```

程序运行结果如下:

```
sum=1325
Press any key to continue
```

原因很简单,i 的初值为 1,程序在满足 while 循环继续条件"i<=50"的情况下,首先执行语句:"i++;"(执行完后 i=2),然后再执行语句:"sum=sum+i;"(sum 初值为 0,执行完后 sum=2)。也就是说,i 是从 2 开始做相加操作。反复循环累加,直至 i=50。此时仍然满足 while 循环继续条件"i<=50",则还要继续执行语句:"i++;"(执行完后 i=51)与语句:"sum=sum+i;"(sum=1274+51)。即 sum=1325。

$$(1274=2+3+\cdots+50)$$

也就是说,最终 sum 的结果不是"1+2+3+…+50"的总和,而是"2+3+4+…+50+51"的总和。

例 4.18 用 while 语句求解 10 的阶乘值(即 10!=1×2×…×10)。

分析:这是一个典型的循环(重复)乘法计算的问题。从 1 开始,乘数依次递增,进行乘法操作,当乘数增至 10 后,做最后一次乘法操作。当乘数增至 11 时,停止计算。所以,本例中使乘法循环继续的条件应该是"乘数≤10"。

假设用 int 类型变量 i 表示乘数，i 为循环控制变量，初值设为 1。每当做相乘操作一次后，使 i 增 1，直到 i 的值大于 10（即为 11）时，停止相乘操作。用 long 类型变量 P 来存放每次相乘操作后的乘积（因为阶乘值的取值范围较大，故 P 定义为 long 类型），与例 4.17 不同的是，在做第一次相乘操作前，P 的初值为 1，而不能为 0。

C 程序代码如下：

```
#include <stdio.h>
main()
{
    int i=1;
    long P=1;
    while (i<=10)              //循环继续条件,即当 i 的值为 11 时,停止执行循环体内的语句;
    {
        P=P*i;                 //循环语句 1：做累乘运算;
        i++;                   //循环语句 2：乘数自增 1;
    }
    printf("P=%ld\n",P);       //while 语句的后续语句;
}
```

程序运行结果如下：

```
P=3628800
Press any key to continue
```

同样，如果交换本例中循环语句 1 与循环语句 2 的位置，其余不变，请读者自行分析程序的执行流程以及运算结果。

例 4.19 用 while 语句求解 S=1!+2!+…+10!。

分析：这是一个典型的计算阶乘并求和的问题。从 1 开始，先计算出 1 的阶乘；然后计算出 2 的阶乘，并同时求得前两个数的阶乘和（1!+2!）。依次递增，再计算 3 的阶乘，并用 3 的阶乘与前两个数的阶乘和（1!+2!）继续做求和操作（1!+2!+3!）。依次类推，直至计算出 10 的阶乘，同时求出 1!+2!+…+10!的结果。

假设用 int 类型变量 i 表示乘数，i 的初值设为 1。用 long 类型变量 P 存放当前数字的阶乘，P 的初值设为 1。同理，用 long 类型变量 S 来存放当前阶乘和，S 的初值设为 0。本例中，当 i=10 时，求得 10 的阶乘，同时把 10 的阶乘（10!）与当前的阶乘和（1!+2!+…+9!）做相加操作，得到结果 1!+2!+…+10!。当 i=11 时，则停止计算阶乘及求和的操作。所以，本例中的循环继续条件（计算阶乘及求和的操作）应该是"i≤10"。

C 程序代码如下：

```
#include <stdio.h>
main()
{
    int i=1;
    long P=1;
    long S=0;
```

· 114 ·

```
    while (i<=10)           //循环继续条件,即当 i 的值为 11 时,停止执行循环体内的语句;
    {
        P=P*i;              //循环语句 1:做阶乘运算;
        S=S+P;              //循环语句 2:做累加运算;
        i++;                //循环语句 3:乘数自增 1;
    }
    printf("S=%ld\n",S);    //while 语句的后续语句;
}
```

程序运行结果如下:

```
S=4037913
Press any key to continue_
```

2. for 语句

for 语句的书写形式如下,其中 for 是 C 语言中的关键字。

for (表达式 1;表达式 2;表达式 3)
{循环体语句;}
后续语句;

for 语句的执行流程如图 4.12 所示。

① 首先计算表达式 1 的值。

② 再判断表达式 2 是否成立,如果成立(逻辑"真"或逻辑"1"),则执行 for 循环体语句,然后再计算表达式 3。

③ 继续判断表达式 2。如果表达式 2 成立,重复流程②;如果表达式 2 不成立,则停止执行 for 循环体语句,而去执行 for 语句的后续语句。

for 语句的功能也是用来实现 C 程序内部的循环结构,其表达式组成主要由"表达式 1"、"表达式 2"与"表达式 3"组成。其中,"表达式 1"是 for 语句的循环初始

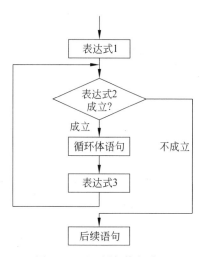

图 4.12　for 语句执行流程

条件,在整个执行流程中仅执行一次。"表达式 2"是 for 语句的循环继续条件,也就是说,当且仅当"表达式 2"不成立,则停止执行 for 循环体语句,即(跳出 for 循环体)去执行后续语句。"表达式 3"反映出循环变量增(减)值的情况,也就是说,当"表达式 3"执行 1 次之后,需要再判断"表达式 2"是否成立,以此决定 for 循环体语句是否继续执行。

与 while 语句一样,for 语句的循环体中可以只有一条循环语句,也可以有多条循环语句,建议初学者书写程序时一定要用一对大括号{}把循环体语句括起来。当 for 语句循环体中存在多条循环体语句时,循环体语句的先后位置会影响运算结果。最后,每一次执行 for 循环体语句之后,一定要有让"表达式 2"趋于"不成立"的趋势,否则会使程序陷入无限循环之中。

例 4.20　用 for 语句分别实现前面例 4.16、例 4.17 与例 4.18 中的程序内容。

(1) 用 for 语句求解 1+2+3+…+50 的和

C 程序代码如下:

```
#include <stdio.h>
main()
{
    int i,sum;
    for(i=1;i<=50;i++)
    {
        sum=sum+i;                    //循环体语句,做累加运算;
    }
    printf("sum=%d\n",sum);       //for 语句的后续语句;
}
```

（2）用 for 语句求解 10 的阶乘值（即 10!＝1×2×…×10）

C 程序代码如下：

```
#include <stdio.h>
main()
{
    int i;
    long P=1;
    for(i=1;i<=10;i++)
    {
        P=P * i;                      //循环体语句,做阶乘运算;
    }
    printf("P=%ld\n",P);          //for 语句的后续语句;
}
```

（3）用 for 语句求解 S＝1!＋2!＋…＋10!

C 程序代码如下：

```
#include <stdio.h>
main()
{
    int i;
    long P=1;
    long S=0;
    for(i=1;i<=10;i++)
    {
        P=P * i;                      //循环语句 1:做阶乘运算;
        S=S+P;                        //循环语句 2:做累加运算;
        i++;                          //循环语句 3:乘数自增 1;
    }
    printf("S=%ld\n",S);          //for 语句的后续语句;
}
```

请读者自行分析本例中用 for 语句实现的三个程序,并上机调试。

初学者学习 for 语句时,特别需要注意以下几点:

① 书写 for 语句中的表达式 1、表达式 2 与表达式 3 时,三个表达式之间要用分号";"

分隔开来。

② 不论是 for 语句中的表达式 1,还是表达式 2,或是表达式 3,可以只是一个表达式,也可以由若干个子表达式构成。如果某一个表达式是由多个子表达式组成的,子表达式之间的关系是"并且"的关系,相互之间要用逗号","分开。例如:

```
for(i=1,j=2;i<=10,j<=20;i++,j++)
    表达式 1      表达式 2      表达式 3
```

在这个例子中,for 语句中的表达式 1、表达式 2 与表达式 3 均由 2 个子表达式组成,子表达式之间是"并且"的关系。

③ C 语言允许采用省略 for 语句中的一个或多个表达式的书写方法,例如:

```
...
i=1;
for (__;i<=100;i++)       //省略了表达式 1;
sum+=i;
...
```

或者:

```
...
for (i=1;i<=100; __)       //省略了表达式 3;
{...i++;...}
...
```

或者:

```
...
i=1;
for (__; __; __)           //同时省略了表达式 1、表达式 2 与表达式 3;
{
    ...if(i>100) ...
    i++;
    ...
}
...
```

当然,for 语句中被省略的某个表达式,应当书写在程序的适当位置上,以保证循环流程的正确执行。但是,对于初学者而言,不建议采用上面的省略 for 语句表达式的方法,以免出错。

例 4.21 用 for 语句计算 S=1+1/2+1/3+1/4+…1/10。

分析:算术表达式 1+1/2+1/3+1/4+…1/10 既不是等差数列,也不是等比数列,无法套用现成的数学公式来计算。但是我们发现,该表达式由 10 个分数项组成,每一项均是由分数(分子/分母)的形式表示(1 可以看做是 1/1 的形式)。其规律是后一项与前一项相比较,分子不变(始终为 1),而分母依次递增 1,直至最后一项(1/10)结束。所以,假设用 int 类型变量 i 表示 1+1/2+1/3+1/4+…1/10,每一项分数的分母,用 float 类型变量 P 表示每一项的值，即 P 的初始值应为 1.0/1(1.0)。（注意：在 C 语言中，当分子与分母均为整数时，相除后的结果是其整除商，所以 P 的值需要用 1.0/i 来表示，而不能是 1/i。）用 float 类型变量 S 表示当前的累加和，即 S 的初始值为 0.0。

C 程序代码如下：

```
#include <stdio.h>
main()
{
    int i;
    float P=1.0,S=0.0;
    for(i=1;i<=10;i++)
    {
        P=1.0/i;
        S =S+P;
    }
    printf("S=%.2f\n",S);
}
```

程序运行结果如下：

```
S=2.93
Press any key to continue
```

在例 4.21 的基础上，如果用 for 语句计算 S＝1＋2/3＋3/5＋4/7＋…10/19，如何设计 for 语句的循环体语句？

C 程序代码如下：

```
#include <stdio.h>
main()
{
    int i;
    float j,P=1.0,S=0.0;
    for(i=1,j=1.0;i<=10,j<=19.0;i++,j=j+2.0)
    {
        P=i/j;
        S =S+P;
    }
    printf("S=%.2f\n",S);
}
```

程序运行结果如下：

```
S=6.07
Press any key to continue
```

请读者自行思考，程序中的变量 i 与 j 的作用。

3. while 语句和 for 语句的比较

在 C 语言中，while 语句和 for 语句都可以较好地实现循环结构，二者的共同点是执行循环体语句之前都要先对循环继续条件做判断操作。也就是说,当循环继续条件成立,则执行循环体语句;否则不执行执行循环体语句,如果循环继续条件一开始就成立,则循环体语句一次都不执行。

例如,有下列 while 语句和 for 语句:

(1)

```
int i=1;
while(i<=0)
{循环体语句;}
```

(2)

```
for(i=1;i<=0;i++)
{循环体语句;}
```

由于 i 的初值为 1,循环继续条件是 i<=0,可见一上来循环继续条件就不满足,所以无论是 while 语句还是 for 语句,二者的循环体语句一次都不执行。程序直接跳出循环体,去执行循环体之外的后续语句了。

当然,while 语句和 for 语句在使用上也有不同之处。请初学者注意,while 语句一般用于解决单重(一重)循环的问题,具体的循环次数可以事先已确定或者不确定。而 for 语句则适用于解决单重及多重(二重及以上)循环问题中的"循环次数事先确定"的情况。关于 C 语言中的单重及多重循环问题,将在后面的 4.4.3 小节中介绍。

例 4.22 已知 S=1+2+3+⋯+n,n 为大于 1 的正整数,求满足条件 S>100 时,n 的最小值是多少。

分析:这是一个典型的 C 语言循环问题,S=1+2+3+⋯+n,当 S 的值一超过 100,就停止累加,求出此时 n 的值。从数字 1 开始相加,如果把 1+2+3+⋯+n 看做是循环累加操作,则事先并不能确定"需要加到数字几"才能使当前的总和 S 刚刚超过 100。所以,该循环问题属于循环(相加)次数事先不确定的情况,适合使用 while 语句完成求解过程。通过分析,我们知道该例中的循环继续条件应该是 S<=100(即只要 S 不超过 100,就要继续相加下去)。

C 程序代码如下:

```
#include <stdio.h>
main()
{
    int i=1,S=0;
    while (S<=100)          //循环继续条件,即当 S 的值超过 100 时,则停止执行循环体语句;
    {
        S=S+i;
        i++;
    }
    printf("i=%d\n",i-1);
}
```

程序运行结果如下：

```
i=14
Press any key to continue_
```

请读者思考，程序中的 printf("i=%d\n",i-1);可否可以写成 printf("i=%d\n",i);，为什么？

4.4.2 do-while 语句

do-while 语句也是 C 语言中用来表示循环结构的语句，书写形式如下：

do 循环体语句;
while (循环继续条件)
后续语句;

执行流程如图 4.13 所示。

功能：

首先执行循环体语句 1 次，然后判断 while 后面括号中的循环继续条件是否成立，如果成立（逻辑"真"或逻辑"1"），则继续执行循环体语句。同样，当循环体语句每执行 1 次，就要判断 1 次循环继续条件。如此反复，直至循环

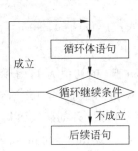

图 4.13 do-while 语句执行流程

继续条件不成立（逻辑"假"或逻辑"0"）时，结束循环体语句的执行，然后再去执行 while 语句（之外）的后续语句。

与 while 语句一样，do-while 语句适用于解决实际中具体循环次数事先已确定或者不确定的单重循环问题。同样建议初学者书写 do-while 语句时用一对大括号｛｝把 do-while 语句的循环体语句括起来。但是，do-while 语句在执行流程上又有与 while 语句、for 语句不一样的地方，即 while 语句、for 语句都是"先判断，后决定是否执行循环体语句"，而 do-while 语句则是"不管三七二十一，执行循环体语句 1 次，再判断是否继续执行循环体语句"。所以，C 语言中的 while 语句、for 语句称做是"当前型"循环结构，do-while 语句称做是"直到型"循环结构。

例 4.23 用 do-while 语句分别实现前面例 4.17、例 4.18 与例 4.19 中的程序内容。

(1) 用 do-while 语句求解 $1+2+3+\cdots+50$ 的和。

C 程序代码如下：

```c
#include <stdio.h>
main()
{
    int i=1,sum=0;
    do
    {
        sum=sum+i;
        i++;
    }
    while (i<=50)
```

```
        printf("sum=%d\n",sum);        //do-while 语句中的后续语句;
    }
```

（2）用 do-while 语句求解 10 的阶乘值（即 $10! = 1 \times 2 \times \cdots \times 10$）

C 程序代码如下：

```
#include <stdio.h>
main()
{
    int i=1;
    long P=1;
    do
    {
        P=P * i;
        i++;
    }
    while (i<=10)
    printf("P=%ld\n",P);        //do-while 语句中的后续语句;
}
```

（3）用 do-while 语句求解 $S = 1! + 2! + \cdots + 10!$

C 程序代码如下：

```
#include <stdio.h>
main()
{
    int i;
    long P=1;
    long S=0;
    do
    {
        P=P * i;                //循环语句 1：做阶乘运算;
        S=S+P;                  //循环语句 2：做累加运算;
        i++;                    //循环语句 3：乘数自增 1;
    }
    while (i<=10)
    printf("S=%ld\n",S);        //do-while 语句中的后续语句;
}
```

请读者自行分析本例中用 do-while 语句实现的三个程序，比较 do-while 语句与 while 语句的不同之处，并上机调试。

4.4.3　循环的嵌套

如果在一个循环体内又包含了另一个完整的循环结构，则称为循环的嵌套。while 语句、for 语句与 do-while 语句这三种循环结构都可以进行循环嵌套。在 C 语言中，包含了多层（两层及以上）循环的循环结构也称为多重循环。执行多重循环程序时，外层循环每执行一次,内层循环都需要循环执行多次。也就是说,外层循环与其相应的内层循环之间是包含关系,而不是交叉关系,如图 4.14 所示。

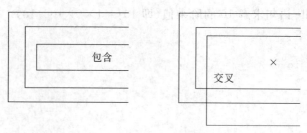

图 4.14　外层循环与内层循环的关系

例如,某 for 语句的两层循环结构如下:

```
...
for(a=1;a<=10;a++)            //外层循环;
{
    for (b=1;b<=5;b++)        //内层循环;
    {…}
}
...
```

在这个例子中,for 语句外层循环执行了 10 次(a 从 1 变到 10),内层循环执行了 5 次(b 从 1 变到 5)。循环正常结束时,内层循环执行的次数是 $10 \times 5 = 50$ 次,而不是 $10 + 5 = 15$ 次。因为,当外层循环每执行 1 次时(比如 a 的值由 1 变到 2),内层循环都需要执行 5 次(b 的值由 1 变到 5)。

例 4.24　使用 for 语句输出 5 行×5 列的五角星图案,如图 4.15 所示。

分析:用 for 语句的二重(层)循环嵌套来处理此问题。即通过外层循环,从 1 至 5 依次输出图案中五角星的"行数"(5 行);而对于每一行上的五角星个数,分别用内层循环从 1 至 5 依次输出每一行中五角星的"列数"(5 列)。

C 程序代码如下:

```
#include <stdio.h>
main()
{
    int i,j;
    for(i=1;i<=5;i++)
    {
        for(j=1;j<=5;j++)
        {
            printf("☆",i);
        }
        printf("\n");
    }
}
```

☆ ☆ ☆ ☆ ☆
☆ ☆ ☆ ☆ ☆
☆ ☆ ☆ ☆ ☆
☆ ☆ ☆ ☆ ☆
☆ ☆ ☆ ☆ ☆

图 4.15　4 行×3 列矩阵

程序运行结果如下：

请读者思考，如果把本程序中的 for(j＝1;j＜＝5;j＋＋)替换成 for(j＝1;j＜＝i;j＋＋)，其余不变，输出结果是什么。

程序运行结果如下：

请读者自行思考原因。

关于对循环嵌套(以两重循环为例)的深入应用，将在后续章节中具体介绍。

4.4.4 循环跳转语句

1. break 语句

break 语句的一般形式如下：

```
break;
```

break 既是 C 语言的关键字，也能作为一条单独的 C 语句使用，即 break 语句。break 语句既可以用于 switch 语句体结构的内部，也可以用于 while 语句、for 语句以及 do-while 语句所构成的循环体语句中。当执行循环体语句时，只要遇到了 break 语句，执行流程会立即从循环体内跳出，提前结束循环过程，直接执行循环体之外的语句。break 语句对循环过程的影响如图 4.16 所示。

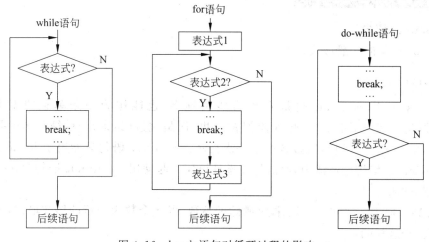

图 4.16　break 语句对循环过程的影响

在 C 语言中,break 语句更多的是作为有条件的跳转语句,主要用于从循环体内跳出循环体,起到提前结束循环的作用。注:break 语句只能用于 switch 语句体和循环语句体之中,而不能单独使用。

例 4.25 分析下列 C 程序中 break 语句起的作用。

C 程序代码如下:

```
#include <stdio.h>
main()
{
    int a;
    for(a=1;a<=10;a++)
    {
        if(a==6)
        break;
        printf("a=%d\n",a);
    }
}
```

分析:break 语句在本程序 for 语句的循环体中起到跳转的作用。变量 a 的值从 1 变到 10 的过程中,当 a 的值为 6 时,执行 break 语句,则程序流程直接跳出了 for 语句的循环体。也就是说,此时 break 语句后面的 printf 函数就不再执行了,程序执行完毕。

注:在 for 语句中,a 的值在由 1 变到 5 的过程中,由于不满足 if 条件(a==6),则不执行 break 语句,但是要执行后面的 printf 函数。所以,程序会通过 printf 函数把 a=1、a=2、…、a=5 这 5 条语句依次输出出来。

程序运行结果如下:

2. continue 语句

continue 语句的一般形式如下:

```
continue;
```

与 break 一样,continue 也是 C 语言的关键字,也能作为一条单独的 C 语句,即 continue 语句。其作用不是"使循环继续"的意思,而是跳过(结束)当前循环体中剩余的语句,提前结束本次循环过程,直接执行下一次循环。continue 语句只能用于 for 语句、while 语句、do-while 语句的循环体中,通常与 if 条件语句一起使用。continue 语句对循环过程的影响分别如图 4.17 所示。

例 4.26 把 200~300 之间能被 9 整除的整数,以 5 个数为一行的形式输出,最后输出一共有多少个这样的数。

分析:从整数 200 开始,到整数 300 结束,依次判断每个数能否被 9 整除。如果发现某

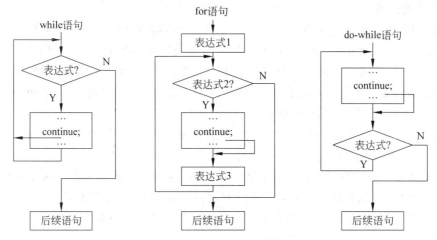

图 4.17　continue 语句对循环过程的影响

个数(如 207、216 等)能够被 9 整除,则该数就是我们需要的,需要统计其数目,并做到每"寻找"到 5 个这样的数就换行输出。当然,在寻找的过程中,不能被 9 整除的数(如 200、201、202 等),则不必去关注它。

在程序设计中,在 200~300 之间,当判断出某个数不能被 9 整除时,则通过 continue 语句提前结束本次循环过程,而直接执行下一次的循环判断操作。当判断出某个数能被 9 整除时,则不能执行 continue 语句,而需要统计出发现此类数(能被 9 整除)的个数,并做到每判断出 5 个这样的数就换行输出操作。

C 程序代码如下:

```c
#include <stdio.h>
main()
{
    int n,i=0;
    for(n=200;n<=300;n++)
    {
        if (n%9! =0) continue;
        printf("%6d\t",n);
        i++;
        if (i%5==0)
        printf("\n");
    }
    printf("\n i=%d\n",i);
}
```

程序运行结果如下:

```
   207      216      225      234      243
   252      261      270      279      288
   297
i=11
Press any key to continue_
```

3. 二者的区别

break 语句与 continue 语句均是 C 语言中主要的循环跳转语句,都起到结束循环的作用。但是,二者的区别在于:break 语句直接结束当前整个循环过程,不再判断执行循环判断的条件是否成立;而 continue 语句只是结束本次循环,而不是终止整个循环的执行过程。最后请初学者注意:在循环嵌套的程序结构中,无论是 break 语句还是 continue 语句,只影响包含它们的最内层循环,与外层循环无关。

例 4.27 高校某学生会社团有 10 个学生进行爱心捐款活动。假设每个学生捐款的数额为整数,当捐款总数达到或超过 500 元时就结束,统计此时捐款的人数。

分析:从第一个学生开始,10 个学生依次捐款,这是一个循环问题。每个同学捐款完毕,都要统计已捐款的总额。如果总额达到或超过 500 元时,整个捐款活动就结束,也就是说,当"捐款总额≥=500 元"时,则需要通过 break 语句结束整个循环过程。

注,本程序中也存在以下两种特殊情况:

① 第一个学生的捐款数额一上来就达到或超过 500 元,此时捐款活动直接结束(后 9 位学生无需再捐款)。此时,捐款的人数仅为 1 人。

② 第一个学生开始,直至所有学生捐款结束,捐款总数仍小于 500 元。此时捐款活动也结束(尽管捐款总数没有达到或超过 500 元)。此时,捐款的人数为 10 人。

C 程序代码如下:

```c
#include <stdio.h>
main()
{
    int amount,i,total=0;
    float aver;
    for (i=1;i<=10;i++)
    {
        printf("请依次输入捐款数额:\n");
        scanf("%d",&amount);
        total=total+amount;
        if (total>=500) break;
    }
    aver=total/i;
    printf("人均捐款数额=%.2f\n",aver);
}
```

假设依次输入以下数据,即:

56✓
100✓
103✓
87✓
79✓
200✓

程序运行结果如下:

4.4.5 循环结构程序设计举例

例4.28 判断输入的某个数 m 是否为质数。若是质数,则输出"是质数";若不是,则输出"非质数"。

分析:在数学中,质数是指只能被1和它本身整除的自然数(注:自然数1既不是质数,也不属于非质数的范畴)。例如,2、3、5、7、11、13、17等都是质数。判断自然数 m(m 不为1)是否为质数的方法有很多,其中最简单的方法是依次尝试用2、3、…、m−1能否被 m 整除。如果 m 能够被2、3、…、m−1中的任意一个数整除,则 m 不是质数。这种方法是一种穷举算法。

假设用户任意输入一个不为1的自然数 m(m>1),除数用 int 型变量 j 表示。

C 程序代码如下:

```c
#include <stdio.h>
main()
{
    int j,m;
    printf("输入一个大于1的自然数:\n");
    scanf("%d",&m);
    for (j=2;j<=m-1;j++)
    {
        if (m%j==0) break;
    }
    printf("m=%d\n",m);
    if (j>=m)
    printf("是质数\n");
    else
    printf("非质数\n");
}
```

如果输入 m 的值是17,即:

17↙

程序运行结果如下:

如果输入 m 的值是 27,即:

27✓

程序运行结果如下:

例 4.29 求 100~999 以内的水仙花数。

(注:在数学中,水仙花数是指一个十进制的三位数,满足该数的各位数字的立方之和等于该数本身。例如:$153=1^3+5^3+3^3$,因此 153 就是一水仙花数。)

分析:假设 i、j、k 分别表示某个三位数 n 的个位数字、十位数字与百位数字,n 的取值从 100 变到 999,对于 n 所取的每一个值,依次判断 i×i×i+j×j×j+k×k×k 的结果是否等于 n。若是,则 n 为水仙花数;否则,n 不是水仙花数。

C 程序代码如下:

```c
#include <stdio.h>
main()
{
    int i,j,k,n;
    printf("水仙花数是: \n");
    for (n=100;n<=999;n++)
    {
        i=n/100;                //百位数字的表示;
        j=n/10-i*10;            //十位数字的表示;
        k=n%10;                 //个位数字的表示;
        if(n==i*i*i+j*j*j+k*k*k)
        printf("%5d\n",n);
    }
    printf("\n");
}
```

程序运行结果如下:

例 4.30 已知圆周率 π 的近似值可以用下列公式表示。编程求解 π 的近似值。

$$\frac{\pi}{4} \approx 1 - \frac{1}{3} + \frac{1}{5} - \frac{1}{7} + \cdots + \frac{1}{2n-1} - \frac{1}{2n+1}$$

分析：数列中的任意一项用变量 term 表示，pi 表示数列中当前项之和，sign 表示每一项的正负号标识(1/−1)。

C 程序代码如下：

```c
#include <stdio.h>
#include <math.h>
main()
{
    int sign=1;double pi=0,n=1,term=1;
    while(fabs(term)>=1e-6)
    {
        pi=pi+term;          //数列中当前项之和；
        n=n+2;               //数列中每一项的分母；
        sign=-sign;          //数列中每一项的正负号依次交替；
        term=sign/n;         //数列中的每一项；
    }
    pi=pi*4;                 //求解圆周率π；
    printf("圆周率 pi=%7.5f\n",pi);
}
```

程序运行结果如下：

```
圆周率pi=3.14159
Press any key to continue
```

例 4.31 从键盘上任意输入一行字符，以按下回车键结束。分别统计出其中的英文字母、数字、空格以及其他字符的个数。

C 程序代码如下：

```c
#include <stdio.h>
main()
{
    char c;
    int l=0,s=0,d=0,other=0;
    printf("请输入一行字符：\n");
    while((c=getchar())!='\n')
    {
        if (c>='a' && c<='z'|| c>='A' && c<='Z')
        l++;
        else if (c==' ')
        s++;
        else if (c>='0' && c<='9')
        d++;
        else
```

```
            other++;
    }
    printf("字母个数：%d\n 空格个数：%d\n 数字个数：%d\n 其他字符个数：%d\n",l,s,d,other);
}
```

假设输入一行字符，即：

good morning 123 * &&￥#@ ↙

程序运行结果如下：

```
请输入一行字符：
good morning 123*&&￥#@
字母个数：11
空格个数：2
数字个数：3
其他字符个数：7
Press any key to continue
```

注：在本程序中，回车键"↙"也被当成是一个其他字符，参与到字符个数统计中。

例 4.32　已知一张报纸的厚度是 0.1mm(0.0001m)，假设该报纸的面积足够大。对报纸两两对折，请问对折多少次后，其厚度能达到珠穆朗玛峰的高度(8848m)？

C 程序代码如下：

```
#include <stdio.h>
main()
{
    int n=0;                   //n 表示报纸对折的次数；
    double h=0.0001;           //h 表示报纸的厚度；
    while(h<=8848.0)
    {
        n++;
        h=h * 2;
    }
    printf("n=%d\n",n);
}
```

程序运行结果如下：

```
n=27
Press any key to continue
```

也就是说，把这张报纸对折 27 次之后，其厚度就能超越珠穆朗玛峰的高度(8848m)。

例 4.33　某超市提供蛋糕、面包与饼干三种糕点。已知蛋糕 3 元一块；面包 2 元一块；饼干 1 元钱 3 块。用 100 元钱购买以上三种糕点，要求 100 元钱全部花费掉，三种糕点也都要被买到，且每一种糕点必须整块购买。请问，三种糕点各能买到多少块？编程输出全部购买方案。

分析：此程序属于 C 语言中经典的"百鸡问题"。采取穷举法设计思想，通过循环找出所有符合条件的结果。

C 程序代码如下：

```
#include <math.h>
main()
{
    int cake,bread,biscuit;
    printf("蛋糕 \t,面包 \t,饼干 \t");
    for (cake=1;cake<33;cake++)
    {
        for (bread=1;bread<50;bread ++)
        {
            biscuit=100-cake-bread;
            if((biscuit%3==0)&&(3 * cake+2 * bread+ (biscuit/3.0)==100))
            printf("%d \t %d \t %d \t",cake,bread,biscuit);
        }
    }
}
```

程序运行结果如下：

实训 7   循环结构程序设计实训

任务 1   从键盘上依次输入若干个学生的成绩,统计输出最高成绩与最低成绩。当输入为负数时结束输入。

C 程序代码如下：

```
#include <stdio.h>
main()
{
    int x,min,max;
    printf("依次输入学生成绩,当输入为负数时停止：\n");
    scanf("%d",&x);
    min=x;
    max=x;
    while(x>0)
    {
        if(x>max) max=x;
        if(x<=min) min=x;
        scanf("%d",&x);
    }
    printf("max=%d\t,min=%d\t",max,min);
}
```

依次输入：

87 76 67 54 89 -12↙

程序运行结果如下：

```
依次输入学生成绩,当输入为负数时停止:
87 76 67 54 89 -12
max=89  ,min=54
Press any key to continue_
```

请读者调试,观察与分析运行结果。

任务 2 通过调试下列程序,观察与分析程序输出结果是什么形状的图案。

```c
#include <stdio.h>
main()
{
    int i,j,k;
    for (i=0;i<=3;i++)
    {
        for (j=0;j<=2-i;j++)
        printf(" ");
        for (k=0;k<=2*i;k++)
        printf("☆");
        printf("\n");
    }
    for (i=0;i<=2;i++)
    {
        for (j=0;j<=i;j++)
        printf(" ");
        for (k=0;k<=4-2*i;k++)
        printf("☆");
        printf("\n");
    }
}
```

程序运行结果如下：

请读者调试,观察与分析运行结果。

任务 3 模拟设计国际象棋棋盘"黑白相间"(8 格 × 8 格)样式,如图 4.18 所示。

分析：国际象棋棋盘由 8×8 共 64 个黑白相隔的方

图 4.18 国际象棋棋盘

格组成。假设用 int 类型变量 i、j 分别表示棋盘的行与列,用(i+j)%2 的结果(0 或 1)来控制输出的是棋盘的黑方格还是白方格。(注:为了更好地理解程序,我们用文字"黑"表示棋盘中的黑方格■,用文字"白"表示棋盘中的白方格□。)

C 程序代码如下:

```
#include <stdio.h>
main()
{
    int i,j;
    for(i=1;i<=8;i++)
    {
        for(j=1;j<=8;j++)
        {
            if((i+j)%2==0)
            printf("白");
            else printf("黑");
        }
        printf("\n");
    }
}
```

程序运行结果如下:

请读者调试,观察与分析运行结果。

任务 4 皮球从 50m 高度自由落下,假设每次落地后能竖直反弹到原高度的三分之一。再落下,再反弹。求皮球在第 8 次落地时,共经过多少米?第 8 次落地后反弹多高?

分析:皮球从第 1 次落地到第 2 次落地,经过了第 1 次高度(50 米)及高度其三分之一的两倍(反弹和下落)高度(50 米 * 2/3),即共经过 50+50 * 2/3 米,将此结果存放在 float 类型变量 s 中……依次类推,当皮球第 n 次落地后,共经过前 n-1 次的距离再加上第 n-1 次高度的三分之一的 2 倍。这样,把皮球每次反弹的高度存放在 float 类型变量 h 中,把皮球经过的距离存放在 float 类型变量 s 中。

C 程序代码如下:

```
#include <stdio.h>
main()
{
    float s=50,h=s/3;
    int n;
```

```
for(n=2;n<=8;n++)
{
    s=s+2*h;        //第 n 次落地时共经过的米数;
    h=h/3;          //第 n 次落地后反弹的高度;
}
printf("第 8 次落地时共经过%.2f 米\n",s);
printf("第 8 次反弹高度为%.2f 米\n",h);
}
```

程序运行结果如下:

```
第8次落地时共经过99.98米
第8次反弹高度为0.01米
Press any key to continue
```

请读者调试,观察与分析运行结果。

任务 5 打印"乘法表"程序,要求显示 $9×1=9$,$9×2=18$,…,$9×9=81$。

C 程序代码如下:

```
#include <stdio.h>
main()
{
    int a,b;
    for(a=9;a<10;a++)      //表达式 1;
    {
        for(b=1;b<=a;b++)
        printf("%10d * %2d = %2d\t",a,b,a*b);
        printf("\n");
    }
}
```

程序运行结果如下:

```
         9* 1= 9
         9* 2=18
         9* 3=27
         9* 4=36
         9* 5=45
         9* 6=54
         9* 7=63
         9* 8=72
         9* 9=81
Press any key to continue
```

注: 如果把程序中的表达式 1 改成 for(a=1;a<10;a++),其余不变,原程序则变成著名的"九九乘法表"程序。请读者调试,观察与分析运行结果。

任务 6 如果某个数列具有以下特点:第 1、2 两个数都为 1,从第 3 个数开始,该数的数值是其前面两个数之和,则称该数列为费波那切(Fibonacci)数列。即:

$$F_n = \begin{cases} F_1 = 1 & (n=1) \\ F_2 = 1 & (n=2) \\ F_{n-1}+F_{n-2} & (n \geqslant 3) \end{cases}$$

求解费波那切数列的前 20 项,即 F1、F2、…、F19、F20 的数值。

C 程序代码如下:

```c
#include <stdio.h>
main()
{
    int F1=1,F2=1;
    int i;
    for(i=1;i<=20;i++)
    {
        printf("%d\t   %d\t",F1,F2);
        if(i%2==0)
        printf("\n");
        F1=F1+F2;
        F2=F2+F1;
    }
}
```

程序运行结果如下:

```
1          1          2          3
5          8          13         21
34         55         89         144
233        377        610        987
1597       2584       4181       6765
Press any key to continue_
```

请读者调试,观察与分析运行结果。

4.5 本章小结

本章主要介绍了 C 程序的三种基本流程结构及其使用方法。

首先介绍了计算机算法的概念。算法是为了解决一个实际问题而采取的方法或步骤,算法具有确定性、有穷性、可行性、输入与输出的特性,可以采用自然语言、流程图、伪代码等常用工具(方法)来描述算法的实现过程。算法是程序设计的灵魂。

其次介绍了 C 语言顺序、选择(分支)与循环三种基本程序流程结构。

顺序结构是最简单的基本结构,按照先后顺序依次执行各条语句,并且每条语句都会被执行到。

选择结构是由 if 语句和 switch 语句来实现的。其中 if 语句主要用来实现双分支或多分支结构设计,分为 if 简单语句、if-else 语句、if-else-if 语句以及 if 语句嵌套的形式;switch 语句一般与 break 语句结合使用,实现多分支结构设计。在选择结构中,需要区分 if 语句的内嵌语句、switch 语句体中的 case 语句与它们的后续语句。前者的执行情况将取决于相应的条件表达式是否成立,而无论条件表达式成立与否,它们的后续语句都要被执行。建议初学者书写 if 语句的内嵌语句及 switch 语句体中的 case 语句时,最好用大括号括起来。

循环结构可以由 while 语句、for 语句与 do-while 语句实现。其中,while 语句、for 语句满足"先判断，后循环"，如果循环条件不成立，则循环体语句一次都不执行。而对于 do-while 语句，无论循环条件是否成立，循环体语句至少执行一次。同样，在循环结构中也要区分循环体语句与循环体之外的后续语句，建议初学者书写循环体语句时最好用大括号括起来。

为了更好地控制循环体语句的执行，可以使用 break 语句与 continue 语句实现循环过程的跳转。break 语句用于强行结束当前的循环体，使程序流程转向执行循环体之外的下一条语句。continue 语句只是用来暂停对当前循环体语句的执行，程序流程跳过循环体内的其余语句，转向对循环继续条件的判断，来决定是否执行下一次循环。

最后简要介绍了循环嵌套的概念。

习　题　4

1. 算法具有哪些特性？请举例说明。

2. 用流程图表示求解三个数 num1、num2、num3 之间的最小值。

3. 输入圆柱的体积 V(float 类型)与高度 h(float 类型)的值，编写程序，求解该圆柱底面的周长 C(结果保留 2 位小数)。

4. 任意输入 5 个整数，编写程序，求解总和与平均值。

5. 求解分段函数 Y，结果保留 2 位小数。（注：X 为 float 类型数据）

$$Y = \begin{cases} X+50 & (X>10) \\ X^3+12 & (1 \leqslant X \leqslant 10) \\ X-7\pi & (X<1) \end{cases}$$

6. 任意输入 4 个整数，按照从大到小的顺序输出。

7. 任意输入一个正整数，判断其是奇数还是偶数。如果是奇数，进一步判断能否被 7 整除；如果是偶数，进一步判断能否被 6 整除。

8. 假设学生成绩分为"优"(90～100)、"良"(80～89)、"中"(70～79)、"及格"(60～69)、"不及格"(0～59)五个级别。任意输入一个分数值，要求输出其相对应的级别。如果输入的分数值在 0～100 外，输出"分数出错！"信息。

9. 任意输入一个不多于 4 位(含 4 位)的正整数，要求输出(1)求位数；(2)由低到高依次输出每位数字。

10. 输出 1～200 之间所有能被 4 与 7 整除的数。

11. 已知 $S = \frac{2}{1} - \frac{3}{2} + \frac{4}{3} - \frac{5}{4} + \frac{6}{5} - \frac{7}{6} + \cdots$

编程求出该数列前 20 项之和(结果保留 2 位小数)。

12. 输出以下图案：

```
*********
 *******
  *****
   ***
    *
```

13. 假设某文具店钢笔 15 元一支,圆珠笔 2 元一支,铅笔 8 角一支。用 100 元钱购买以上三种文具,要求三种文具都要被买到。请问钢笔、圆珠笔、铅笔各能买到多少支?编程输出全部购买方案。

14. 依次输入若干个正整数,直到输入数字 0 自动停止。计算其中所有奇数的平均值以及偶数的累加和。

15. 任意输入两个正整数,求解最大公约数与最小公倍数问题。

16. 任何一个正整数 n 的立方都可以分解成一串相邻奇数之和的形式,即著名的尼克梅彻斯(Nicomachus)定理。

例如:$1^3 = 1$;$2^3 = 3 + 5$;$3^3 = 7 + 9 + 11$;$4^3 = 9 + 11 + 13 + 15$;…

任意输入一个正整数 n,编写程序,求出 n^3 是由哪些相邻的奇数相加而得的。

第5章 数　　组

本章学习目标

- 数组的作用。一维数组与二维数组的概念、定义，数组元素的引用、初始化、输入与输出的方法，与数组有关的程序设计算法（如冒泡排序算法）
- 一维数组与二维数组元素下标的表示方法
- 使用字符数组存储字符串、输入与输出字符串的方法以及常用的字符串处理函数

在程序设计中，经常需要对若干个具有相同数据类型的数据进行分析与处理。如果使用基本数据类型（整型、实型、字符型）变量来处理这样众多的数据，使用起来会很不方便。

例如，某个班级有 60 个学生，分别用 int 类型变量 score1，score2，…，score60 来存放每一个学生的成绩。依次输入每个学生的成绩，如果采用 C 语言顺序结构程序设计的方法，则需要书写 60 个 scanf 函数来完成。即：

```
scanf("%d",&score1);
scanf("%d",&score2);
...
scanf("%d",&score60);
```

如果在同一个 scanf 函数中完成对 60 个成绩数据的输入，仅格式控制符"％d"就需要书写 60 次。即：

```
scanf("%d,%d,......,%d",&score1,&score2,......,&score60);
```
　　　　　共 60 个　　　　　　　　　　　共 60 个

可见工作量较大。为了解决诸如此类的复杂问题，C 语言提供了构造数据类型，即把若干个基本数据类型按照一定规则构造，主要有数组类型、结构体类型、共同体类型等。本章介绍 C 语言中最常用的一种构造数据类型——数组类型。数组是由相同数据类型的元素组成的数据集合，也是若干个同类型变量的有序集合，这些元素存放在计算机内存中一个连续的存储区域内。数组用统一的数组名和不同的下标来唯一标识数组中的每一个元素。

同样是依次输入 60 个学生的成绩，如果使用数组来解决，即程序段书写形式如下：

```
...
for(i=0;i<60;i++)
scanf("%d",&score[i]);          //依次完成对 60 个成绩数据的输入；
...
```

显而易见，采用数组处理多个相同类型的数据时，会大大简化书写程序代码的工作量，使程序简明而高效。

5.1　一　维　数　组

一维数组用一维线性顺序关系把若干个具有相同数据类型的数据组织起来，这些数据

在计算机内存中占有连续的存储空间。一维数组较简单,只需要用数组名与一个下标就能够唯一确定数组中的元素。

5.1.1 一维数组的定义

与 C 语言基本类型的数据一样,数组也必须先定义,后使用。即事先"告诉"计算机由哪些数据组成数组,这些数据属于什么样的数据类型,数组中允许最多具有这些数据元素的个数。

1. 定义形式

一维数组的定义形式如下:

类型说明符 数组名[常量];

例如:

int b[5];float a_1[10];char abc[4];

说明:

① 数组名的命名规则要遵循 C 语言标识符的命名规则,且数组名不能与同一程序中其他的变量名相同。例如,在某 C 程序段中:

```
main()
{
    int b;
    int b[5];              //非法,数组名 b 与已有变量重名;
    ...
}
```

对数组 b 的定义是错误的,因为数组名"b"与普通变量 b 的名字重合了。

② 方括号[]表明定义的是数组变量,不能用其他样式的括号,如{ }、()、< >等。定义数组时,方括号中的正整数表明了该数组中所能容纳(包含)元素的个数,也称之为该数组的长度。数组中所含元素的个数不能用小数、0、负数等来表示。

例如,对数组的定义:

float a_1[10];

则表明数组 a_1 中最多可以容纳 10 个元素。

如果写成 float a_1[9.5];float a_1[0];float a_1[-10];float a_1[];等形式,均是错误的。

③ 数组的类型其实就是数组中所含元素的数据类型。对于同一个数组,其所含元素的数据类型都是相同的。

④ 定义数组时,数组中所含元素的个数不能用变量表示。

例如:

```
int n=4;
char abc[n];           //n 是变量,非法!
```

但是,允许使用整型常量表达式或符号常量来表示数组中所含元素的个数。(本书建议初学者不要采用这种方式。)

例如:

```
int b[3+2];      //"3+2"是整型常量表达式,合法!
```

⑤ C语言允许对具有同一数据类型的多个数组以及多个变量同时定义。

例如:

```
int x,y,z,a[5],b[8];
```

2. 数组内容及其存储结构

在计算机内存里,数组中的元素是按照由低地址至高地址的顺序依次存放的,存放次序不能颠倒。每一个数组元素所占内存空间大小由该数组的数据类型所占内存空间大小决定。

例如:

```
int a[5];
```

定义了一个 a 数组,类型为 int 类型。它含有 5 个元素,依次表示为 a[0]、a[1]、a[2]、a[3]、a[4]。数组 a 在计算机内存里的存储结构如图 5.1 所示。其中,每一个元素所占内存空间大小为 4 个字节。

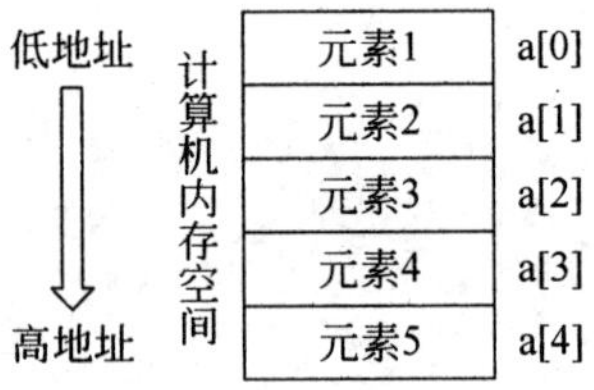

需要注意的是,一旦定义了某一个数组,其数组名中存放的是一个地址常量,它代表了该数组的首地址(有关数组的首地址及其应用,第 7 章将介绍),也就是数组中第一个元素的地址。

图 5.1　一维数组 a 在计算机内存里的存储结构

比如,在 a 数组中,元素 1(a[0])的地址就是 a(a 数组的数组名)。而其余元素的地址则为数组首地址加上该元素位置偏移量(该元素所在位置减去第一个元素位置)与数组类型所占内存字节数的乘积。即:

元素 2(a[1])的地址:$a+1*4$(字节)$=a+4$

元素 3(a[2])的地址:$a+2*4$(字节)$=a+8$

元素 4(a[3])的地址:$a+3*4$(字节)$=a+12$

元素 5(a[4])的地址:$a+4*4$(字节)$=a+16$

5.1.2　一维数组元素的引用

定义完一个数组之后,就可以引用数组中的任意一个元素。引用一维数组元素的表示形式如下:

```
数组名[下标表达式];
```

有几点说明如下:

① 不能对数组进行整体引用,也不能整体引用数组中的全部元素,只能逐个引用数组中的每一个元素。数组中的一个元素,其实也就是一个简单变量,可以对它进行赋值操作以

及做各种数学运算等,具有与同一数据类型的其他简单变量同样的属性。

② "下标表达式"可以是整型常量、整型变量或者是一个返回整型量的表达式。但是,"下标表达式"的值必须是非负整数。

③ 对于已定义的数组,在引用数组元素时,其下标表达式的取值范围是 0 至"数组中所能包含元素的个数－1"。也就是说,对于该数组中的第一个元素,引用时的下标值为 0,而不是 1;而对于该数组中的最后一个元素,引用时的下标值为 n－1,而不是 n(假设 n 为数组中所能包含元素的个数,即数组长度)。

④ 不能把数组当做一个整体参与数学运算,但是可以对数组中的任意一个元素进行相应的数学运算。

例 5.1 假设定义数组 a：int a[5];下列对数组 a 中元素的引用方式,哪些是正确的?

① a[0]; ② a[5]; ③ a[－1]; ④ a[1]＋ a[3]; ⑤ a[2] * 5; ⑥ 1＋a;

分析：①正确,a[0]表示引用数组 a 中的第 1 个元素。②③错误,对于 a[5]与 a[－1],引用时的下标值不合法。④⑤正确,可以对数组中的元素进行相应的数学运算。a[1]＋a[3];表示计算 a 数组中第 2 个元素与第 4 个元素之和;a[2] * 6;表示 a 数组中第 3 个元素乘以 5。⑥错误,不能把数组 a 当做一个整体参与数学运算。

例 5.2 依次输入 5 个整数,要求将这 5 个整数顺序输出与逆序输出。

分析：定义一个 int 类型的数组 a,数组长度为 5。可以通过 for 语句依次输入 5 个整数,并完成顺序与逆序输出。

C 程序代码如下：

```c
#include <stdio.h>
main()
{
    int i,a[5];
    printf("依次输入 5 个整数：\n");
    for (i=0;i<5;i++)
    {
        scanf("%d",&a[i]);
    }
    for (i=4;i>=0;i--)
    {
        printf("%d\t",a[i]);
    }
    printf("\n");
}
```

假设依次输入：

5 4 6 7 1↙

程序运行结果如下：

5.1.3　一维数组元素的初始化

数组元素的初始化,也就是在定义数组时为数组中的元素赋初值。一维数组元素初始化的形式如下:

类型说明符 数组名[常量]={初始值表};

数组元素的初始值写在一对大括号{ }里面,每个初始值之间要用逗号,分开。

在C语言中,对一维数组元素的初始化分为全部元素初始化与部分元素初始化两种情形。

1. 全部元素初始化

定义一维数组时,对数组中所有的元素都赋初值。

例如:

int a[5]={ 3,4,5,6,7};

在数组a中,其所含5个元素的初始值分别为3、4、5、6、7。即a[0]=3、a[1]=4、a[2]=5、a[3]=6、a[4]=7。

说明:

① 对一维数组进行全部元素初始化时,数组中所含元素的个数(数组长度)要与元素初始值的个数相等。

比如,下面的两种写法均是错误的:

int a[4]={ 3,4,5,6,7};

错误原因:数组a的长度(4)小于元素初始值的个数(5)。

int a[6]={ 3,4,5,6,7};

错误原因:数组a的长度(6)大于元素初始值的个数(5)。尽管C编译系统不会报错,但是,这已不是对数组a中的全部元素进行初始化了。

② 对一维数组进行全部元素初始化时,一维数组的长度值在定义时可以省略。

例如:

int a[ ]={ 3,4,5,6,7};

等价于:

int a[5]={ 3,4,5,6,7};

2. 部分元素初始化

定义一维数组时,只对该数组中的部分元素赋初值。对于未被赋初值的元素,系统为其自动赋以"0"值(整型与实型)或'\0'(字符型)。

例如:

int a[5]={ 2,4,5};

在数组a中,只对其中的前3个元素赋了初值,分别为2、4、5。即a[0]=2;a[1]=4;

a[2]=5。而后 2 个元素的初值则默认为 0，即 a[3]=0；a[4]=0。

说明：

① 对一维数组中的部分元素初始化时，C 编译系统将按照对数组元素的前后顺序进行赋值操作。

例如：

```
int b[5]={ 1,4};
```

即"1"与"4"分别为数组 b 中前 2 个元素的初值。（数组 b 中后 3 个元素的初值均为"0"）

② 对一维数组中的部分元素初始化时，数组的长度值定义时不能省略。

注：对于只定义而未初始化的数组，如果数组的存储类别是静态存储类别或外部存储类别，系统为数组中的所有元素自动赋上数值"0"（整型与实型数组）或'\0'（字符型数组）。如果是自动存储类别与内部存储类别的数组，则数组中所有元素的初始值是不确定的。（有关 C 语言数据的存储类别，本书将在函数一章中详细介绍。）

5.1.4　一维数组应用举例

例 5.3　从键盘上任意输入 6 个整数，要求输出其中的最大值。

分析：定义一个数组长度为 6 的整型数组 a，用来存放输入的 6 个整数。比较前，先假设数组 a 中的第一个元素 a[0]为最大值，然后与数组 a 中的第二个元素 a[1]作比较。如果a[0]大于 a[1]，则最大值仍为第一个元素 a[0]；反之，最大值则变成了第二个元素 a[1]。用二者的最大值再与第三个元素 a[2]作比较，用同样的方法求得最大值。以此类推，直至比较出数组 a 中 6 个元素的最大值。这种比较方法也被称做"打擂台"的方法，适合求解数组元素的最值问题。

C 程序代码如下：

```
#include <stdio.h >
main()
{
    int i,a[6],max;
    printf("依次输入 6 个整数：\n");
    max=a[0];
    for (i=1;i<6;i++)
    {
        scanf("%d",&a[i]);
        if(a[i]>=max) max=a[i];
    }
    printf("max=%d \n",max);
}
```

假设依次输入：

3 8 0 3 2 7↙

程序运行结果如下：

依次输入6个整数：
3 8 0 3 2 7
max=8
Press any key to continue

例 5.4 任意输入 8 个整数,要求按照由小到大的顺序排序并输出。

分析:在数学中,完成对 n 个数的排序问题可以有很多种方法。如冒泡排序、快速排序、希尔排序等。这里主要介绍通过"冒泡排序"的方法完成排序过程。

冒泡排序的算法思想如下:对于任意 n 个数,从左至右,通过相邻两个数之间的比较和交换,始终保持数值较小的数在前,数值较大的数在后。每一轮比较结束后,即最大的数被交换到该轮所有数字的最后(最右端)。如此类推,除去第一轮比较结束后所得到的最大数(已位于所有数字的最右端),从最左边第一个数开始,用同样的方法对剩下的 n−1 个数进行排序与排序,完毕后,则所有数中第二大的数又被交换到右端倒数第二的位置(位于最大数的左边)。这样,经过了 n−1 轮排序之后,便完成了对 n 个数由小至大的排序过程。

以 6 个数(2、7、5、6、8、1)为例,进行冒泡排序:

第一轮排序:2 7 5 6 8 1

第一次　2 和 7 比较,不交换:2 7 5 6 8 1
第二次　7 和 5 比较,交换:　2 5 7 6 8 1
第三次　7 和 6 比较,交换:　2 5 6 7 8 1
第四次　7 和 8 比较,不交换:2 5 6 7 8 1
第五次　8 和 1 比较,交换:　2 5 6 7 1 8

在第一轮排序中,6 个数比较了 5 次,得到排序序列:2 5 6 7 1 **8**

可见,6 个数中的最大数"8"排到了最后。

第二轮排序:2 5 6 7 1 **8**(其中"8"不参与比较)

第一次　2 和 5 比较,不交换:2 5 6 7 1 8
第二次　5 和 6 比较,不交换:2 5 6 7 1 8
第三次　6 和 7 比较,不交换:2 5 6 7 1 8
第四次　7 和 1 比较,交换:　2 5 6 1 7 8

在第二趟排序中,最大数"8"不参与比较,其余的 5 个数比较了 4 次,得到排序序列:
2 5 6 1 **7 8**

可见,6 个数中的第二大数"7"排到了右端倒数第二的位置("8"的左边)。

以此类推……

第三轮排序,比较 3 次,排出:2 5 1 **6 7 8**
第四轮排序,比较 2 次,排出:2 1 **5 6 7 8**
第五轮排序,比较 1 次,排出:1 **2 5 6 7 8**

最后还剩下 1 个数"1",其实不需再比较,写在最左端,而得到最终的排序结果:
1 2 5 6 7 8

下面是采用冒泡排序的算法思想,实现对任意 8 个数由小到大排序的实现程序。

C 程序代码如下:

```
#include <stdio.h>
```

```
main()
{
    int i,j,temp,a[8];
    for(i=0;i<8;i++)
    scanf("%d",&a[i]);
    for(i=0;i<7;i++)                      //外层循环控制比较轮数;
    {
        for(j=0;j<8-(i+1);j++)           //内层循环控制在每轮中,数字比较的次数;
        {
            if(a[j]>=a[j+1])
            {
                temp=a[j];
                a[j]=a[j+1];
                a[j+1]=temp;
            }
        }
        for(i=0;i<8;i++)                  //排序结果的输出;
        printf("%d\t",a[i]);
}
```

假设依次输入:

7 6 12 3 1 5 0 2✓

程序运行结果如下:

实训 8　一维数组应用实训

任务 1　任意输入 6 个整数,求出前三个数的最大值与后三个数的平均值(结果保留两位小数)。

C 程序代码如下:

```
#include <stdio.h>
main()
{
    int i,a[6],max,s=0;
    float ave;
    printf("依次输入 6 个整数:\n");
    for(i=0;i<6;i++)
    {
        scanf("%d",&a[i]);
    }
```

```
        max=a[0];
        for(i=1;i<3;i++)
        {
            if(max<=a[i]) max=a[i];
        }
        printf("max=%d\n,max");
        for(i=3;i<6;i++)
        {
            s=s+a[i];
        }
        ave=s/3.0;
        printf("ave=%.2f\n",ave);
    }
```

请读者调试程序,观察与分析运行结果。

假设依次输入:

4　7　9　1　8　4↙

程序运行结果如下:

任务2　任意输入 10 个整数,统计出正数、负数与零的个数,并计算出所有的正数之和与负数之和。

C 程序代码如下:

```
#include <stdio.h>
main()
{
    int a[10],zhengshu=0,fushu=0,zero=0,sumz=0,sumf=0,i;
    //变量 zhengshu、fushu、zero 分别表示正数、负数、零的个数,其初始值为 0;变量 sumz、
    sumf 分别表示所有的正数之和以及负数之和,其初始值为 0;
    printf("依次输入 10 个整数:\n");
    for(i=0;i<10;i++)
    {
        scanf("%d",&a[i]);
    }
    for(i=0;i<10;i++)
    {
        if(a[i]>0)
        {
            sumz=sumz+a[i];zhengshu++;
        }
        else if(a[i]<0)
```

```
        {
            sumf=sumf+a[i];
            fushu++;
        }
        else
        zero++;
    }
    printf("sumz=%d,sumf=%d\n",sumz,sumf);
    printf("zhengshu=%d,zero=%d,fushu=%d\n",zhengshu,zero,fushu);
}
```

请读者调试程序,观察与分析运行结果。

假设依次输入:

3 4 1 7 - 8 - 1 0 - 4 9 5↙

程序运行结果如下:

任务 3 已知 int 型数组 a[7],数组中包含的前 6 个元素已按照由小至大的顺序排好次序,分别为 1、3、5、8、9、13。从键盘上任意输入一个整数并插入到数组 a 中,要求插入新数之后数组元素 a 中的 7 个元素仍然有序排序。

分析:该问题具有一定的难度。在初始状态下,原数组内部的 6 个元素已排好顺序,我们采取这样一个思路:从数组中的第一个数开始,依次与新(插入的)数进行比较,在原数组中找到合适的插入(新数)位置。然后将该位置原有的数以及其后面的数依次"后移"一个位置,即为新插入的数"空出"一个位置。当然,也会存在一种特殊情况,即新插入的数值比原数组中的最后一个数(a[5])都要大(例如,插入数值 14),这时只要把该数放至数组中的最后一个位置上,而其余数组元素则不必移动。

所以,按照上述思路,给出了实现任务 3 的 C 程序,仅供参考。

C 程序代码如下:

```
#include <stdio.h >
main()
{
    int a[7]={1,3,5,8,9,13};
    int t1,t2,b,end,i,j;
    printf("原数组元素队列: \n");
    for(i=0;i<6;i++)
    printf("%4d",a[i]);
    printf("\n");
    printf("插入一个新的数: \n");
```

```
    scanf("%d",&b);
    printf("新数组元素队列：\n");
    end=a[5];
    if(b>end)
    a[6]=b;
    else
    {
        for(i=0;i<6;i++)
        {
            if(a[i]>b)
            {
                t1=a[i];
                a[i]=b;
                for(j=i+1;j<7;j++)
                {
                    t2=a[j];
                    a[j]=t1;
                    t1=t2;
                }
                break;
            }
        }
    }
    for(i=0;i<7;i++)
    printf("%4d",a[i]);
    printf("\n");
}
```

请读者调试程序，观察与分析运行结果。

假设输入：

10↙

程序运行结果如下：

5.2 二维数组

一维数组具有线性特征，即可以把一维数组中的元素看做是同一数据类型多个元素的
线性排列方式。实际上，有很多问题是二维的，具有行与列的特点。例如，平面坐标系中表

示每个点的坐标位置(横坐标与纵坐标)、教室中的每一个座位的位置(行位置与列位置)等。解决这类问题的办法是使用二维数组。从用户的角度看,二维数组由若干个行与列构成,数组中的每个元素都具有行下标与列下标。二维数组中的元素也可以看做是"行×列"的排列形式。在 C 语言中,二维以上的数组(如三维数组)称为多维数组。

5.2.1　二维数组的定义

　　二维数组的定义方法与一维数组基本相似,需要定义二维数组中元素的数据类型,数组名的命名规则同样要遵循 C 语言标识符的命名规则,且不能与同一程序中其他变量名或已有的一维数组名相同。但是,与一维数组不同的是,由于二维数组中的每一个元素都具有行下标与列下标,所以定义二维数组时需要分别从行与列的角度指明允许最多容纳数组元素的个数。

1. 定义形式

二维数组的定义形式如下:

类型说明符 数组名[常量 1] [常量 2];

例如:

int a[3] [4];float b[10] [10];char ab[4] [2];

说明:

　　① "常量 1"表示二维数组第一维下标的长度(行值),"常量 2"表示第二维下标的长度(列值)。定义二维数组时,不能把"常量 1"与"常量 2"写在同一个方括号"[ ]"内,例如,int a[3,4];、float b[10　10];等写法都是错误的。当然,允许使用整型常量表达式或符号常量来表示"常量 1"与"常量 2"。但是,无论是"常量 1"还是"常量 2",都不能是负数、零或小数。

　　② 二维数组所可以容纳(包含)元素的最多个数为常量 1×常量 2 的值。

例如:

```
int a[3] [4];                //a 数组最多可以容纳(包含)12(3×4)个元素;
float b[10] [10];            //b 数组最多可以容纳(包含)100(10×10)个元素;
char c[4] [2];               //c 数组最多可以容纳(包含)8(4×2)个元素;
```

　　③ 二维数组可以被看做是一种"特殊的一维数组",二维数组的每一个元素又形成了一个一维数组。

例如:

char a[3][2];

　　定义了一个 3 行 2 列、共计 6 个元素的字符型数组 a。数组 a 由 3 个元素 a[0]、a[1]、a[2]组成的,而每个元素 a[i]又包含了 2 个元素的一维数组。

　　(即二维数组 a[0]包含了元素 a[0][0]、a[0][1];a[1]包含了元素 a[1][0]、a[1][1];a[2]包含了元素 a[2][0]、a[2][1]。)

2. 数组内容及其存储结构

与一维数组中的元素在计算机内存里的排列方式一样,二维数组中的元素在内存里也是遵循由低地址至高地址的顺序排列,但是却按照"以行优先,按行排列"的方法依次存放的。即存放完毕二维数组中的第一行元素之后再存放第二行元素、第三行元素等,以此类推,且每一行中各个元素的存放次序不能颠倒。同样,每一个数组元素所占内存空间大小也是由该数组的数据类型所占内存空间的大小决定。

图 5.2　二维数组 a 在计算机
内存里的存储结构

假设定义了二维数组 int a[2][3];数组 a 中的 6 个元素在计算机内存中的存储方式如图 5.2 所示。

先存放第 1 行(a[0]行)的 3 个元素,再存放第 2 行(a[1]行)的 3 个元素,每一行的 3 个元素也是顺序存放。每个元素占 4 个字节(int 类型)的存储空间,而数组 a 一共占 24(6×4)个字节的空间。

二维数组也称为"矩阵"。为了有助于理解二维数组的逻辑结构,一般形象地把二维数组中的元素排列描述成"行"与"列"的排列方式。

例如,定义二维数组 int a[4][3];

则可以把 a[4][3]中的元素形象地描述成如表 5.1 所示的排列方式。

表 5.1　二维数组 a[4][3]中元素的排列方式

4 行×3 列	第 1 列	第 2 列	第 3 列
第 1 行	a[0][0]	a[0][1]	a[0][2]
第 2 行	a[1][0]	a[1][1]	a[1][2]
第 3 行	a[2][0]	a[2][1]	a[2][2]
第 4 行	a[3][0]	a[3][1]	a[3][2]

5.2.2　二维数组元素的引用

定义完一个二维数组后,同样可以引用数组中的任意一个元素。由于二维数组中的元素为双下标变量,元素引用时的表示形式如下:

数组名[下标表达式 1][下标表达式 2];

有几点说明如下:

① 与一维数组元素引用方式类似,不能对已定义的二维数组进行整体引用,也不能整体引用二维数组中的全部元素,只能逐个引用数组中的每一个元素。二维数组中的每一个元素其实就是一个独立的变量,其类型也就是该二维数组的数据类型。它具有与相同类型的简单变量同样的属性,亦可以对它进行赋值以及各种数学运算等。

② 二维数组中的每一个元素均为双下标变量,引用时"下标表达式 1"与"下标表达式 2"必须同时出现,不能缺少其中任意一个下标表达式。无论是"下标表达式 1"还是"下标表达式 2",可以是整型常量、整型变量或者是一个返回整型量的表达式,但是其值必须是非负整数。下标表达式 1 也称为"行下标",下标表达式 2 也称为"列下标"。

③ 对于已定义的二维数组,引用数组元素时,"下标表达式 1"的取值范围是"0"至"数组

中第一维下标的长度(行数)－1","下标表达式 2"的取值范围是"0"至"数组中第二维下标的长度(列数)－1"。也就是说,对于任意一个二维数组元素,引用时下标表达式 1(行下标)的值应为"该元素所在的实际行位置数－1",下标表达式 2(列下标)的值应为"该元素所在的实际列位置数－1"。

例如,对于前面已定义过的二维数组 a[4][3],其第 1 行、第 1 列上的元素,引用时应写成 a[0][0]的形式,而不是 a[1][1];其第 3 行、第 2 列上的元素,引用时应写成 a[2][1]的形式,而不是 a[3][2]。

④ 与一维数组一样,同样不能把二维数组当做一个整体参与数学运算,但是可以对任意一个二维数组元素进行相应的数学运算。

例 5.5 依次输入 6 个整数,按照 3 行×2 列的矩阵形式输出。

分析:定义一个 int 类型数组 a[3][2],通过两重 for 循环语句,按照 3 行×2 列的形式分别完成输入与输出 6 个整数的过程。

C 程序代码如下:

```
#include <stdio.h >
main()
{
    int a[3][2],i,j;
    printf("请输入 6 个整数: \n");
    for (i=0;i<3;i++)
    for (j=0;j<2;j++)
    scanf("%d",&a[i][j]);
    for (i=0;i<3;i++)
    {
        printf("\n");
        for (j=0;j<2;j++)
        printf("%d\t",a[i][j]);
    }
    printf("\n");
}
```

假设依次输入:

3　1　12　6　2　9↙

程序执行结果如下:

5.2.3 二维数组元素的初始化

二维数组元素的初始化形式如下:

类型说明符 数组名[常量 1][常量 2]={初始值表};

与一维数组元素初始化的方式一样,二维数组元素的初始值也是写在一对大括号{ }里面,每个初始值之间用逗号,分开。在 C 语言中,对二维数组元素的初始化也分为全部元素初始化与部分元素初始化两种情形。

1. 全部元素初始化

定义二维数组时,对数组中所有的元素都赋初值。有两种书写方法:

(1) 所有的初值写在一起

将所有的初值写在一对大括号{ }里面,系统会按照二维数组元素在计算机内存中的排列顺序(以行为单位,先行后列)为数组中的每个元素赋初值。

例如:

```
int a[3][2]={9,6,7,8,11,14};
```

则数组 a 中 6 个元素的初始值如表 5.2 所示。

表 5.2　a[3][2]中各个元素的值

a[0][0]=9	a[0][1]=6
a[1][0]=7	a[1][1]=8
a[2][0]=11	a[2][1]=14

(2) 分行给二维数组赋初值

以行为单位,把每一行的初值再用一对大括号{ }括起来。

例如:

```
int a[3][2]={ {9,6},{7,8},{11,14}};
```

这种写法较为直观。把第 1 个大括号中的数值(9,6)分别赋给数组 a 中第 1 行的 2 个元素,把第 2 个大括号中的数值(7,8)分别赋给数组 a 中第 2 行的 2 个元素,把第 3 个大括号中的数值(11,14)分别赋给数组 a 中第 3 行的 2 个元素。赋值后的结果与表 5.2 完全一样。初学者对二维数组做完全初始化操作时,建议采取这种书写方式。

需要说明的是,对二维数组进行全部元素初始化时,可以不指明二维数组的第一维长度值(常量 1 的值),但是,第二维长度值(常量 2 的值)不能省略。

例如:

把 int a[3][2]={ 9,6,7,8,11,14};改写成 int a[ ][2]={ 9,6,7,8,11,14};的形式,二者是等价的。因为系统会根据二维数组完全初始化数值的个数(6)自动推算出数组 a 的行值(3),并自动为每一个数组元素赋值。

2. 部分元素初始化

可以只对二维数组中的部分元素赋初值。对于 int 类型与 float 类型的二维数组,未被赋初值的元素则默认为 0;对于 char 类型的二维数组,未被赋初值的元素则默认为'\0'。对部分元素初始化,也有以下两种书写方式。

(1) 把部分初始化的数值写在一起

例如:

```
int a[4][2]={ 9,5,7};
```

系统会以行为单位,按照先行后列的顺序依次把大括号里的数值赋给 a 数组中的每个元素,而数组中未被赋初值的元素则默认为 0。数组 a 中的 8 个元素的初始值如表 5.3 所示。

表 5.3　a[4][2]中各个元素的值

a[0][0]=9	a[0][1]=5	a[2][0]=0	a[2][1]=0
a[1][0]=7	a[1][1]=0	a[3][0]=0	a[3][1]=0

(2) 分行给二维数组中的部分元素赋初值

以行为单位,把为二维数组中每一行元素要赋的初值用大括号单独括起来。

例如:

```
int b[4][3]={ {8,5},{7},{6},{9,1}};
```

即把 8、5 依次赋给数组 b 中第 1 行的前 2 个元素(b[0][0],b[0][1]);把 7 赋给数组 b 中第 2 行的第 1 个元素(b[1][0]);把 6 赋给数组 b 中第 3 行的第 1 个元素(b[2][0]);把 9、1 依次赋给数组 b 中第 4 行的前 2 个元素(b[3][0],b[3][1])。同样,数组 b 中未被赋初值的元素则默认为 0,如表 5.4 所示。

表 5.4　b[4][3]中各个元素的值

b[0][0]=8	b[0][1]=5	b[0][2]=0	b[2][0]=0	b[2][1]=0	b[2][2]=0
b[1][0]=7	b[1][1]=0	b[1][2]=0	b[3][0]=9	b[3][1]=1	b[3][2]=0

再例如:

```
int c[3][3]={ {1,6},{8} };
```

c 是 3 行×3 列结构的二维数组,对其部分元素进行初始化,即数组 c 中第 1 行的前 2 个元素(c[0][0],c[0][1])的值分别为 1、6;第 2 行的第 1 个元素(c[1][0])的值为 8;其余元素的值均为 0,如表 5.5 所示。

表 5.5　c[3][3]中各个元素的值

b[0][0]=1	b[0][1]=6	b[0][2]=0
b[1][0]=8	b[1][1]=0	b[1][2]=0
b[2][0]=0	b[2][1]=0	b[2][2]=0

当采用分行的书写方式给二维数组中的部分元素赋初值时,以下的写法均是错误的,请初学者注意:

```
int d[2][3]={ {1,6},{8},{2}};        //错误!
```

原因:d 为 2 行×3 列的二维数组,在其初始化数值的列表中却给出了 3 行数据。错误!

注：若改写成 int d[2][3]={1,6,8,2};的形式，则是正确的。(d[1][1]=0,d[1][2]=0)

```
int e[2][3]={ {2},{8,3,6,1}};          //错误!
```

原因：d 为 2 行×3 列的二维数组，每一行最多可以给 3 个元素赋初值。而在其第 2 行初始化数值的列表中却给出了 4 个数据。错误!

注：若改写成 int e[2][3]={ 2,8,3,6,1};的形式，则是正确的。(e[1][2]=0)

定义二维数组时，如果只对部分元素初始化，书写时也可以省略第 1 维长度值（常量 1 的值），但是必须采用分行给二维数组赋初值的方式。

例如：

```
int f[ ][3]={ {2},{ },{8,3}};
```

则系统自动判断出二维数组 f 为 3 行×3 列，数组各元素的值如表 5.6 所示。

表 5.6　f[3][3]中各个元素的值

f[0][0]=2	f[0][1]=0	f[0][2]=0
f[1][0]=0	f[1][1]=0	f[1][2]=0
f[2][0]=8	f[2][1]=3	f[2][2]=0

注：不建议初学者采用省略数组第 1 维长度值（常量 1 的值）的书写方式，完成对二维数组中部分元素的初始化，以免出错。

5.2.4　二维数组应用举例

例 5.6　已知 3 行 4 列结构的二维数组 a，互换其行元素和列元素。

分析：在二维数组中，行列元素位置互换操作也称为"矩阵转置"。对数组 a 进行行列元素互换，互换后将形成一个 4 行 3 列的新数组。假设用 b[4][3]表示互换后的新数组，只要将数组 a 中所有的元素 a[i][j]（$0 \leqslant i < 3, 0 \leqslant j < 4$,）放至数组 b 中元素 b[j][i]的位置上，即完成行列元素互换操作。使用二重嵌套的 for 循环可以完成此操作。二维数组 a 和互换后的数组 b 如下：

数组 a

2	5	6	7
1	4	0	8
9	3	2	4

数组 b

2	1	9
5	4	3
6	0	2
7	8	4

（对数组 a 中的元素进行行列互换后）

C 程序代码如下：

```
#include <stdio.h>
main()
{
    int a[3][4]={{ 2,5,6,7},{1,4,0,8},{9,3,2,4}};
```

```
    int b[4][3],i,j;
    printf("数组 a: \n");
    for (i=0;i<3;i++)
    {
        for (j=0;j<4;j++)
        {
            printf("%5d",a[i][j]);
            b[j][i]=a[i][j];        //对二维数组元素完成行列互换操作；
        }
        printf("\n");
    }
    printf("数组 b: \n");
    for(i=0;i<4;i++)
    {
        for(j=0;j<3;j++)
        printf("%5d",b[i][j]);
        printf("\n");
    }
}
```

程序运行结果如下：

例 5.7　任意输入 12 个不同的整数，构成一个 3 行×4 列结构的二维数组，编程序求出该数组中最大的元素值及其所在行、列的位置。

分析：定义一个 int 类型的二维数组 a[3][4]。比较前，首先假设第一个元素（a[0][0]）为最大值 max，与下一个元素（a[0][1]）作比较。如果 a[0][1]＞a[0][0]，则 max 为变成了 a[0][1]；反之，max 仍然是 a[0][0]。以后依次处理，将数值大的元素赋给 max。直至所有元素比较完毕，则 max 就是最大元素的数值。最后分别记录下最大元素的行下标 i 与列下标 j 的值，而最大元素所在的实际行位置 row 与列位置 colum 应该为其下标 i 的值＋1 与列下标 j 的值＋1。

C 程序代码如下：

```
#include <stdio.h>
main()
{
    int i,j,row=0,colum=0,max,a[3][4];
    for(i=0;i<3;i++)
    {
```

```
        for(j=0;j<4;j++)
        scanf("%d",&a[i][j]);
    }
    max=a[0][0];
    for(i=0;i<3;i++)
    {
        for(j=0;j<4;j++)
        if(a[i][j]>max)
        {
            max=a[i][j];
            row=i+1;
            colum=j+1;
        }
    }
    printf("max=%d,row=%d,colum=%d\n",max,row,colum);
}
```

假设输入以下数值构成二维数组 a[3][4]，即：

```
3   2   8   11↙
5   9   0   24↙
7   6   10  4↙
```

程序运行结果如下：

```
max=24,row=2,colum=4
Press any key to continue_
```

例 5.8 初始化一个 3 行×4 列的二维数组 a，编程序求出数组 a 每一行中最大的元素值及其所在位置。

分析：例 5.8 在例 5.7 的基础上进行了改进，即求出每一行元素的最大值及其所在的行列位置。对于一个 3 行×4 列的数组，将会产生 3 个最大值，而每一个最大值均是与其处在同一行的元素比较后而得出的。所以，程序采取的设计方法如下：

① 首先，假设数组 a 中第 1 行的第 1 个元素 a[0][0]为第 1 行的最大值 max，用 a[0][0]与第 1 行的元素依次作比较，求出最大值 max，并输出其数值及所在行列位置。

② 其次，假设数组 a 中第 2 行的第 1 个元素 a[1][0]为第 2 行最大值 max，用 a[1][0]与第 2 行的元素依次作比较，求出最大值 max，并输出其数值及所在行列位置。

③ 最后，假设数组 a 中第 3 行的第 1 个元素 a[2][0]为第 3 行最大值 max，用 a[2][0]与第 3 行的元素依次作比较，求出最大值 max，并输出其数值及所在行列位置。

注：解决该问题的方法还有很多。本例的程序尽管较长，但是采取的方法在程序实现上较为简单，不需要用到 C 语言二重循环结构，易于初学者理解与掌握。

C 程序代码如下：

```
#include <stdio.h>
main()
{
```

```
int i,j,row=0,column=0,max,a[3][4];        //row,column 分别表示所求得最大值元
                                             素的行、列下标值;
a[3][4]={{6,15,45,95},{35,84,65,41},{78,54,45,12}};
max=a[0][0];                                //先假设元素 a[0][0]为第 1 行元素中的最大值;
i=0;
for (j=0;j<4;j++)
if (a[i][j]>max)
{
    max=a[i][j];
    row=i+1;
    column=j+1;
}
printf("max=%d,row=%d,column=%d",max,row,column);   //求出第 1 行中的最大元
                                                     素及其所在的行、列位置;
max=a[1][0];                                //先假设元素 a[1][0]为第 2 行元素中的最大值;
i=1;
for (j=0;j<4;j++)
if (a[i][j]>max)
{
    max=a[i][j];
    row=i+1;
    column=j+1;
}
printf("max=%d,row=%d,column=%d",max,row,column);   //求出第 1 行中最大元素及
                                                     其所在的行、列位置;
max=a[2][0];                                //先假设元素 a[2][0]为第 3 行元素中的最大值;
i=2;
for (j=0;j<4;j++)
if (a[i][j]>max)
{
    max=a[i][j];
    row=i+1;
    column=j+1;
}
printf("max=%d,row=%d,column=%d",max,row,column);   //求出第 3 行中的最大元素
                                                     及其所在的行、列位置;
}
```

程序运行结果如下:

```
max=95,row=1,colum=4
max=84,row=2,colum=2
max=78,row=3,colum=1
Press any key to continue
```

实训9 二维数组应用实训

任务1 某学习小组有6个同学,每个同学有3门课的考试成绩,如表5.7所示。使用二维数组编程计算:该学习小组中每门课程的平均成绩以及所有课程的总平均成绩。

表5.7 各科考试成绩表

姓名	语文	数学	英语
张	87	86	67
王	86	78	84
李	62	80	59
周	76	91	54
余	85	90	91
何	70	75	68

C程序代码如下:

```
#include <stdio.h>
main()
{
    int i,j;
    float s=0,l,a[6][3],b[3];
    printf("输入每人每门课程的分数:\n");
    for(i=0;i<3;i++)
    {
        for(j=0;j<6;j++)
        {
            scanf("%d",&a[j][i]);        //依次输入6个同学每门课程的成绩;
            s=s+a[j][i];                 //单科总成绩;
        }
        b[i]=s/6.0;                      //单科平均成绩;
        s=0;                             //为统计下一门的单科总成绩作准备;
    }
    l=(b[0]+b[1]+b[2])/3.0;              //求总平均成绩;
    printf("语文平均成绩:%6.1f\n数学平均成绩:%6.1f\n英语平均成绩:%6.1f\n",b[0],
    b[1],b[2]);                          //输出单科平均成绩;
    printf("总平均成绩:%6.1f\n",l);       //输出总平均成绩;
}
```

请读者认真调试程序,观察与分析运行结果。

当输入表5.7中的数据,程序运行结果如下:

任务 2 在线性代数中,行列值均为 n 的二维数组也称为 n 阶"方阵"。一个 n 阶方阵中的主对角线元素指的是所有第 i 行、第 i 列元素的全体(i=1,2,3,…,n),即从左上角到右下角的一条斜线。同样,n 阶方阵中的次对角线元素指的是所有第 i 行、第(n−i+1)列元素的全体(i=1,2,3,…,n),即从右上角到左下角的一条斜线,与主对角线呈交叉状。假设任意输入 16 个整数,构成一个 4 阶方阵 a,编程求解方阵中主对角线元素与次对角线元素之和。

C 程序代码如下:

```c
#include <stdio.h>
main()
{
    int a[4][4],s1=0;s2=0;     //s1 与 s2 分别表示主对角线元素之和与次对角线元素之和;
    int i,j;
    printf("输入数据构成 4 阶方阵: \n");
    for (i=0;i<4;i++)
    {
        for (j=0;j<4;j++)
        scanf("%d",&a[i][j]);
    }
    for (i=0;i<4;i++)
    {
        s1=s1+a[i][i];          //求主对角线元素之和;
    }
    printf("s1=%d\n",s1);
    for (i=0;i<4;i++)
    {
        s2=s2+a[i][3-i];        //求次对角线元素之和;
    }
    printf("s2=%d\n",s2);
}
```

请读者调试程序,观察与分析运行结果。

假设输入以下数值,构成 4 阶方阵,即:

```
2  10  9  7↙
1  14  0  8↙
9   3  2  4↙
8   1  5  7↙
```

程序运行结果如下:

```
输入数据构成4阶方阵:
2 10 9 7
1 14 0 8
9 3 2 4
8 1 5 7
sum1=25
sum2=18
Press any key to continue_
```

任务 3　已知 3 行×4 列的二维数组 a,编程求出该数组中每一列的最大元素及其所在的行列位置。

数组 a

−2	10	9	7
1	−14	0	8
9	−3	2	4

C 程序代码如下:

```c
#include <stdio.h>
main()
{
    int i,j,row=0,colum=0,min,a[3][4];
    a[3][4]={{-2,10,9,7},{1,-14,0,8},{9,-3,2,4}};
    min=a[0][0];
    j=0;
    for(i=0;i<3;i++)
    if (a[i][j]<min)
    {
        min=a[i][j];
        row=i+1;
        column=j+1;
    }
    printf("min=%d,row=%d,column=%d\n",min,row,column);
    min=a[0][1];
    j=1;
    for(i=0;i<3;i++)
    if (a[i][j]<min)
    {
        min=a[i][j];
        row=i+1;
        column=j+1;
    }
    printf("min=%d,row=%d,column=%d\n",min,row,column);
    min=a[0][2];
    j=2;
    for(i=0;i<3;i++)
```

```
        if (a[i][j]<min)
        {
            min=a[i][j];
            row=i+1;
            column=j+1;
        }
        printf("min=%d,row=%d,column=%d\n",min,row,column);
        min=a[0][3];
        j=3;
        for(i=0;i<3;i++)
        if (a[i][j]<min)
        {
            min=a[i][j];
            row=i+1;
            column=j+1;
        }
        printf("min=%d,row=%d,column=%d\n",min,row,column);
}
```

请读者调试程序,观察与分析运行结果。

程序运行结果如下:

```
min=-2,row=1,colum=1
min=-14,row=2,colum=2
min=0,row=2,colum=3
min=4,row=3,colum=4
Press any key to continue
```

任务 4 输出由 6 行数据组成的"杨辉三角形"。

注:杨辉是我国南宋时期著名的数学家,在其所著的《详解九章算术》一书中首次提出了数学二项式$(a+b)^n(n=0,1,2,3\cdots)$展开后所得到的各项系数的数值,如表 5.8 所示。这些数值以三角形的形状排列,也称作"杨辉三角(形)"。

表 5.8　杨辉三角形

·二项式	各项系数数值
$(a+b)^0$	1
$(a+b)^1$	1　1
$(a+b)^2$	1　2　1
$(a+b)^3$	1　3　3　1
$(a+b)^4$	1　4　6　4　1
$(a+b)^5$	1　5　10　10　5　1
……	……

杨辉三角形第一列与对角线上的元素值都为 1,其余元素的值是其左上方项与正上方项元素之和。由于输出的是杨辉三角形的前 6 行数据,所以,按照这个规律将各数据存放到

一个 6 行 6 列的二维数组中,并打印输出。

C 程序代码如下:

```c
#include <stdio.h>
main()
{
    int a[6][6],i,j;
    printf("输出杨辉三角形(6行):\n");
    for (i=0;i<6;i++)        //置第一列与对角线上的元素值为 1;
    a[i][0]=a[i][i]=1;
    for (i=2;i<6;i++)        //其余元素值是其左上方项与其正上方的元素之和;
    {
        for(j=1;j<i;j++)
        a[i][j]=a[i-1][j-1]+a[i-1][j];
    }
    for(i=0;i<6;i++)        //输出由 6 行数字构成的杨辉三角(形);
    {
        for(j=0;j<=i;j++)
        printf("%4d",a[i][j]);
        printf("\n");
    }
}
```

请读者调试程序,观察与分析运行结果。

程序运行结果如下:

5.3 字符数组与字符串

在 C 语言中,用来存放字符型数据的数组称为字符数组。字符数组中的每一个元素存放的值都是单个字符。当然,从字符数组中的元素排列结构来看,字符数组也分为一维、二维和多维。通常,一维字符数组常常用来存放一个字符串。二维字符数组常用于存放多个字符串。所以,也可以把二维字符数组看做是一维字符串数组。

5.3.1 字符数组的定义

字符数组的定义以及数组元素的引用方式与前面介绍的数值型(整型或实型)数组完全一样,对字符数组数组名的命名规则同样要遵循 C 语言标识符的命名规则。字符数组中的元素值为字符,每个元素的存储空间占 1 个字节。

例如：

```
char c1[10];
```

定义了一个长度为 10 的一维字符数组 c1。c1[0]、c1[1]、…、c1[9]依次用来表示数组 c1 中的每个元素。

再例如：

```
char c2[4][5];
```

定义了一个 4 行 5 列结构的二维字符数组 c2。c2[i][j]($0 \leqslant i \leqslant 3, 0 \leqslant j \leqslant 4$)用来表示数组 c2 中位于第 i+1 行、第 j+1 列的元素。

请初学者注意，字符数组中的元素是字符，但是实际存储的却是该字符所对应的 ASCII 码值。也就是说，字符型数据其实是以整型数据的形式存储的，所以也可以使用整型数组来存放批量的字符型数据。然而通常却不这么做，因为在 Visual C++ 6.0 编译系统中，一个整数(int 类型)占用 4 个字节空间，而一个字符(char 类型)只占用 1 个字节空间，如果使用整型数组来存放字符型数据，会造成存储空间的浪费。

5.3.2 字符数组与字符串

在 C 语言中，字符串常量需要用一对双引号" "来标识。比如，"abcde"、"s"等。由于 C 语言中没有专门的"字符串类型"变量，所以不允许把一个字符串常量赋给一个字符类型的变量。

例如：

```
char a="XYZ";        //错误！
char b="X";          //错误！
```

解决的方法是，使用字符数组来存储字符串(常量)。例如，可以使用一维字符数组来存储一个字符串，使用二维字符数组来存储多个字符串。

在计算机内存中实际存储时，字符串除了存储自身的有效字符外，C 编译系统会自动在字符串的末尾处添加一个空字符'\0'，作为表示该字符串结束的标识。一个字符在计算机内存中所占的空间长度是 1 个字节，而一个字符串在计算机内存中所占的实际长度应该是组成其自身有效字符的个数数值再加上 1。

空字符'\0'的 ASCII 码值是 0，在计算机内存中占 1 个字节。但是，字符'\0'不是一个显式字符(是一个转义字符)，其仅仅表示一个字符串在计算机内存中的结束标识。书写(输入)一个字符串时，也不需要显式地在字符串的末尾处书写或输入'\0'字符。同样，输出一个字符串时，表示字符串结束的标识字符'\0'也不会被显式输出。例如，字符串"abcd"在计算机内存中的存储情况如下：

字符形式：

a	b	c	d	\0

ASCII 码形式：

97	98	99	100	0

注：在 C 语言中，空字符'\0'不是空格（space）字符。空字符是转义字符，用来作为字符串结束的标识，而空格字符却是一个普通字符，其 ASCII 码值是 32，使用键盘上的 space 键来录入。初学者务必区分这两种不同字符的含义。

5.3.3　字符数组的初始化

1. 使用字符型数据进行初始化

依次对字符数组中的每一个元素进行初始化。与对数值型数组初始化的方法类似，对字符数组的初始化也分为全部元素初始化与部分元素初始化两种形式。

例如：

```
char c1[3]={'U','S','A'};
```

存储形式如下：

U	S	A

```
char c2[5]={'U','S','A'};
```

存储形式如下：

U	S	A	\0	\0

```
char c3[ ]={'U','S','A'};
```

存储形式如下：

U	S	A

```
char c4[3][5]={ {'U','S','A'},{'U','F','O'},
               {'U','S','S','R'}};
```

存储形式如下：

U	S	A	\0	\0
U	F	O	\0	\0
U	S	S	R	\0

```
char c5[ ][5]={ {'U','S','A'},{'U','F','O'},
               {'U','S','S','R'}};
```

存储形式如下：

U	S	A	\0	\0
U	F	O	\0	\0
U	S	S	R	\0

2. 使用字符串常量进行初始化

通过字符数组来存储字符串,即使用字符串常量完成对字符数组的初始化过程。但是,定义字符数组时,其空间的长度至少要比字符串本身的长度多出一个字节,这个字节空间位于字符串的最末端,用于存放表示字符串结束标志('\0')的空字符。

例如:

```
char c1[4]={"USA"};
```

字符数组 c1 中的字符串存储形式如下:

U	S	A	\0

(注:使用字符串常量对字符数组初始化时,可以省略字符串常量外部的大括号"{ }",即写成:char c1[4]="USA";的形式。)

如果把若干个字符存储在字符数组中,并把这些字符当做字符串来处理,而这样初始化字符数组的方式则是错误的。

例如:

```
char c1[3]={"USA"};                    //错误!
```

因为数组 c1 最多可以存放 3 个字符元素,而字符串"USA"在计算机内存中实际要占用 4 个字符(还包括表示字符串结束标识的空字符'\0'),而数组 c1 的存储空间不够。为了避免这种情况,在使用字符串常量对字符数组初始化时,一定要确保字符数组的长度(空间)至少要比字符串本身的长度多出一个字节的空间,即写成下列形式:

```
char c1[4]={"USA"};      //字符数组 c1 的长度为 4(大于 3);
char c1[5]="USA";        //字符数组 c1 的长度为 5(大于 3);
…
```

或者可以省略字符数组的长度,即:

```
char c1[ ]={"USA"};
char c1[ ]="USA";
```

这样,当字符串"USA"在计算机内存中存储时,系统会在字符串末端自动为其设置 1 个字节的空间,用于存放字符串结束标识'\0'。

```
char c2[3][5]={"USA","UFO","USSR"};
```

通过二维字符数组 c2 初始化"USA"、"USSR"、"UFO"3 个字符串,数组 c2 的行长度"3"可以省略,写成 char c2[ ][5]={"USA","UFO","USSR"};的形式。但是,其列长度"5"的值至少要比任意一个字符串的自身长度多出 1 个字节的空间,用于存放字符串结束标识'\0'。

字符数组 c2 中的字符串存储形式如下:

U	S	A	\0	\0
U	F	O	\0	\0
U	S	S	R	\0

最后,请初学者注意,在字符数组中可以存放 1 个或多个'\0'字符。若将字符数组中的字符当做字符串时,那么从最左边算起,当遇到第一个'\0'字符时,字符串就结束了。也就是说,系统并不把'\0'字符后面的字符当做是字符串的一部分。

例如,某字符数组中存放了下列字符元素:

U	S	A	\0	U	S	S	\0	R

尽管该字符数组中存放了 9 个字符,但是字符数组中实际存放的字符串却只是"USA",而不是"USA\0USS\0R",因为系统从左边依次识别字符,当遇到字符'A'后面的第一个'\0'字符时,就判定字符串结束了。

5.3.4 字符数组的引用

1. 对字符数组元素的引用

与引用数值型数组元素的方式一样,可以为字符数组中的元素赋值,也可以输入与输出元素的值。

例 5.9 对字符数组 c1,依次赋字符'0'至'9',对字符数组 c2,依次赋字符'A'至'H',然后分别输出数组 c1 和数组 c2 中的数据。

分析:首先定义字符数组 c1 与 c2。在 C 语言中,字符'0'并不是整数 0。字符'0'的 ASCII 码值是 48,字符'1'的 ASCII 码值是 49(48+1)……以此类推,字符'9'的 ASCII 码值是 57(48+9)。所以,对字符数组 c1 赋字符'0'至'9',则可以通过以下 for 循环语句来实现:

```
for (i=0;i<10;i++)
{
    c1[i]=i+48;
}
```

同理,

```
for (i=0;i<8;i++)
{
    c2[i]=i+'A';
}
```

则完成对字符数组 c2 赋字符'A'至'H'的操作。

C 程序代码如下:

```
#include <stdio.h>
main()
{
```

```
char c1[10],c2[10];
int i;
for (i=0;i<10;i++)
{
    c1[i]=i+48;
}
for (i=0;i<8;i++)
{
    c2[i]=i+'A';
}
for (i=0;i<10;i++)
{
    printf("%c",c1[i]);
}
printf("\n");
for (i=0;i<8;i++)
{
    printf("%c",c2[i]);
}
printf("\n");
}
```

程序运行结果如下：

```
0123456789
ABCDEFGH
Press any key to continue
```

2. 对字符数组的整体引用

（1）字符串的输出

例如：

```
#include <stdio.h>
main()
{
    char str1[7]="China";
    printf("%s",str1);              //str1是数组的首地址；
}
```

输出结果如下：

```
China
```

再例如：

```
#include <stdio.h>
main()
{
    char str2[ ]="Java\0C#.net";
```

```
        printf("%s",str2);
}
```

输出结果如下：

```
Java
(而不是 Java\0C#.net)
```

尽管字符串"Java\0C#.net"存储在字符数组 str2 中，但是系统输出字符串时，只要遇到字符串结束标志——字符'\0'，便会自动停止字符'\0'后面内容的输出操作。

(2) 字符串的输入

例如：

```
#include <stdio.h>
main()
{
        char str3[10];
        scanf("%s",str);        //输入一个字符串(最多只能由 9 个字符组成);
        printf("%s",str);       //输出该字符串;
}
```

假设输入字符：

```
abcdefg↙
```

输出结果如下：

```
abcdefg
```

注意：不能为字符数组整体赋值，例如：

```
char str4[10];
str4="abcdefg";          //错误!
```

因为 str4 是数组首地址，是常量，不能对常量进行赋值。

在对字符串的输入操作中，若使用一个 scanf 函数输入多个字符串，则不同的字符串之间一定要用空格隔开。

例如：

```
char str1[10],str2[10],str3[10];
scanf("%s%s%s",str1,str2,str3);
```

如果输入 3 个字符串

```
"USA","CHINA","X",
```

则正确的输入方式如下：

```
USA CHINA X↙
```

最后请初学者注意，不是每一个字符数组中保存的字符序列都能形成一个字符串，关于对字符数组进行整体引用，下面的 C 程序中对字符串的输出方式就是错误的。

例如：

```
#include <stdio.h>
main()
{
    char str[5]={'h','e','l','l','o'};        //语句1；
    printf("%s",str);                         //错误！
}
```

原因很简单，因为字符数组 str 中存放的字符序列并不是一个字符串（数组 str 的空间长度为 5，已经存满了 5 个字符：'h'、'e'、'l'、'l'、'o'，计算机内存中没有多余的空间让系统自动存储标识字符串结束的空字符'\0'），在 printf 函数中采用格式字符"%s"来输出字符串时，由于系统没有搜索到空字符'\0'，无法判定'h'、'e'、'l'、'l'、'o'会组成一个字符串，所以程序会出错。

如果把程序改为：

```
main()
{
    char str[6]={'h','e','l','l','o'};
    printf("%s",str);
}
```

请读者自行思考能否输出字符串"hello"，为什么？

5.3.5　常用的字符串处理函数

C 语言提供了丰富的字符串处理函数，可以完成对字符串的输入、输出、连接、赋值、比较等操作。如果 C 程序中调用了除字符串输入及输出函数之外的其他字符串处理函数，那么程序的起始处还应该包含头文件命令 #include <string.h>。

（注：在字符串处理函数中，凡是用字符数组名或字符串首地址作参数的地方，都可以用指针变量作参数。指针变量的概念在第 7 章介绍。）

1. 字符串输出函数——puts()
调用格式 1：

```
puts("字符串");
```

功能：输出一个已有的字符串，输出后则自动换行。
调用格式 2：

```
puts(str);
```

说明：str 是一维字符数组名。
功能：输出字符数组 str 中存放的字符串，输出后则自动换行。
例如：

```
...
char str1[10]="China";
```

```
puts(str1);
puts("USA");
…
```

输出结果如下：

```
China
USA
```

2. 字符串输入函数——gets()

调用格式：

```
gets(str);
```

说明：str 是一维字符数组名，使用 gets 函数，一次只能输入一个字符串。

功能：通过键盘输入一个字符串，存入字符数组 str 中。

例如：

```
…
char c1[100],c2[100];
gets(c1);
gets(c2);
puts(c1);
puts(c2);
…
```

假设输入字符串：

```
Are you OK?↙
I am Fine.↙
```

输出结果如下：

```
Are you OK?
I am Fine.
```

3. 字符串连接函数——strcat()

调用格式 1：

```
strcat(str,"字符串");
```

说明：str 是一维字符数组名，要求数组 str1 的空间（长度）足够大，至少在存放已有字符串内容的基础上还能够再存放一个字符串。

功能：把已有的"字符串"直接连接到字符数组 str1 中的字符串后面，把连接后的新字符串重新存放在数组 str 中。

例如：

```
…
char str[100]="Hefei and";
printf("%s",strcat(str,"Shanghai"));
```

输出结果如下：

```
Hefei and Shanghai
```

调用格式 2：

```
strcat(str1,str2);
```

说明：str1 与 str2 均是一维字符数组名，且数组 str1 的空间（长度）要求足够大，在存放已有字符串内容的基础上还能够再存放数组 str2 中的字符串。

功能：把一维字符数组 str2 中的字符串连接到字符数组 str1 中的字符串后面，连接后的新字符串存放在数组 str1 中。（注：连接操作执行完毕，字符数组 str2 中的字符串内容不变。）

例如：

```
…
char str1[100]="Hefei and";
char str2[10 ]="Shanghai";
printf("%s",strcat(str1,str2));
puts(str2);
…
```

输出结果如下：

```
Hefei and Shanghai
Shanghai
```

4. 字符串复制函数——strcpy()

调用格式 1：

```
strcpy(str,"字符串");
```

说明：str 是一维字符数组名，且数组空间（长度）要求能够存放需要复制的字符串。

功能：把字符串复制到字符数组 str 中。（注：复制操作执行完毕，数组 str 中原有的内容被取消。）

调用格式 2：

```
strcpy(str1,str2);
```

说明：str1 与 str2 均是一维字符数组名，且数组 str1 的空间（长度）要求足够大，至少能够再存放数组 str2 中的字符串。

功能：将字符数组 str2 中的字符串复制到字符数组 str1 中。（注：复制操作执行完毕，字符数组 str2 中的字符串内容不变。）

例如：

```
…
char s1[100]="abcdefg";
char s2[10]="Beijing";
strcpy(s1,"USA");        //语句1
```

```
strcpy(s1,s2);            //语句 2
...
```

输出结果如下：

```
USA
Beijing
```

注：不能对字符数组名进行赋值。比如，把语句 1 改成 s1="USA"; 则是错误的; 把语句 2 改成："s1=s2;",也是错误的。因为字符数组名表示的是其所存储字符串的首地址，是常量,因此不能对其赋值。

5. 字符串比较函数——strcmp()

调用格式：

```
strcmp(str1,str2);
```

说明：str1 与 str2 均是一维字符数组名。

功能：对字符数组 str1 与字符数组 str2 中所存放的字符串进行大小比较。

注：两个字符串之间比较大小，不是比较二者的长度，而是从两个字符串中的第一个字符开始,直到出现了不同的字符,按对应字符的 ASCII 码值进行比较。假设：

① char str1="abcd"; char str2="abcd"; 则字符串"abcd"="abcd";

即 strcmp(str1,str2)=0;(函数返回值为 0)

② char str1="abcde"; char str2="abcdEF"; 则字符串"abcde">字符串"abcdEF";(字符'e'的 ASCII 码值大于字符'E')

即 strcmp(str1,str2)>0;(函数返回值为一个正整数)

③ char str1="abcde"; char str2="abcdf"; 则字符串"abcde"<字符串"abcdf";(字符'e'的 ASCII 码值小于字符'f')

即 strcmp(str1,str2)<0;(函数返回值为一个负整数)

例如：

```
#include <stdio.h>
#include <string.h>
main()
{
    char s1[5]="abcD",s2[5]="abcd";
    if (strcmp(s1,s2)==0) printf("s1 等于 s2\n");
    else if (strcmp(s1,s2)>0) printf("s1 大于 s2\n");
    else printf("s1 小于 s2\n");
}
```

使用 strcmp 函数对字符串"abcD"与"abcd"进行比较,两个字符串中的前 3 个字符均相同,而字符'D'的 ASCII 值小于'd'。所以,strcmp(str1,str2)<0,则程序输出结果为"s1 小于 s2"。

6. 求字符串长度函数——strlen()

调用格式：

strlen(str);或 strlen("字符串");

说明:str 是一维字符数组名。

功能:求字符数组中所存放字符串的长度,即字符串中所包含字符的个数(不包括表示字符串结束的标识符"\0")。

假设有:

char s[10]="abc";

则 strlen(s)的值是 3(不是 4),strlen("abc")的值也是 3,与 strlen(s)等价。

例如:

```
...
char str[10]="China";
printf("%d\n",strlen(str));
printf("%d\n",strlen("England"));
...
```

程序输出结果如下:

5
7

5.3.6 字符数组应用举例

例 5.10 从键盘输入一串字符,要求统计其中所含单词的个数。

例如:输入:He is a good student

输出:5

分析:该问题的关键是如何确定"出现一个新单词了"。

一个英文单词可以看做是一个字符串。假设用 num 变量来统计字符串(单词)的个数;word 变量为一个标识变量(0/1),从第 1 个字符开始逐个检查字符,当遇到一个或多个空格时,word=0;当遇到第一个非空格时,即说明是某字符串(单词)的开始,若原 word 是 0,表示新单词开始,num 在原数值的基础上增 1,同时 word=1。最后得到的 num 的值就是单词总数。

C 程序代码如下:

```
#include <stdio.h>
#include <string.h>
main()
{
    char str[100],c;
    int i,num=0,word=0;  //word 为"1",表示一个单词开始;word 为"0",表示一个单词结束;
    gets(str);                        //从键盘输入一个(长度小于 100)字符串;
    for (i=0;(c=str[i]) !='\0';i++)
    {
        if (c==' ')
```

```
        word=0;                        //没有出现新单词;
    else if (word==0)
    {
        word=1;                        //出现新单词;
        num++;                         //把新单词的个数增 1
    }
    printf ("num=%d\n",num);
    }
}
```

假设输入字符串:

There are three boys in the house ↙

程序运行结果如下:

```
There are three boys in the house
num=7
Press any key to continue_
```

例 5.11 从键盘输入某月份的数字 1~12,输出所对应月份的英文名称。

例如:输入:4

输出:April

分析:一年有 12 个月,即表示月份数字的范围是 1~12。若用户输入的是"1~12"之外的数字(比如 13),程序需要显示"输入错误"。所以,将 12 个英文月份以字符串的形式存放到一个 13 行×13 列的二维字符数组 month[13][13] 中,其中第 1 行存放的是"input error!"字符串。从数组的第 2 行至第 13 行,则一次存放(1~12月)每个月份的英文单词,如表 5.9 所示。

表 5.9 字符数组 month[13][13]

i	n	p	u	t		e	r	r	o	r	!	
J	a	n	u	a	r	y						
F	u	b	r	u	a	r	y					
……												
D	e	c	e	m	b	e	r					

C 程序代码如下:

```
#include <stdio.h>
#include <string.h>
main()
{
    char month[13][15]={"input error! ","January","February","March","April",
    "May", "June","July","August","September","October","November","December"};
    int m;
    printf("\n 输入月份值: ");
    scanf("%d",&m);
    printf("%d: %s\n",m,(m<1||m>12)?month[0]: month[m]);
}
```

假设输入：

8↙

程序运行结果如下：

```
输入月份值:8
8:August
Press any key to continue_
```

假设输入：

0↙

程序运行结果如下：

```
输入月份值:0
0:input error!
Press any key to continue_
```

实训 10　字符数组应用实训

任务 1　不使用 strcat 函数，编程实现两个字符串内容的连接操作。

例如：字符串 1："I have a" 字符串 2："story book."

连接后的字符串如下：

"I have a story book."

设计思路：把字符串 2 连接到字符串 1 的后面，形成新的字符串，并存放至原字符串 1 所在的字符数组中。

C 程序代码如下：

```c
#include <stdio.h>
#include <string.h>
main()
{
    char s1[100],s2[100];
    int i,j;
    printf("输入字符串 1:\n");
    gets(s1);                    //输入字符串 1;
    printf("输入字符串 2:\n");
    gets(s2);                    //输入字符串 2;
    for(i=0;s1[i]!='\0';i++);   //寻找至字符串 1 的最末端;
    {
        for(j=0;s2[j]!='\0';i++,j++)
        s1[i]=s2[j];            //把字符串 2 连接到字符串 1 的后面;
        s1[i]='\0';             //在连接后的字符串 1 的末端添加字符串结束标识'\0';
    }
```

```
        printf("连接后的字符串：\n");
        puts(s1);
}
```

假设输入字符串1：

please read the ↙

输入字符串2：

text after me!↙

程序运行结果如下：

请读者调试程序，观察与分析运行结果。

任务2　任意输入一个字符串和一个字符，要求从该字符串中删除所指定的字符。

例如：输入：I am a good student. 删除字符：a

　　　　输出：I m good student.

C 程序代码如下：

```
#include <stdio.h>
#include <string.h>
main()
{
    char s[20],temp[20],x;
    int i,j;
    gets(s);
    printf("删除字符：");
    scanf("%c",&x);
    for(i=0,j=0;i<strlen(s);i++)
    {
        if(s[i]!=x)
        {
            temp[j]=s[i];
            j++;
        }
        temp[j]='\0';
    }
    strcpy(s,temp);
    puts(s);
}
```

假设输入：

I am a good student.↙
a↙

程序运行结果如下：

请读者调试程序，观察与分析运行结果。

任务 3　任意输入 3 个字符串(长度不超过 10)，要求找出其中最小者。

例如：假设输入字符串 1"abcd"、字符串 2"abce"、字符串 3"abcf"；

输出最小的字符串是"abcd"

C 程序代码如下：

```c
#include <stdio.h>
#include <string.h>
main()
{
    char s[3][10],str[10];
    int i;
    for (i=0;i<3;i++)
    gets (s[i]);          //依次输入 3 个字符串；
    if (strcmp(s[0],s[1])<0)
    strcpy(str,s[0]);
    else
    strcpy(str,s[1]);
    if (strcmp(s[2],str)<0)
    strcpy(str,s[2]);
    printf("\n 最小的字符串是: \n%s\n",str);
}
```

假设输入字符串：

abcedf↙
abcdhu↙
abcdyu↙

程序运行结果如下：

请读者调试程序，观察与分析运行结果。

任务 4 假设某情报单位按照以下规律对翻译字符串密码：对于密码中的 26 个英文大小写字母，第 1 个字母对应第 26 个字母(A→Z 或 a→z)，第 2 个字母对应第 25 个字母(B→Y 或 b→y)，第 3 个字母对应第 24 个字母(C→X 或 c→x)……即第 i 个字母对应的是第 26－i＋1 个字母；而对于非字母的字符，则保持不变。

例如：密码："AD＋cb"对应的原文是"ZW＋xy"。

要求任意输入一个字符串，编写程序，将字符串密码译为原文。

C 程序代码如下：

```c
#include <stdio.h>
#include <string.h>
main()
{
    int i,n;
    char s[500];
    printf("输入密码字符串：\n");
    gets(s);
    printf("\n密码字符串：%s\n",s);
    i=0;
    while (s[i]!='\0')
    {
        if ((s[i]>='A') && (s[i]<='Z'))
        s[i]=155-s[i];          //对密码字符串中的大写字母进行转换；
        else if ((s[i]>='a') && (s[i]<='z'))
        s[i]=219-s[i];          //对密码字符串中的小写字母进行转换；
        else
        s[i]=s[i];
        i++;
    }
    n=i;
    printf("原文字符串：");
    for (i=0;i<n;i++)
    putchar(s[i]);
    printf("\n");
}
```

假设输入密码字符串：

asd45HG↙

程序运行结果如下：

请读者调试程序,观察与分析运行结果。

5.4 本章小结

本章主要介绍 C 语言中数组的使用方法,包括数组的概念、定义方法,对数组元素的引用、初始化方式及其应用,以及对字符数组与字符串的应用等。

首先介绍了一维数组的基本操作,包括对一维数组的定义、引用、初始化、输入与输出等。针对一维数组中元素的最值及排序问题的求解,可以采用"打擂台"的方法与冒泡排序算法。

其次介绍了二维数组的基本操作,包括对二维数组的定义、引用、初始化、输入与输出等。内部结构是 m 行 n 列的二维数组也称为"m 行×n 列矩阵"。通过实例介绍了关于二维数组中求解最值、矩阵转置等问题。

最后介绍了通过定义字符数组来存储字符串的方法、字符串与字符数组之间的关系、对字符串的整体引用、常用的字符串处理函数的使用方法及其注意事项等。

习 题 5

1. 把整数 1~30 顺序地赋给一个整型数组,编写程序,逆序输出其中能被 4 整除的数。

2. 任意输入 10 个整数,要求输出其中的最小值。

3. 从键盘上任意输入 n 个整数,赋给一个整型数组,只要输入整数 5 就停止。求出所输入整数的总和与平均值。

4. 任意输入 16 个整数,构成一个 4 行×4 列的二维数组。输出该数组,并求解其主对角线上的元素之积。

5. 任意输入 15 个不同的整数,构成一个 5 行×3 列的二维数组。编程求出该数组中数值最小的元素与绝对值最大的元素,以及其所在的实际的行列位置。

6. "鞍点"问题。"鞍点"指的是二维数组(矩阵)中的某个元素,其数值在该行上最大,而在该列上最小,"鞍点"也可以不存在。任意输入若干个整数,构成一个 m 行×n 列的二维数组,判断数组中是否存在"鞍点"。如果存在"鞍点",请找出"鞍点",并输出其所在的实际行列位置;如果不存在"鞍点",则输出语句"没有鞍点"。

7. 假设有 10 个学生,学习 5 门课程。已知所有学生每一门课的成绩,编程输出每一门课成绩最高的学生序号以及相应的课程成绩。

8. 编程输出以下图案。

☆☆☆☆☆
☆☆☆☆☆
☆☆☆☆☆
☆☆☆☆☆
☆☆☆☆☆

9. 对于一个字符串,如果逆序排列其所组成的字符,得到的字符串与原字符串一致,则称做该字符串为"回文"字符串。例如,"abba"是"回文"字符串,而"abcd"不是"回文"字符串,任意输入一个字符串,判断其是否是"回文"字符串。

10. 通过键盘任意输入 10 个字符,统计出其中的大写英文字母、小写英文字母、数字的个数。

11. 假设用数字 0~6 分别表示 Sunday~Saturday。从键盘输入某一天的数字 0~6,输出表示这一天的英文名称。例如,当输入数字 5,则输出 Friday(周五)。如输入的数字在 0~6 之外,则输出语句"非法输入!"。

第6章 函　　数

本章学习目标

- 模块化程序设计思想的优点
- C 语言中函数的分类、函数类型、形参与实参、返回值、函数说明等概念，自定义函数的方法以及函数的调用过程
- 函数的嵌套调用与递归调用的方法
- 数组作为函数参数及其应用方法
- 局部变量与全局变量的概念及作用域
- C 语言变量动态存储方式与静态存储方式的特点、变量的四种存储类型

设计程序时，为了简化程序的设计难度，程序员通常会按照功能，把一个较大的程序划分为若干个较小的模块。每一个模块结构相对独立，以降低程序设计的复杂度。在程序设计中，这些较小的模块可以用函数来表示。

C 程序是由函数组成的，通过调用不同的函数实现相应的功能。使用函数能够实现模块化程序设计，使程序的层次结构清晰，便于开发和调试。

6.1　模块化程序设计方法

在日常生活中，人们求解复杂问题时，通常采用"逐步分解、分而治之"的方法。即把一个大问题分解成若干个比较容易求解的小问题，然后分别求解。在程序设计中，把整个程序划分为若干个功能较为单一的程序模块，然后分别予以实现的策略，称做模块化程序设计方法。

例 6.1　设计一个 C 程序，要求实现 3 个功能：（1）任意输入三个整数，按照由小到大的次序排序，并输出结果；（2）显示"Hello World!"的信息；（3）显示"☆☆☆☆☆"的信息。

方法 1：普通的程序设计方法。

C 程序代码如下：

```
#include <stdio.h>
main()
{
    int a,b,c,t;
    scanf("%d%d%d",&a,&b,&c);
    if(a>b) {t=a;a=b;b=t;}
    if(a>c) {t=c;c=a;a=t;}
    if(b>c) {t=b;b=c;c=t;}
    printf("从小到大：%d, %d, %d\n",a ,b,c);
    printf("Hello World! \n");
    printf("☆☆☆☆☆\n");
```

}

方法 2：模块化程序设计方法。

为每个功能设计一个函数：

① sort 函数：对 3 个整数由小至大进行排序。

② HW 函数：显示"Hello World!"信息。

③ star 函数：显示"☆☆☆☆☆"信息。

通过主函数 main 分别调用 sort 函数、HW 函数与 star 函数，实现程序的三个功能。

C 程序代码如下：

```
#include <stdio.h>
void sort(int a,int b,int c)                //自定义一个 sort 函数；
{
    if(a>b) {t=a;a=b;b=t;}
    if(a>c) {t=c;c=a;a=t;}
    if(b>c) {t=b;b=c;c=t;}
    printf("从小到大: %d, %d, %d\n",a,b,c);z
}
void HW()                                   //自定义一个 HW 函数；
{
    printf("Hello World! \n");
}
void star()                                 //自定义一个 star 函数；
{
    printf("☆☆☆☆☆\n");
}
main()
{
    int x,y,z;
    scanf("%d%d%d",&x,&y,&z);
    sort(x,y,z);                            //调用 sort 函数；
    HW();                                   //调用 HW 函数；
    star();                                 //调用 star 函数；
}
```

比较以上两个程序，我们发现使用方法 2 设计出的程序尽管要长一些，但是程序内部结构清晰，易于理解。

6.2　函数的定义与调用

函数是 C 程序的基本模块，可以通过调用函数实现该函数特定的功能。C 语言中的函数相当于其他高级语言的"子程序"。实际上，C 程序的所有工作都是由各式各样的函数完成的，善于利用函数，可以减少重复编写程序段的工作量。

6.2.1 函数概述

C 程序中函数的调用关系如图 6.1 所示。其中,主函数(main 函数)不可缺少,有且只能有一个,它是 C 程序的执行起点。主函数可以调用其他函数,却不能被其他函数调用。如果不考虑函数的功能和逻辑,其他函数相互之间是不分主从(调用与被调用)关系的,可以相互调用(某些自定义函数甚至可以调用自身)。所有函数都可以调用 C 编译系统中的库函数。所以,C 程序的总体功能是通过函数的调用实现的。

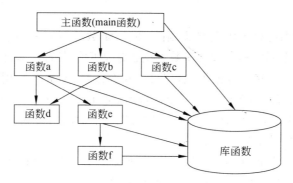

图 6.1　C 程序中函数的调用关系

C 语言不仅提供了大量的库函数,还允许用户定义自己的函数。从不同的角度可以对 C 语言函数做以下分类。

(1) 从用户的角度,分为库函数与用户自定义函数。

库函数由 C 编译系统自动提供,不需要用户自己设计,只需在 C 程序起始处加上相应的编译预处理命令(如 ♯ include ＜stdio. h＞、♯ include ＜string. h＞、♯ include ＜math. h＞等),在程序中即可直接被调用。前面章节例题中用到的 printf、scanf、gets、puts、sqrt 等函数均是库函数。用户自定义函数是由用户根据需要自行设计的函数,用于实现某个具体的功能。图 6.1 中的函数 a、函数 b、函数 c 等都可以是用户自定义函数,以及例 6.1 中使用到的 sort 函数、HW 函数、star 函数等。这类函数必须"先定义,再使用",本节将详细介绍如何自定义一个函数及其使用方法。

(2) 从函数有无参数的情况,分为有参函数与无参函数

有参函数即函数中带有参数,该函数被调用时是通过参数传递来完成相应功能的,如例 6.1 中的 sort 函数。无参函数即函数中没有参数,该函数被调用时不进行参数传递,通常用来实现指定的功能,如例 6.1 中的 HW 函数、star 函数。(注:C 程序中的主函数也是无参函数。)

当然,还可以从其他角度对函数进行分类。例如,从函数有无返回值,可分为有返回值函数与无返回值函数。从函数与函数之间的调用关系来看,又可以分为主调(调用)函数与被调(用)函数等。例如,C 程序中的主函数——"main 函数"调用其他函数来实现某一功能,则 main 函数就是主调函数。然而,main 函数中是没有函数参数的,所以 main 函数也是无参函数。在 C 语言中,允许用户自定义某一个函数,使该函数完成"自己调用自己"(递归调用)的过程,则该函数则既是主调函数,又是被调函数。

6.2.2 函数的定义

1. 无参函数的定义

无参函数的定义形式如下:

```
函数类型 函数名()
{
    函数体
}
```

函数类型和函数名也称为函数首部(函数头)。函数类型即表明了该函数的类型,也就是该函数运行结束后返回值的类型。函数类型通常是 C 语言的基本数据类型,如 int、float、double、char 等(也可以为构造数据类型,本书不作介绍)。函数名是用户自定义的标识符,需要遵循 C 语言标识符的命名规则。紧接函数名后面的是一个空的小括号(),但小括号不可少。花括号{ }中的内容是函数体,即该函数实现某一功能的 C 语句。如果函数体内有多个花括号{ },则最外层是函数体的范围。

无参函数可以有函数返回值,也可以没有返回值,但一般以没有返回值的居多。对于无返回值的无参函数,其函数类型是空类型,即"void"类型。

(注:"void"是 C 语言中的关键字。)

例 6.2 定义两个无参函数 fun1 与 fun2,分别显示"饼干"与"巧克力"的信息。

```
void fun1()
{
    printf("饼干\n");
}
void fun2()
{
    printf("巧克力\n");
}
```

在这里,fun1 函数和 fun2 函数都是无参函数。当被其他函数(如主函数 main)调用时,将显示"饼干"和"巧克力"的信息。

2. 有参函数的定义

有参函数比无参函数多出了参数表和参数类型说明。

有参函数的定义形式如下:

```
函数类型 函数名(参数类型 参数名 1,参数类型 参数名 2,……,参数类型 参数名 n)
{
    函数体
}
```

例 6.3 自定义一个有参函数 min,要求输出两个小数之间的较小值。

```
float min(float a,float b)
{
    float c;
```

```
      if(a<=b) c=a;
      else c=b;
      printf("%f\n",c);
  }
```

说明:

① 与无参函数一样,有参函数也是由函数首部(函数头)和函数体两部分组成。函数名由用户命名,命名规则遵循标识符命名规则。

② 有参函数名后面的小括号"()"中是函数的参数列表。参数列表由参数类型和参数名组成,参数列表中可以含有多个参数,但是每一个参数名前面的参数类型说明符(float)不能省略,前一个参数名与后一个参数的参数类型说明符之间要用逗号","分开,这是格式的规定。例如,例 6.2 中 min 函数参数列表中的 float a 与 float b 之间用,分开。

③ 与无参函数一样,函数类型即是函数返回值的数据类型,可以是基本数据类型或构造数据类型。如果省略,则函数类型默认为 int 类型。若有参函数没有返回值,则定义函数类型为 void 类型。

④ 有参函数的函数体一般包括函数的声明部分与函数的执行部分。

声明部分:定义本函数使用的变量以及进行有关声明(函数声明)。比如,例 6.2 min 函数中的语句 float c;是函数声明部分。

执行部分:函数的执行语句主要用来说明函数的功能。比如,例 6.2 min 函数中的语句:

```
      if(a<=b) c=a;
      else c=b;
      printf("%f\n",c);
```

这些语句是函数执行部分,用于输出 a 与 b 之间的最小值。

6.2.3 函数的调用

C 程序是通过对函数的调用来执行函数体的,从而实现该函数的功能。所谓调用,即指主调函数中调用函数的形式和方法。

1. 形参与实参

函数的参数分为形参和实参两种。

(1) 形参

形参也称做形式参数,出现在函数定义中,在其所在的函数体内都可以使用,离开所在的函数则不能使用。例如,例 6.2 中 min 函数的函数头中的 a 和 b 都是形参,作用范围只局限于 min 函数的函数体内(在 min 函数之外,则 a 和 b 使用无效)。

(2) 实参

实参也称做实际参数,出现在主调函数中。也就是说,当主调函数中调用某一个函数时,函数名后面的参数称为实参。例如,在 6.1 节程序 2 的主函数中,函数 sort 调用语句 sort(x,y,z);中的变量 x、y、z 都是实参。因为调用函数 sort 时,主调函数——main 函数把实参(x,y,z)的值传送给被调函数 sort 的形参(a,b,c),从而实现主调函数和被调函数间的数据传送。实参可以是常量、变量或表达式。

2. 函数的调用形式

函数调用的一般形式如下：

函数名(实参列表);

说明：

① 如果调用无参函数，则没有"实参列表"，但是小括号"()"不能省略。例如，在 6.1 节的程序 2 中，调用无参函数——HW 函数的形式为 HW( );。

② 如果调用有参函数，实参表列包含多个实参，则各个实参之间要用逗号","隔开。例如，在 6.1 节的程序 2 中，调用有参函数——sort 函数的形式为 sort(x,y,z);。

3. 函数的返回值

函数的返回值即指一个函数在运算结束之后，向调用它的函数或者系统返回（反馈）一个数值，这个数值称做函数的返回值。如果某一个函数没有返回值（执行完毕后不返回值），则该函数类型就是"空"(void)类型。函数的返回值可以通过 C 语言中的"return 语句"实现。

return 语句的书写形式如下：

return 表达式;

或者：

return(表达式);

（注："return"也是 C 语言的关键字）

例如，例 6.3 中用于求出两个数最小值的函数 min 也可以写成含有 return 语句的形式。即：

```
float min(float a,float b)
{
    float c;
    if(a<=b) c=a;
    else c=b;
    return c;      //返回值语句;
}
```

注：

① 函数返回值的数据类型通常要与该函数的函数类型一致，如果二者不一致，则以函数的类型为准（系统自动转换完成）。

例如，把上面 min 函数的函数类型改成 int 类型，其余不变，即：

```
int min(float a,float b)
{
    float c;
    if(a<=b) c=a;
    else c=b;
    return c;      //返回值 c 的数据类型是 int 类型,而不是 float 类型!
```

}

尽管 min 函数中定义了返回值 c 的数据类型是 float 类型,但是由于 min 函数的类型是 int 类型,min 函数执行完毕后,返回值 c 的数值却是 int 类型数据。

② 在自定义的函数中,也可以没有 return 语句。return 语句的功能也可以由格式化输出函数实现。

例如,例 6.3 中的 min 函数就是通过格式化输出函数 printf("%f\n",c);来实现返回数据 c(存放 a、b 之间的最小值)的功能。

4. 函数的调用过程

无参函数的调用过程相对简单,通过"函数名( );"的形式进行调用,直接实现相应的功能。

有参函数的调用过程实际上是实参和形参之间的数据传递过程。当通过"函数名(实参列表);"的形式调用函数时,主调函数会把实参的值传送给被调函数的形参,从而实现主调函数和被调函数间的数据传送。

以例 6.1 中的方法与程序为例,当主函数调用 sort 函数时,即执行语句 sort(x,y,z);,系统会自动把实参 x、y、z 的值对应地赋给 sort 函数的形参 a、b、c。也就是说,此时 sort 函数中的变量 a、b、c 此时得到的已是 x、y、z 的值,而 sort 函数执行后得到的结果实际上就是对实参 x、y、z 的执行结果,即通过 printf 函数对 x、y、z 三个数值进行从小到大的输出。

最后,请初学者注意以下几点:

① 实参和形参之间的数据传递过程一定是"单向"传递过程,即发生函数调用时,一定是把实参的数值传递(赋值)给被调函数的形参,而不能把被调函数的形参传递给相应的实参。

② 调用有参函数时,实参的个数与形参的个数一定要相同,对应的数据类型要一致(或赋值兼容)。且实参的数值必须传递给被调函数对应位置上的形参,次序不能颠倒。

③ 实参可以是常量、变量或表达式。

例如,对有参函数 fun 的定义如下:

```
int fun(int a,float b)
{
    函数体
}
```

假设主函数的代码段如下:

```
main()
{
    int S;
    int x,float y,char z;
    ...
    S=fun(y);            //语句 1,错误!
    S=fun(y,z);          //语句 2,错误!
    S=fun(x,y);          //语句 3,正确!
    S=fun(3,y);          //语句 4,正确!
```

```
    S=fun(x+2,y-1);        //语句5,正确!
    ...
}
```

分析:

语句1,错误。实参的个数与形参的个数不相同。

语句2,错误。实参的个数与形参的个数尽管相同,但是对应的数据类型不一致。

语句3,正确。实参的个数与形参的个数相同,对应的数据类型也一致。

语句4,正确。实参可以是常量,但是与对应形参的数据类型要一致。

语句5,正确。实参可以是表达式,但是与对应形参的数据类型要一致。

④ 调用某个有参函数时,该函数的形参值会发生改变,但是当函数调用结束后,主调函数中实参的值不会因为形参的改变而改变。

例6.4 执行下面的change函数之后,是否能够完成a与b两个实参值的交换?

```
#include <stdio.h>
void change(int x,int y)
{
    int z;
    {
        z=x;x=y;y=z;
    }
}
main()
{
    int a=5,b=10;
    change(a,b);
    printf("a=%d,b=%d\n",a,b);
}
```

程序运行结果如下:

```
a=5,b=10
Press any key to continue_
```

本程序中定义了函数change,功能是交换两个形参x和y的值。在主函数main中分别把实参a和b的值传递给形参x和y,试图在函数change中完成对实参a和b两个值的交换,最后在主函数中输出数据交换后的结果。

然而,结果却发现当change函数调用完毕后,a和b两个值并没有交换,仍然是a=5、b=10。原因很简单,在未出现函数调用时,change函数中的形参变量,是不占用内存中的存储单元的。只有在发生函数调用时,形参变量才被分配内存单元。调用结束后,形参所占的内存单元立即被释放。当主函数main调用函数change时,函数change内a和b两个值确实进行了交换。但是,调用完毕回到主函数main时,两个形参x和y的值被释放,而主函数main中的实参却保留原值。即a=5、b=10。所以,实参的值不因为形参的值变化而变化。这是初学者需要注意的。

如果把例6.4的程序改写成如下形式,即:

```
#include <stdio.h>
void change(int x,int y)
{
    int z;
    {
        z=x;x=y;y=z;
    }
    printf("a=%d,b=%d\n",x,y);
}
main()
{
    int a=5,b=10;
    change(a,b);
}
```

程序运行结果如下：

```
a=10,b=5
Press any key to continue_
```

程序执行完毕后,a 和 b 两个值发生了交换,即 a＝10、b＝5。因为在该程序中,在主函数 main 调用函数 change 期间,函数 change 内 a 和 b 两个值进行了交换,紧接着通过 printf 函数就直接输出了 a 和 b 两个数交换后的结果。当函数 change 执行完毕后,程序流程回到主函数 main 中,尽管此时形参 x、y 所占用的存储单元被释放,实参 a、b 仍然维持原值(a＝5,b＝10),但是,a、b 交换后的数值已经在此之前(程序执行函数 change 时)被输出了。

5. 函数说明

当主调函数准备调用被调函数时,如果被调函数此时尚未被定义,则应对被调函数进行函数说明。函数说明也称函数声明,它不是对函数的定义,只是"告诉"C 编译系统将要调用此函数(尚未定义),并将有关信息通知编译系统。

函数说明的形式如下：

类型说明符 被调函数名(参数类型 参数名 1,参数类型 参数名 2,……,参数类型 参数名 n);

对函数说明的几点注意：

① 如果被调函数的定义出现在主调函数之前,主调函数可以不必对被调函数进行函数说明,就可以直接调用该函数。

例如 6.2 节的例 6.2,由于对 sort 函数、HW 函数、star 函数的定义已经出现在主函数 main 之前,所以主函数 main 对这些函数调用前不需要对它们进行函数说明。

② 有些 C 语言书籍指出,如果被调函数的返回值类型是整型或者字符型,则无须对被调函数进行函数说明,无论被调函数是否已被定义,都可以直接被(主调函数)调用。

③ 在 C 程序中,所有的函数定义之前,如果在函数外部预先已对被调函数进行了说明,则在以后的主调函数中就不需要再对被调函数进行函数说明。

例如：

int fun1(int x);   //在函数外部对 fun1 函数进行函数说明;

```
float fun2(int y,char z);          //在函数外部对 fun1 函数进行函数说明;
main()
{
    int a;
    float b;
    …
    a=fun1(int x);                 //调用 fun1 函数;
    b=fun2(int y,char z);          //调用 fun2 函数;
    …
}
int fun1(int x)                    //定义 fun1 函数;
{
    …
}
float fun2(int y,char z)           //定义 fun2 函数;
{
    …
}
```

由于程序第 1 行与第 2 行已经对函数 fun1 和 fun2 作了函数说明,所以以后各函数中无须再对 fun1 和 fun2 进行函数说明即可直接调用。

除了以上 3 种情况外,在对被调函数调用前都应该对其进行函数说明,否则编译时程序会出错。所以,本书建议初学者在编写带有函数调用结构的 C 程序时,最好把对被调函数的定义写在调用函数前面,这样可以省略对被调函数的函数声明。

例 6.5 自定义一个有参函数 sum,完成对 $1+2+\cdots+n$ 的求和功能。要求采用函数调用方式编程实现。

C 程序代码如下:

```
#include <stdio.h>
int sum(int n)                     //定义 sum 函数;
{
    int i,t=0;
    for (i=1;i<=n;i++)
    t+=i;
    return (t);
}
main()
{
    int s;
    s=sum (50);                    //调用 sum 函数,实参为 50,完成 1+2+…+50 的功能;
    printf("s=%d\n",s);
}
```

程序运行结果如下:

```
s=1275
Press any key to continue
```

实训 11　函数的定义与调用实训

任务 1　调试下列 C 程序,观察程序的输出结果。

C 程序代码如下:

```
#include <stdio.h>
void print()
{
    printf("********************\n");
}
void message()
{
    printf("How are you! \n");
}
main()
{
    print();
    message();
    print();
}
```

程序运行结果如下:

任务 2　设计一个有参函数 fun,完成求解正整数阶乘值的功能。要求采用函数调用方式求解整数 6 与整数 7 的阶乘值。

C 程序代码如下:

```
#include <stdio.h>
long P( int n )                    //定义 P 函数;
{
    int i,p=1;
    for (i=1;i<=n;i++)
    p=p*i;
    return p;
}
main()
{
    long p1,p2;
    printf("p1=%ld\n",P (6));       //实参为 6,运算 6 的阶乘值;
    printf("p2=%ld\n",P (7));       //实参为 7,运算 7 的阶乘值;
}
```

程序运行结果如下：

```
p1=720
p2=5040
Press any key to continue_
```

任务3 通过函数调用方式求解 1!＋2!＋3!＋4! 的和。

C 程序代码如下：

```c
#include <stdio.h>
long sum(int x)
{
    int i;long t=1,s=0;
    for (i=1;i<=x;i++)
    {
        t*=i;
        s+=t;
    }
    return (s);
}
main()
{
    long S;
    S=sum (4);
    printf("S=%ld\n",S);
}
```

程序运行结果如下：

```
S=616
Press any key to continue_
```

说明：本程序中定义了一个函数 sum,功能是求 1!＋2!＋…＋x! 的和。在主函数 main 中,以整数 4 作为实参,在调用函数 sum 时,传送给函数 sum 的形参 x。主函数 main 中的 printf 语句输出的是形参 x 最后取得的 4 这个值。从运行情况来看,如果把主函数 main 中的实参 4 变成 10,把此值传递给形参 x,形参 x 的值即变为 10,输出的是形参 x 最后取得的 10 这个值,即求出的是 1!＋2!＋…＋10! 的和。可见,采用自定义函数的方法来实现程序的某一功能,当程序功能发生改变时,修改起来是很方便的(例如,本例中只需把主函数 main 中的函数调用语句 S＝sum (4);的实参 4 变为别的整数值,便可得到相应数值的阶乘累加和)。

任务4 设计一个有参函数 max3,用来输出 3 个整数中的最大值。当任意输入 3 个整数时,通过函数调用方式实现求解其中的最大值。

C 程序代码如下：

```c
#include <stdio.h>
int max3(int a,int b,int c)            //定义 max3 函数;
{
    int m;
```

```
        if(a>b) m=a;
        else m=b;
        if(c>m) m=c;
        return m;
    }
    main()
    {
        int x,y,z,max;
        printf("输入 3 个整数 x,y,z 的值：\n");
        scanf("%d,%d,%d",&x,&y,&z);
        max=max3(x,y,z);                    //调用 max3 函数;
        printf("max=%d\n",max);
    }
```

假设输入 x、y、z 三个数为 5、9、7，即：

5,9,7↙

程序运行结果如下：

6.3　函数的嵌套调用与递归调用

函数的嵌套调用与递归调用是 C 语言中两种独特的函数调用方式。嵌套调用是指当主调函数调用某函数 a 的过程中又出现了函数 a 调用其他函数(如函数 b)的情况。递归调用是指一个函数在它的函数体内直接或间接地调用其自身的情况。

6.3.1　嵌套调用

C 语言中不允许对函数作嵌套定义，即在一个函数体内再自定义另一个函数，因此各函数之间(主函数 main 除外)是平行的，不存在上一级函数和下一级函数的关系。但是，C 语言允许在一个函数的定义中出现对另一个函数的调用，这样就出现了函数的嵌套调用。例如，图 6.2 表明了主函数 main、函数 a 与函数 b 之间发生嵌套调用的情形。主函数 main 在调用函数 a 的过程中(执行函数 a 的语句)，又转向去调用函数 b(执行函数 b 的语句)。当函数 b 执行完毕，程序返回函数 a 的断点继续执行，函数 a 执行完毕后再返回主函数 main 中继续执行，直至结束。

初学者可以借助生活中的简单实例，通过形象类比来理解函数嵌套调用的过程。比如"人托人办事"。举个例子，甲同学打算向乙同学借一本书，乙同学跟前没有这本书，但是乙同学知道丙同学手上正好有这本书(注：甲同学不认识丙同学)。于是，当甲同学向乙同学借这本书的同时，乙同学其实又向丙同学借这本书。最后，当丙同学把这本书借给了乙同学，乙同学再把这本书借给甲同学，从而完成了整个借书过程。请注意，在借书过程中，丙同学不能把这本书直接借给甲同学,因为甲同学不认识丙同学。这也告诉我们,在图 6.2 所示的函数嵌套调用过程中,当函数 b 执行完毕后,程序流程并不是直接返回至主函数 main,而是返回至函数 a,继续把函数 a 执行完毕后,程序流程再返回至主函数 main 中,直至主函数执行结束。

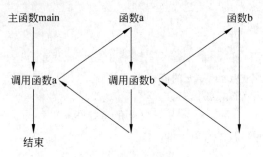

图 6.2　嵌套调用过程

例 6.6　分析下列程序的执行结果。

C 程序代码如下:

```
#include <stdio.h>
int fun1 (int a,int b)
{
    int c;
    a+=a;
    b+=b;
    c=fun2(a,b);
    return (c*c);
}
int fun2(int A,int B)
{
    int C;
    C=A*B%5;
    return C;
}
main()
{
    int x=2,y=3;
    printf("%d\n",fun1(x,y) );
}
```

分析:程序先从主函数 main 开始执行。在主函数 main 中调用 fun1 函数(把实参 x＝2、y＝3 分别赋给了 fun1 函数的形参 a 与 b),而在 fun1 函数中的执行过程中又调用了 fun2 函数 c=fun2(a,b);(即在 fun1 函数中又把作为实参的 a 与 b 的值 a＝4、b＝6 赋给了 fun2 函数的形参 A 与 B),在 fun2 函数中进行运算,计算出 C 的值等于 4(C＝4 * 6％5＝4)。然后,C 的值 4 作为 fun2 函数的返回值,传给 fun1 函数中调用函数 fun2(a,b);的结果,即 c＝4。继续在 fun1 函数中执行后面的语句 return (c * c);,得到结果 16。最后把 16 作为 fun1

函数的返回值传递给主函数 main 中 fun1(x,y)的结果,通过语句 printf("%d\n",fun1(x,y));完成输出。所以,程序最终的执行结果是 16。

6.3.2　递归调用

　　一个函数调用自己的过程称为递归调用,这样的函数也称为递归函数。一个函数可以在其函数体内直接或间接调用其自身,如图 6.3 与图 6.4 所示。C 语言允许函数的递归调用。在递归调用中,主调函数同时也是被调函数。递归函数的执行也就是反复调用其自身的过程,每调用一次就进入新的一层。

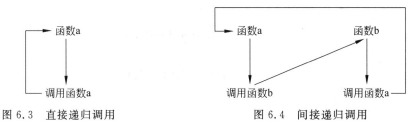

图 6.3　直接递归调用　　　　　　　　图 6.4　间接递归调用

　　假设,对函数 f 的定义如下:

```
float f(int x)
{
    int y;
    …
    f(y);           //在函数 f 中又对其自身(函数 f)进行了调用;
    …
}
```

　　函数 f 就是一个递归函数,在函数 f 中又对其自身进行了调用(即执行函数 f 自身)。但是,函数 f 运行时将无休止地调用其自身,这当然是不正确的。为了防止递归调用无终止地进行,必须在递归函数的函数体内有终止递归调用的语句。常用的办法是添加条件判断语句,即满足某种条件后就不再做递归调用,然后逐层返回每次递归调用所得到的结果。下面通过一个例子来说明函数递归调用的执行过程。

　　例 6.7　假设有 6 个人坐在一起。第 1 个人说他比第 2 个人小 2 岁,第 2 个人说他比第 3 个人小 2 岁,第 3 个人说他比第 4 个人小 2 岁,第 4 个人说他比第 5 个人小 2 岁,第 5 个人说他比第 6 个人小 2 岁。最后,第 6 个人说他的年纪是 50 岁。请问第 1 个人的岁数是多大?

　　分析:这是一个典型的递归求解问题。采用递归的方法,递归分为递推与回推两个阶段。若想知道第 1 个人的岁数,必须要知道第 2 个人的岁数;若想知道第 2 个人的岁数,而又得知道第 3 个人的岁数。以此类推,直至得到第 6 个人的岁数(50 岁)。再往回推,最后得到第 1 个人的岁数。

　　假设用函数 age(n)表示第 n 个人的岁数,n 为整数,1≤n≤6。那么由题意可知:
$$age(1)=age(2)-2;$$
$$age(2)=age(3)-2;$$

$$age(3)=age(4)-2;$$
$$age(4)=age(5)-2;$$
$$age(5)=age(6)-2;$$
$$age(6)=50;$$

所以，用分段函数表示如下：

$$age(n)=50 \qquad\qquad (n=6)$$
$$age(n)=age(n+1)-2 \quad (1\leqslant n\leqslant 5)$$

C 程序代码如下：

```c
#include <stdio.h>
int age(int n)                //定义求年纪的递归函数 age;
{
    int c;                    //变量 c 用作存放函数的返回值;
    if(n==6) c=50;
    else c=age(n+1)-2;
    return c;
}
main()
{
    printf("%d\n",age(1));
}
```

程序运行结果如下：

```
50
```

从程序中可以分析出，age 函数一共被调用了 6 次，即 age(1)、age(2)、age(3)、age(4)、age(5)、age(6)。其中，age(1)是在主函数 main 中调用的，其余 5 次都是在 age 函数中调用的。应当强调的是，某次调用 age 函数时，并不是直接得到 age(n)的值，而是一次又一次地进行递归调用，直到 age(6)才得到确定的值。然后，再依次求出 age(5)、age(4)、age(3)、age(2)与 age(1)。

运用函数递归调用可以很好地解决某些按照规律递增或递减的数学问题。但是，采用递归方法来解决问题，必须符合以下 3 个条件：

① 可以把要解决的问题归纳成一个新问题，而新问题的解决方法与原问题的解决方法相同，只是其处理对象要有规律地递增或递减。

② 可以应用这个转化过程，使问题得到解决。

（说明：使用别的办法比较麻烦或很难解决，而使用递归的方法可以很好地解决问题。）

③ 必须要有一个明确的结束递归调用函数的终止条件。如例 6.6 中调用 age 函数的终止条件：age(6)=50。

一些经典的数学问题，如汉诺塔问题、八皇后问题等，均可以用函数递归调用的方法解决。感兴趣的读者可以查阅相关的参考书籍，本书在这里就不介绍了。

实训 12　嵌套调用与递归调用应用实训

任务1　通过函数调用方式求解任意 4 个整数之间的最小值。

思路分析：4 个数比较大小，这里采取的是"两两依次比较"的方式。即先比较第 1 个数与第 2 个数，得出最小值 1。比较出第 3 个数与最小值 1 之间的最小值 2。最后比较第 4 个数与最小值 2，二者之间的最小值就是 4 个数中的最小值。

定义 min2 函数，用来求解 2 个数之间的最小值。定义 min4 函数，用来求解 4 个数中的最小值。所以，程序的执行流程如下：

① 在主函数 main 中调用 min4 函数，求解 4 个数中的最小值。

② 在 min4 函数中需要调用 min2 函数 3 次，即分别求解数 1 和数 2 的最小值 1、数 3 和最小值 1 之间的最小值 2 及数 4 与最小值 2 之间的"最小值 3"。

③ 把在 min4 函数中得到的"最小值 3"作为函数值返回到主函数 main 中，并输出结果。

C 程序代码如下：

```
#include <stdio.h>
int min2(int a,int b)              //定义 min2 函数,用来求解两个数之间的最小值;
{
    return(a<=b?a:b);
}
int min4(int a,int b,int c,int d)  //定义 min4 函数,用来求解四个数之间的最小值;
{
    int m,n,l;
    m=min2(a,b);                   //比较得出 a 与 b 之间的最小值 m;
    n=min2(m,c);                   //比较得出 m 与 c 之间的最小值 n;
    l=min2(n,d);                   //比较得出 n 与 d 之间的最小值 l;
    return(l);                     //返回 a,b,c,d 之间的最小值 l;
}
main()
{
    int a,b,c,d,min;
    printf("输入 4 个整数: \n");
    scanf("%d,%d,%d,%d",&a,&b,&c,&d);
    min=min4(a,b,c,d);             //调用 min4 函数;(调用过程中会继续调用 min2 函数)
    printf("最小值=%d \n",min);
}
```

假设用户分别输入 6、9、2、5 四个数，即：

6,9,2,5↙

程序运行结果如下：

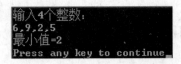

任务2 通过函数嵌套调用的方式计算 $s=1^k+2^k+3^k+\cdots+n^k$ 的值。

分析：本例中需要设计两个函数，一个是用来计算 i^k 的 fun1 函数，另一个是用来计算累加和的 fun2 函数。在主函数 main 中先调用 fun2 函数计算累加和，再在 fun2 函数中调用 fun1 函数，由 fun1 函数计算出 i^k 的值，并返回 fun1 函数，最后在循环中计算出累加和。

假设：$k=4, n=6$。

C 程序代码如下：

```c
#include <stdio.h>
long fun1(int n,int k)              //计算出 n^k；
{
    long p=n;
    int i;
    for(i=1;i<k;i++)
    p=p*n;
    return p;
}
long fun2(int n,int k)              //计算出 1^k 到 n^k 的累加和；
{
    long sum=0;
    int i;
    for(i=1;i<=n;i++)
    sum=sum+fun1(i,k);
    return sum;
}
main()
{
    printf("%d,%d =\n",4,6);
    printf("%d\n",fun2(6,4));
}
```

程序运行结果如下：

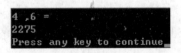

注：本程序在主函数 main 中先调用函数 fun2，用来求 $1^k+2^k+3^k+\cdots+i^k$ 值。然而在函数 fun2 中又发生对函数 fun1 的调用，这时把 i 和 k 的值作为实参去调用函数 fun1，在函数 fun1 中完成求解 i^k 的计算。函数 fun1 执行完毕，把 p 的值（即 i^k）返回给函数 fun2，再由函数 fun2 通过循环实现累加，计算出结果返回给主函数 main。由于数值可能会很大（例如，当 $k>5$ 且 $n>10$ 的时候），所以此例中的函数和一些变量都定义为 long 类型。

任务 3 编写递归函数,求解 x^n。

分析:首先把 x^n 转化成递归定义的公式,即当 $n=0$,$x^n=1$;当 $n>0$,$x^n=x \times x^{n-1}$;最后找出递归结束条件:当 $n=0$ 时,$x^n=1$。

C 程序代码如下:

```
long fun(int x,int n)          //定义求解 x^n 的递归函数 fun;
{
    long f;
    if(n<0) printf("n<0,错误! \n");
    else if (n==0) f=1;
    else f=x * fun(x,n-1);
    return (f);                //f 用于存放函数的返回值的变量;
}
main()
{
    int N,X;
    long y;
    printf("请输入 X 与 N 的值:\n");
    scanf("%d,%d",&X,&N);
    y=fun(X,N);
    printf("%ld\n",y);
}
```

假设输入

3,7↙

程序运行结果如下:

```
请输入X与N的值:
3,7
2187
Press any key to continue
```

任务 4 编写递归函数,求解 $n!$(n 的阶乘值)。

注:$n!=n \times (n-1)!$(n 为正整数,且 $0!=1,1!=1$)

C 程序代码如下:

```
#include <stdio.h>
long f(int n)                  //定义求解 n! 的函数 f;
{
    long p;
    if(n<0) printf("n<0,输入错误! \n");
    else if(n==0||n==1) p=1;
    else p=fact(n-1) * n;
    return p;
}
main()
```

```
{
    int n;
    long y;
    printf("输入一个正整数 n: \n");
    scanf("%d",&n);
    y=f(n);
    printf("%d! =%ld\n",n,y);
}
```

假设求解 7!,即输入:

7↙

程序运行结果如下:

```
输入一个正整数n:
7
7!= 5040
Press any key to continue
```

6.4　数组与函数参数

前面已经介绍,当有参函数被调用时,需要提供实参。实参可以是普通变量、常量或表达式。此外,数组元素也可以作为函数实参,其用法与普通变量作为函数实参相同。此外,数组名既可以作为函数实参,也可以作为函数形参,此时传递的是数组的地址(数组中第 1个元素的地址,也称数组的首地址)。本节主要介绍数组元素与数组名分别作为函数参数及其应用情况。

6.4.1　数组元素作为函数实参

数组元素作为函数实参时,与普通变量作为函数实参没有区别。在进行函数调用时,把作为实参的数组元素的值传递给形参,实现单向值传递的过程。

例 6.8　判断整型数组 a[6]中各元素的正负情况。若数组元素的值大于 0,则输出"正数";若小于 0,则输出"负数";若等于 0,则输出"零"。

分析:本程序中先定义了一个无返回值的函数 fun,其形参 x 是基本整型变量。函数fun 的函数体中根据 x 的值输出相应的结果。在主函数 main 中通过 for 语句输入数组 a 中6 个元素的值,每输入 1 个就以该元素作为实参调用函数 fun 1 次,即把 a[i]的值传递给形参 x,供函数 fun 使用。

C 程序代码如下:

```
#include <stdio.h>
void fun(int x)
{
    if(x>0) printf("正数: %d\n",x);
    else if(x<0) printf("负数: %d\n",x);
    else printf("零: %d\n",x);
```

```
}
main()
{
    int a[6],i;
    printf("请输入 6 个整数\n");
    for(i=0;i<5;i++)
    {
        scanf("%d",&a[i]);
        fun(a[i]);
    }
}
```

假设输入：

9　0　-1　7　-3　4↙

程序运行结果如下：

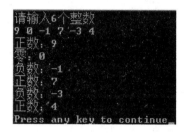

6.4.2　数组名作为函数参数

数组名也可以作为函数参数,在实际中具有广泛的应用。

数组名作为函数参数与用数组元素作实参有以下两点不同:

① 数组元素作为函数实参时,要求数组类型和函数形参的类型一致,即数组元素的类型和函数形参变量的类型是一致的。但是,并不要求函数的形参必须是数组元素,也就是说,对作为函数实参的数组元素的处理是按照普通变量对待的。数组名作函数参数时,则要求形参和相对应的实参都必须是类型相同的数组名,当形参和实参的类型不一致时,即会发生错误。

② 普通变量或数组下标变量作为函数参数时,形参和实参是由编译系统分配的两个不同的内存单元。函数调用时发生的值传送是把实参的值赋给形参。在用数组名作为函数参数时,不是进行值的传送,即不是把实参数组的每一个元素的值都赋给形参数组的相应元素。因为作为形参的数组(也称虚数组),实际上并不存在,编译系统不为形参数组分配内存。前面介绍过,数组名就是数组的首地址。因此,数组名作函数参数时所进行的传送只是"地址"的传送,也就是说,把实参数组的首地址赋给形参数组名。形参数组名取得实参数组的首地址之后,实际上是形参数组和实参数组共同拥有一段内存空间,在函数调用期间,则可以把形参数组和实参数组看做是同一数组。

图 6.5 表明了这种情况。假设图中数组 a 为短整型(short int)实参数组,占有以 2000 为首地址的一块内存区。数组 b 为短整型(short int)形参数组名。当发生函数调用时,进

行地址传递,把实参数组 a 的首地址 2000 传送给形参数组名 b,于是 b 也取得该地址 2000。即 a、b 两数组共同占有以 2000 为首地址的一段连续内存单元。从图 6.5 中还可以看出,a 数组和 b 数组下标相同的数组元素实际上也占有相同的 2 个字节的内存单元(短整型数组每个元素占 2 个字节)。例如,a[0]和 b[0]都占用 2000 和 2001 单元,当然 a[0]等于 b[0]。类推则有 a[i]等于 b[i]。

图 6.5　实参数组与形参数组的公用地址关系

接下来,再来看数组名作为函数参数的例子。

例 6.9　任意输入某同学 4 门课的成绩,求平均成绩。

C 程序代码如下:

```
#include <stdio.h>
float average(int a[4])        //定义 average 函数,数组名作为形参;(数组 a 也称作虚数组)
{
    int i;
    float v, s=a[0];
    for(i=1;i<4;i++)
    {
        s+=a[i];
    }
    v=s/4;
    return v;
}
main()
{
    int i,sco[4];              //语句 1;
    float ave;
    printf("依次输入 4 个整数: \n");
    for(i=0;i<4;i++)
    scanf("%d",&sco[i]);
    ave=average(sco);
    printf("ave=%.2f\n",ave);
}
```

假设输入:

78　90　57　65↙

程序运行结果如下:

```
依次输入4个整数:
78 90 57 65
ave=72.50
Press any key to continue_
```

在本程序中,数组 a(int 类型)的数组名作为函数 average 的形参。主函数 main 中的实参数组 sco 也为 int 类型。在主函数 main 中依次输入数组 sco 中元素的值,然后以数组名 sco 为实参调用函数 average。在函数 average 中,按要求求出形参数组 a 中的所有元素平均值。程序流程返回主函数后,实际上得到了实参数组 sco 中所有元素的平均值。

当数组名作为函数参数时,初学者学习时需要注意以下几点:

① 实参是数组名,形参也应该为数组名。例如,若把本例中 average 函数的函数首部写成 float average(int a)的形式,则是错误的。

② 如果是一维数组的数组名作为函数形参,形参中一维数组的长度可以省略,但是"[ ]"不能省略,否则就不是数组形式了。

例如,本例中也可以把 average 函数的函数首部写成 float average(float a[ ])的形式。若二维数组及多维数组的数组名作为函数形参时,函数定义时可以省略该数组第一维的长度。

③ 实参(数组)与形参(数组)的数据类型与长度要一致。在本例中,数组名 a 作为形参,数组名 sco 作为实参,数组 a 与数组 sco 的数据类型都是 int 类型,类型保持一致。如果二者的数据类型不一致,则会出错。

例如,把 average 函数的函数首部写成 float average(float a[4]),则程序的运行结果会出错。同样,数组 a 与数组 sco 的长度也一致(均为 4),如果在本例程序的主函数中定义数组 sco 的长度为 5,即把语句 1 改为 int i,sco[5];,则程序也会出错。

例 6.10 初始化一个 3×4 的矩阵,采用数组名作为函数参数的方式,求所有元素中的最大值。

C 程序代码如下:

```
#include <stdio.h>
int max_value(int array[ ][4])
{
    int i,j,max;
    max=array[0][0];
    for(i=0;i<3;i++)
    for(j=0;j<4;j++)
    if(array[i][j]>max)
    max=array[i][j];
    return(max);
}
main()
{
    int a[3][4]={{1,2,3,4},{5,6,7,8},{9,12,10,11}};
    printf("最大元素是: %d\n",max_value(a));
}
```

程序运行结果如下:

```
最大元素是: 12
Press any key to continue_
```

本程序定义了函数 max_value，其中 int 类型数组 array 的数组名作为形参。在主函数中，实参数组 a 也为 int 类型，在调用函数 max_value 的过程中，按要求求出了形参数组 array 中所有元素的最大值。当调用函数 max_value 完毕，程序流程返回主函数后，实际上得到了实参数组 a 中所有元素的最大值。

实训 13　数组作为函数参数应用实训

任务 1　采用数组元素作为实参的方法，判别一个 int 类型数组中各元素的值是否大于 60。若大于或等于 60，则输出"及格"；若小于 60，则输出"不及格"。

C 程序代码如下：

```
#include <stdio.h>
void fun(int x)
{
    if(x>=60)
    printf("%d：及格\n",x);
    else
    printf("\n%d：不及格\n",x);
}
main()
{
    int sco[6];
    int i;
    printf("输入 6 个整数：\n");
    for(i=0;i<6;i++)
    {
        scanf("%d",&sco[i]);
        fun(sco[i]);
    }
}
```

假设输入：

65　87　54　90　43　60↙

程序运行结果如下：

任务 2 有 3 个学习小组,分别有 4 名、6 名和 5 名学生。要求采用数组名作为函数参数的方式设计一个函数 average_score,用于求解 n 个数的平均值。使用数组名作为函数参数的方法,调用此函数 3 次,分别求出三个小组学生的平均成绩。

C 程序代码如下:

```c
#include <stdio.h>
float average_score (float array[ ],int n)
{
    int i;
    float ave,sum=array[0];
    for(i=1;i<n;i++)
    {
        sum=sum+array[i];
    }
    ave=sum/n;
    return(ave);
}
main()
{
    float score1[4]={60.5,85,70,84.5};
    float score2[6]={69.5,89,78,76.5,58,70 };
    float score3[5]={70.5,74,90.5,56,81};
    printf("%.2f\n",average_score (score1,4));
    printf("%.2f\n",average_score (score2,6));
    printf("%.2f\n",average_score (score3,5));
}
```

程序运行结果如下:

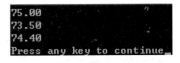

任务 3 设计一个函数 sort,完成对 n 个整数从小到大的冒泡排序功能。要求采用数组名作为函数参数的方式,完成对 8 个整数由小到大排序的操作。

C 程序代码如下:

```c
#include <stdio.h>
void sort(int a[ ],int n)                    //定义函数 sort,实现对 n 个整数冒泡排序;
{
    int i,j,temp;
    for(i=0;i<n;i++)
    for(j=i+1;j<n;j++)
    {
        if(a[i]>a[j])
        {
```

```
                temp=a[i];
                a[i]=a[j];
                a[j]=temp;
            }
        }
    }
    main()
    {
        int b[8],i;
        printf("请依次输入 8 个整数：\n");
        for(i=0;i<8;i++)
        scanf("%d",&b[i]);
        sort(b,8);                          //调用 sort 函数,完成对 8 个整数的冒泡排序;
        printf("排序后的结果：\n");
        for(i=0;i<8;i++)
        printf("%d\t",b[i]);
        printf("\n");
    }
```

假设输入：

```
5  2  8  1  9  0  6  12
```

程序运行结果如下：

6.5 变量的作用域

当一个 C 程序由两个及其以上的函数组成时,就会出现变量的作用域问题。变量的作用域即指该变量的作用范围,即该变量在某个范围内使用是有效的,若离开了这个范围,该变量就不能再使用了。在 C 语言中,根据变量的作用域可以把变量分为局部变量与全局变量两类。变量的定义位置不同,作用域也会不同。

1. 局部变量

局部变量也称做内部变量,即在函数内部定义的变量。局部变量的作用域只在函数内部范围内有效,离开该函数再使用这种变量则是无效的。在 C 程序中,有参函数的形参也是局部变量,仅在其函数内部有效。

例 6.11 局部变量的举例。

```
#include <stdio.h>
float fun1(int a)
{
    int b,c;
```

```
    …          //变量 a,b,c 是局部变量,仅在 fun1 函数内部使用有效;
char fun2(int x,int y)
{
    int i,j;
    …          //变量 x,y,i,j 是局部变量,仅在 fun2 函数内部使用有效;
}
main()
{
    int m,n;
    …          //变量 m,n 是局部变量,仅在主函数 main 中使用有效;
}
```

在函数 fun1 中定义了三个变量 a、b、c,其中 a 是形参,b 和 c 是普通变量。a、b、c 的作用范围只在函数 fun1 内有效,离开函数 fun1 则无效。同样,函数 fun2 中定义的 4 个变量 x、y、i、j,其作用域是函数 fun2。在主函数 main 中定义的变量 m、n 的作用范围也只局限于主函数 main 的内部。

局部变量的几点说明如下:

① 在主函数 main 中定义的变量是局部变量,只能在主函数中使用,不能在其他函数中使用。同时,主函数中也不能使用在其他函数中定义的变量。因为在 C 语言中,主函数 main 也是一个函数,与其他函数是平行关系。

② 在被调函数中定义的形参属于被调函数中的局部变量,当发生函数调用时,实参变量则属于主调函数的局部变量。

③ C 语言允许在不同的函数中定义相同的变量名,因为它们代表不同的变量,被计算机系统分配不同的内存单元,互不干扰。例如,在例 6.11 所示的程序段中,假设在函数 fun2 中也定义的 b 和 c 两个变量,是完全允许的。因为在函数 fun2 中所定义的 b 和 c 两个变量与函数 fun1 中定义的 b 和 c 是完全不同的变量。但是,为了方便程序的阅读与分析,本书建议初学者在不同的函数中定义不同变量名的局部变量,这样便于更好地理解程序。

④ 在 C 程序的复合语句(也称为"程序块"或"分程序")中定义的变量也是局部变量,其作用域只在复合语句范围内。例如,某 C 程序中的 fun 函数如下:

```
…
void fun()
{
    int a,c;
    …
    {
        int b;        //b 是局部变量;          ⎫
        c=a-b;                                 ⎬ 变量 b 的作用域     ⎫
        …                                      ⎭                    ⎬ 变量 a 与 c 的作用域
    }                                                               ⎪
    …                                                               ⎭
}
```

2. 全局变量

全局变量也称为外部变量,即在函数外部定义的变量。(注:所有函数之前、各个函数之间以及所有函数之后都属于函数外部的范畴。)全局变量不属于哪一个函数,只属于一个 C(源)程序文件。其作用域是从定义的起始处至整个 C 程序结束。

例 6.12 全局变量的举例。

```
...
int a;              //a 是全局变量,定义于所有函数之前;
float fun1()
{
    ...
    a++;            //允许 a 在函数 fun1 内直接使用(b,c,d 在函数 fun1 内直接使用则无效!)
    ...
}
float b;            //b 是全局变量,定义于函数 fun1 与 fun2 之间;
int fun2()
{
    ...
    b=a*3;允许 a 和 b 在函数 fun2 内直接使用,(c,d 在函数 fun2 内直接使用则无效!)
    ...
}
float c;            //c 是全局变量,定义于函数 fun2 与主函数 main 之间;
main()
{
    ...
    c=a+b-c;        //允许 a,b,c 在主函数中直接使用;(d 在主函数内直接使用则无效!)
    ...
}
char d;             //d 是全局变量,定义于所有函数之后;
...
```

从例 6.12 所示的程序段中可以看出,a、b、c、d 均是在函数外部定义的变量,都是全局变量。但是,全局变量 a、b、c、d 各自的作用域却有所不同。变量 a 的作用域涵盖了函数 fun1、函数 fun2 与主函数 main,即变量 a 在这三个函数内直接使用是有效的。变量 b 的作用域涵盖了函数 fun2 与主函数 main,允许变量 b 在这两个函数内直接使用。同样,变量 c 的作用域仅涵盖了函数主函数 main,仅允许变量 c 在主函数内直接使用。而变量 d 尽管也是外部变量,但是由于对变量 d 定义的起始处位于主函数 main 之后,所以其作用域是从所定义之处至整个 C 程序结束。即变量 d 的作用域不包括函数 fun1、函数 fun2 与主函数 main。也就是说,不允许变量 d 在函数 fun1、函数 fun2 与主函数 main 中直接使用。

关于全局变量的几点说明如下:

① 全局变量必须在函数之外定义,且只能定义一次,但是在其作用域内可以直接使用多次。

② C 语言允许全局变量在其作用域之外"间接"使用。也就是说,如果在某全局变量作

用域之外的函数里面(包括主函数 main)一定要使用它,使用前则需要在该函数内部通过关键字 extern 对这个全局变量进行说明。

全局变量说明的形式如下:

extern 变量类型 变量名 1,变量名 2,……,变量名 n;

例如,已知某 C 程序段如下:

```
...
int a;                  //a 是全局变量
float fun()
{
    extern int b;       //对全局变量 b 进行变量说明;
    ...
    a++;                //允许 a 在函数 fun 内直接使用;
    b=3;                //允许 b 在函数 fun 内使用,因为全局变量 b 在使用前已进行了变量说明;
    ...
}
main()
{
    extern int b;       //对全局变量 b 进行变量说明;
    ...
    b++;                //允许 b 在主函数内使用,因为全局变量 b 在使用前已进行了变量说明;
    ...
}
int b;                  //定义变量 b 是全局变量;
...
```

可见,尽管全局变量 b 的作用域不包含函数 fun 与主函数 main,但是变量 b 使用前,已经在这两个函数内部通过关键字 extern 对变量 b 进行了说明,这是允许的。当然,对于在某一个函数之前定义的全局变量(如程序中的全局变量 a),则在该函数内使用前不需要再说明。

③ 如果在某全局变量的作用域内又定义了同名的局部变量,在局部变量的作用域内,全局变量将不起作用(被屏蔽)。

例 6.13 局部变量与全局变量同名的问题。

C 程序代码如下:

```
#include <stdio.h>
int a=4,b=5;                    //定义了局部变量变量 a 与 b;
max(int a,int b)
{
    int c;
    c=a>b?a: b;
    return c;
}
main()
```

```
{
    int a=7;                        //定义了全局变量 a;
    printf("%d\n",max(a,b));    //max(a,b)中的 a 是局部变量 a(a=7);
}
```

分析：本程序中定义了 a、b 两个全局变量，a＝4，b＝5。在主函数 main 中也定义了一个局部变量 a，且 a＝7。因为主函数 main 在全局变量 a(a＝4)的作用域内，所以在主函数的 printf 语句里面，所调用函数 max 中的实参 a 应是在主函数中所定义的局部变量 a(不是数值为 4 的全局变量 a)，即 a＝7。最后程序的结果应该是 7。

从程序阅读的角度看，建议初学者编写 C 程序时尽量避免设计局部变量与全局变量同名的情况，避免在理解上出错。

3. 应用举例

例 6.14　已知长方体的长、宽、高分别用 int 类型变量 l、w、h 表示。输入长、宽、高的数值，求长方体体积以及三个面 x * y, x * z, y * z 的面积。

C 程序代码如下：

```
#include <stdio.h>
int s1,s2,s3;                    //s1,s2,s3 为全局变量,分别表示长方体三个面的面积;
int vs(int a,int b,int c)
{
    int v;
    v=a * b * c;
    s1=a * b;
    s2=b * c;
    s3=a * c;
    return v;
}
main()
{
    int V,l,w,h;
    printf("请输入 l,w,h 的值: \n");
    scanf("%d,%d,%d",&l,&w,&h);
    V=vs(l,w,h);
    printf("V=%d,s1=%d,s2=%d,s3=%d\n",V,s1,s2,s3);
}
```

假设输入：

11,7,10↙

程序运行结果如下：

请仔细领会局部变量与全局变量在该程序中的用法。最后需要强调的是,尽管全局变量加强了 C 程序中不同函数(模块)之间的联系,但是从结构化设计角度来看是不利的。这使得函数(模块)之间的独立性降低,所以不必要时,应尽量少用全局变量。

6.6 变量的存储类型

C 语言中的每一个变量都有两个属性:数据类型属性和存储类型属性。变量的数据类型描述的是变量的表现形式、占据计算机内存空间的大小以及构造特点,如前面介绍的基本数据类型(如 int、float、char 类型),构造类型(如数组类型)等,我们已熟悉。而变量的存储类型则是从变量在计算机内存中的存储方式这一角度来探讨的。也就是探讨在程序在运行期间,该变量只是临时性地占用内存空间,还是永久性地占用内存空间。

根据变量占用内存空间是"临时性"还是"永久性"的情况,C 语言中的变量可以分为两种存储方式:动态存储方式与静态存储方式。动态存储方式是指在程序运行期间,使用变量时才根据其数据类型分配相应的内存空间,使用完毕后其所占有内存立即释放。在有参函数内部所定义的形参就是典型的例子:函数定义时并不为形参分配内存空间,只是该函数被调用时才予以分配。函数调用完毕后,形参所占的内存空间立即被释放。静态存储方式是指定义该变量时,计算机系统就为其分配好固定的内存空间,并一直保持不变,直至整个程序运行结束才收回。如前面介绍的 C 程序中的全局变量即属于静态存储方式。

根据变量的存储方式,可以把 C 语言中的变量分为具体的四种存储类型:自动类型(auto)、静态类型(static)、寄存器类型(register)和外部类型(extern)。根据变量的存储类型,可以知道变量的作用域和生存期。

1. 自动(auto)类型

自动类型变量用关键字 auto 进行说明,书写形式如下:

auto 数据类型 变量名 1,变量名 2,……,变量名 n;

自动类型变量只允许在 C 程序中的函数体内定义(包括在复合语句中定义的变量),所以,自动类型变量只能是局部变量。自动类型变量所占用的内存空间是"临时性"的,属于变量的动态存储方式。也就是说,当自动类型变量所在的函数被调用时,系统会临时为该变量分配相应的内存空间。当某自动类型变量所在的函数被多次调用时,该变量的存储空间位置会随着程序的运行而不断发生变化。函数调用结束后,其内存空间将被计算机系统立即收回。

定义自动类型变量时,关键字 auto 可以省略,auto 不写则默认定义为"自动类型变量"。在 C 语言中,有参函数的形参也是自动类型变量,属于动态存储方式。

例如,对 fun 函数的定义如下:

```
char fun(int a)            //定义 fun 函数,a 为形参,是自动类型变量;
{
    auto int b,c=6;        //b,c 是自动类型变量;
    …
```

}

　　a 是形参,是自动类型变量;b、c 是 fun 函数中定义的局部变量,也是自动类型变量,其中 c 的初值是 6。执行完 fun 函数后,系统会自动释放变量 a、b、c 所占的内存单元。(c 的初值"6"不会被保存下来)。

2. 静态(static)类型

　　静态类型变量用关键字"static"进行说明,书写形式如下:

static 数据类型 变量名 1,变量名 2,……,变量名 n;

　　static 是静态存储方式的关键字,书写时不能省略。静态类型变量的生存期是从定义该变量的起始处直至整个程序运行完毕。也就是说,当整个程序运行结束后,计算机系统才释放静态类型变量所占用的内存空间。从变量作用域的角度来看,静态类型变量又分为两类:局部静态变量和全局静态变量。

　　(1) 局部静态变量

　　局部静态变量是指在函数内部定义的静态变量,这类局部变量的值在函数调用结束后并不消失,而是继续保留原值。也就是说,其占用的内存单元没有被释放,下一次再调用该函数时,该变量的初值(已有值)就是其所在函数于上一次调用结束后所得到的数值。局部静态变量的作用域仅局限于其所在的函数。

　　例 6.15　分析以下 C 程序,考察局部静态变量的结果。

　　C 程序代码如下:

```c
#include <stdio.h>
int fun(int a)                    //a 是自动类型变量;
{
    auto int b=5;                 //b 是自动类型变量;
    static int c=7;               //c 是局部静态类型变量;
    b=b+1;
    c=c+1;
    return(a+b+c);
}
main()
{
    int a=4,i;
    for(i=0;i<3;i++)
    printf("%d\n",fun(a));
}
```

　　分析:函数 fun 中定义了自动类型变量 b(初值为 5)和局部静态变量 c(初值为 7)。主函数 main 共调用函数 fun 3 次。每次调用时,变量 b 总是还原其被调用前的初始值(即每次调用函数 fun 时,b 的初值都为 5)。而变量 c 却保留了上一次函数 fun 调用结束后所得到的值,以备下一次函数调用。表 6.1 反映了函数 fun 每次被调用时 b 与 c 值的变化情况。这也正说明了自动类型变量和局部静态变量所占用内存空间状况的区别。(注:在该程序中,每次调用函数 fun 时,变量 a 的值都是 4。)

表 6.1　3 次调用函数 fun 时 b 与 c 的数值变化情况

调用函数 fun	b 的值	c 的值	(a+b+c)的值
第一次调用开始	5	7	
第一次调用结束	6	8	18
第二次调用开始	5	8	
第二次调用结束	6	9	19
第三次调用开始	5	9	
第三次调用结束	6	10	20

程序运行结果如下：

```
18
19
20
Press any key to continue
```

（2）全局静态变量

在函数外部定义的静态变量,其作用域从变量定义的起始处直至整个程序结束。但是,无论是哪一种类型的静态变量,在定义时,首先 static 关键字不可省略。其次,如果在定义时未为对其赋初值,C 编译系统会对其自动赋初值"0"(数值型变量)或"空"(字符型变量)。而对自动类型变量来说,如果定义时未对其赋初值,则它的值其实是一个不确定的值。

3. 寄存器(register)类型

寄存器类型是 C 语言中使用较少的一种针对局部变量的动态存储方式。该方式将局部变量存储在 CPU 的寄存器中,由于寄存器比计算机内存的运算速度要快很多,所以可以将一些需要反复操作的局部变量存放在寄存器中。为了提高效率,C 语言允许将需要反复操作的局部变量的值放在 CPU 中的寄存器中,这种变量也叫"寄存器变量",定义时用关键字 register 作说明。书写形式如下：

register 数据类型 变量名 1,变量名 2,……,变量名 n;

其中,register 为寄存器存储类型的关键字,不能省略。

例 6.16　对寄存器类型变量的使用:求解 $1+2+\cdots+300$ 的值。

C 程序代码如下：

```c
#include <stdio.h>
main()
{
    register int i,sum=0;    //定义变量 i,sum 是寄存器类型变量;
    for (i=1;i<=300;i++)
    sum+=i;
    printf("sum=%ld\n",sum);
}
```

程序运行结果如下：

```
sum=45150
Press any key to continue_
```

由于程序循环执行 300 次,局部变量 i 和 sum 需要频繁使用,所以可以把它们定义成寄存器类别的变量。

有关对寄存器变量的几点说明如下:

① 在 C 语言中,只有自动(auto)类型的局部自动变量和有参函数的形参可以作为寄存器变量,局部静态变量不能定义为寄存器变量。

② 因为一个计算机系统中的寄存器数目有限,不能定义任意多个寄存器变量。

③ 寄存器变量的数据类型只能是 char 类型、int 类型与指针类型(在第 7 章中介绍)。

4. 外部(extern)类型

外部类型变量是指在 C 程序函数外部"隐式"定义的变量,属于静态存储方式。其作用域为从变量定义处开始到本程序的结束,其实也就是上一节中介绍的全局变量。然而,需要初学者注意的是,如果在定义外部类型变量之前的函数中使用该外部变量,则应该在使用之前通过 extern 关键字对该变量作"外部变量声明",书写形式如下:

extern 数据类型 变量名 1,变量名 2,……,变量名 n;

注:extern 关键字是用于对外部变量的声明(说明),而不是用于对外部变量的定义。在 C 程序中,若在函数外部对外部变量进行定义,则 extern 关键字必须省略。

例 6.17 求解两个数之间的最小值,要求用 extern 关键字声明外部变量,扩展 C 程序中的作用域。

C 程序代码如下:

```
#include <stdio.h>
int min(int x,int y)
{
    int z;
    z=(x<=y?x: y);
    return(z);
}
main()
{
    extern int A,B;          //用"extern"关键字对变量 A 与 B 进行声明;
    printf("%d\n",min(A,B));
}
int A=2,B=7;                  //定义变量 A 与 B 是外部类型变量;
```

程序程序结果如下:

2

注:因为外部变量 A 与 B 是在程序的最后定义的,所以在主函数 main 中,使用到外部变量 A 和 B 之前需要通过语句 extern int A,B;对其进行说明。如果把程序中最后一行对外部变量 A 和 B 的定义语句写成 extern int A,B;,则是错误的,因为在函数外部对外部变量进行定义,extern 关键字必须省略。当然,如果外部变量在 C 程序的开头处就已定义,则

其作用域便覆盖到整个 C 程序,因此在程序内部的函数中使用外部变量前,就不需要再使用 extern 关键字对其进行声明了。

例如,改写例 6.16 程序如下:

```
#include <stdio.h>
int A=2,B=7;              //定义外部变量 A 与 B;
int min(int x,int y)
{
    int z;
    z=(x<=y?x: y);
    return(z);
}
main()
{
    //对外部变量 A 与 B 的声明语句: "extern int A,B;"则不需要!
    printf("%d\n",min(A,B));
}
```

可见,在主函数 main 中,对外部变量 A 与 B 的声明语句 extern int A,B;不需要书写。

实训 14　变量的存储类别及其应用实训

任务 1　通过输出 1 到 7 的阶乘值掌握局部静态变量的使用方法。
C 程序代码如下:

```
#include <stdio.h>
int fun(int n)
{
    static int p=1;          //定义 p 是局部静态类型变量;
    p=p * n;
    return p;
}
main()
{
    int i;
    for(i=1;i<=7;i++)
    printf("%d! =%ld\n",i,fun(i));
}
```

程序运行结果如下:

```
1!=1
2!=2
3!=6
4!=24
5!=120
6!=720
7!=5040
Press any key to continue
```

注：如果把本程序 fun 函数里的语句 static int p＝1;改写成 auto int p＝1;,其余不变,请调试程序并分析程序的运行结果。

任务 2　已知 Y 的值,通过输入 X 与 m 的值计算 X×Y 与 X^m。(X、Y、m 均为整数)

C 程序代码如下:

```
#include <stdio.h>
extern int X;
int power(int n)
{
    int i,y=1;
    for(i=1;i<=n;i++)
    y * =X;
    return y;
}
int X;
main()
{
    int c,d,m;
    int Y=5;
    printf("输入 X 的值与 m 的值: \n");
    scanf("%d,%d",&X,&m);
    c=X * Y;
    printf("%d * %d=%d\n",X,Y,c);
    d=power(m);
    printf("%d 的%d 次幂=%d\n",X,m,d);
}
```

假设输入:

7,6↙

程序运行结果如下:

```
输入x的值与m的值：
7,6
7*5=35
7的6次幂=117649
Press any key to continue
```

任务 3　使用外部变量与函数调用的形式求解一元二次方程 $ax^2+bx+c=0$ 的根。

C 程序代码如下:

```
#include <stdio.h>
#include <math.h>
float x1,x2,D,p,q;
void A(int a,int b)          //定义函数 A,求解方程的两个不相等的实根;
{
    x1=(-b+sqrt(D))/(2 * a);
    x2=(-b-sqrt(D))/(2 * a);
```

```
}
void B(int a,int b)              //定义函数 B,求解方程的两个相等的实根;
{
    x1=x2=(-b)/(2*a);
}
void C(int a,int b)              //定义函数 C,求解方程的两个虚根的实部和虚部;
{
    p=-b/(2*a);
    q=sqrt(-D)/(2*a);
}
main()
{
    int a,b,c;
    printf("输入 a,b,c 三个值(a 不为 0): \n");
    scanf("%d,%d,%d",&a,&b,&c);
    printf("一元二次方程是: %5.2f*x*x+%5.2f*x+%5.2f=0\n",a,b,c);
    D=b*b-4*a*c;
    printf("方程的根: \n");
    if (D>0)
    {
        A(a,b);
        printf("x1=%f\t\tx2=%f\n",x1,x2);
    }
    else if (D==0)
    {
        B(a,b);
        printf("x1=%f\t\tx2=%f\n",x1,x2);
    }
    else
    {
        C(a,b);
        printf("x1=%f+%fi\tx2=%f-%fi\n",p,q,p,q);
    }
}
```

假设输入：

-2,4,3↙

程序运行结果如下：

假设输入：

1,2,1↙

程序运行结果如下：

```
输入a,b,c三个值(a不为0):
1,2,1
一元二次方程是:  1.00*x*x+ 2.00*x+ 1.00=0
方程的根:
x1=-1.00              x2=-1.00
Press any key to continue_
```

假设输入：

3,1,5↙

程序运行结果如下：

```
输入a,b,c三个值(a不为0):
3,1,5
一元二次方程是:  3.00*x*x+ 1.00*x+ 5.00=0
方程的根:
x1=-0.17+1.28i  x2=-0.17-1.28i
Press any key to continue_
```

6.7　本　章　小　结

本章主要介绍用函数实现 C 语言模块化程序设计的方法。

首先介绍了 C 语言中函数的组成结构与调用形式。

函数是由函数首部与函数体组成的，主函数的函数首部是 main()，普通的有参函数结构如下：

函数类型 函数名(参数类型 参数名 1,参数类型 参数名 2,……,参数类型 参数名 n)
{
　　　函数体
}

普通的无参函数结构如下：

函数类型 函数名()
{
　　　函数体
}

函数的返回值可以通过 return 语句获得，书写形式如下：

return 返回值;

或

return(返回值);

有参函数的调用形式如下：

函数名(实参列表);

有参函数的调用过程,是实参与形参的数据传递过程,实参对形参的数据传递是单向的,且实参的类型、顺序、个数要与形参的类型、顺序、个数相一致。

无参函数的调用形式如下:

函数名();

其次介绍了函数的嵌套调用与递归调用两种特殊的调用方式。

函数的嵌套调用是指一个函数在调用另一个函数的过程中又需要调用其他函数。函数的递归调用是指一个函数直接或间接地反复调用自身的过程。

再次介绍了数组作为函数参数的两种使用形式。

一种是数组元素作为实参使用,与普通变量作为实参使用的方式一样。另一种是数组名作为函数的形参与实参使用,函数在调用时,把实参数组的(首)地址传递给形参数组,即实参数组与形参数组变为同一数组(二者共用同一段地址空间)。函数调用期间,若形参数组元素的值发生变化,会使实参数组元素的值也发生变化。

最后介绍了变量的作用域及存储类型的概念。

按照作用范围来分,C语言中的变量分为局部变量和全局变量。局部变量是在C程序函数(包括函数中的程序块)内部定义的变量,作用范围仅局限于所在函数。全局变量是在C程序函数外部定义的变量,它不属于任何函数,其作用范围从变量定义的起始处至整个C程序结束。

C语言变量的存储方式分为动态存储方式与静态存储方式两大类。根据存储方式,可以把变量分为自动(auto)、静态(static)、寄存器(register)、外部(extern)4种存储类型。其中,自动类型变量与寄存器类型变量的存储方式是动态存储方式,静态类型变量与外部类型变量是静态存储方式。注:定义外部类型变量时,关键字extern要求省略。如果不省略关键字extern,则是对外部类型变量的声明(说明)。

习　题　6

1. 请写出C语言有参函数的定义形式。其中每一部分的意义是什么?

2. 编写一个函数min3,实现求解任意3个整数最小值的功能。要求任意输入3个整数,通过调用函数的方式来实现。

3. 编写一个double类型的有参函数sum(int n),实现求解1!+3!+5!+…+(2n-1)!的功能。要求以整数常量作为实参,通过调用函数的方式实现1!+3!+5!+7!+9!的求和。

4. 任意输入10个整数,要求用一维数组作为函数参数的形式输出其中的最大值。

5. 设计一个函数,要求用二维数组作为函数参数的形式,对一个3×3的二维数组元素进行转置(行元素与列元素位置互换)。

6. 任意输入X(X为整数)的值,采用函数递归调用方式求解X^{10}。

7. 把整数1~30顺序地赋给一个整型数组,编写程序,逆序输出其中能被4整除的数。

8. 设计一个无类型(void)的有参函数nixu(char a[ ]),要求通过调用函数的方式逆序输出所输入的一个字符串。

9. 设计一个有参函数 fun(char str[ ],int a[ ]),通过实参传输任意一个字符串,统计出字符串中数字、英文字母、空格及其他字符的个数,并把统计结果存储在 int 类型数组中。通过在主函数中输入一个字符串输出相应的统计结果。

10. C 语言局部变量与全局变量的区别是什么?

11. 设计一个 int 类型的函数 length,用来计算字符串的自身长度。要求通过在主函数中输入一个字符串来实现。

12. 用牛顿迭代法求解一元三次方程($ax^3 + bx^2 + cx + d = 0$,a 不为 0)的根,要求用函数调用方式来实现。

第7章 指　针

本章学习目标

- 计算机内存单元的结构特点及其地址，C 语言中指针的概念，指针变量的定义及其引用方法
- 指针与数组的联系，定义指向数组的指针变量的方法，使用指针处理一维数组元素
- 指针与字符串的联系，使用指针处理字符串
- 指针与函数的联系，定义与使用指向函数的指针变量调用函数的方法，使用指针变量作为函数参数的应用方法，指针型函数的概念

指针是 C 语言中广泛使用的一种数据类型，是 C 语言的精华。使用指针，可以十分方便地使用数组与字符串，编写出精炼而高效的程序。由于本书面向的是应用型本科大一学生，所以本章以介绍指针的基本概念以及常用的一些指针操作为主，有关指针高级应用方面的内容（如多级指针、指针数组、动态内存分配等），有余力的读者可以查阅其他 C 语言程序设计书籍。

7.1　指针与指针变量

为了更好地学习 C 语言中的指针与指针变量，可以先回顾一下现实生活中的一些常识。比如，旅馆中有若干间客房，每间客房都有房间号，按照号码顺序编排，并且每间客房的房间号都是唯一的。若想找到某一位住宿的旅客，只需要先找到其入住客房的房间号即可。这里的"房间号"就相当于描述旅客住宿的"地址"，也就是"指针"，而旅馆服务总台的那一张登记旅客住宿信息的"住宿表"，就相当于是存放旅客住宿"地址"的"指针变量"。

7.1.1　地址与指针

1. 计算机内存单元及其地址

计算机内存中存放的是数据。内存被划分为一个个独立而又连续的内存（存储）单元，每个内存单元的大小是 1 个字节。为了正确地访问这些内存单元，需要为每一个内存单元"编号"，从而根据编号来访问每一个内存单元。内存单元的编号就是内存单元的"地址"。不能混淆内存单元的"地址"与内存单元中存放的"内容"这两个完全不同的概念，打个比方，如果把旅馆中的一间间客房比作计算机的内存单元，那么每间客房的门牌号就是内存单元的"地址"，而旅馆房间中居住的旅客可以形象地比喻成内存单元中存放的"内容"（数据）。

就像通过门牌号能够找到所对应的旅馆客房一样，通过（内存单元）地址可以找到相应的内存单元。也就是说，计算机内存单元的地址指向的是该内存单元。所以，可以把地址形象化地称为"指针"。

2. 指针的概念

前面说到，可以把变量的地址形象地称为"指针"。在 C 程序中，变量的地址则可以表

示成"& 变量名"的形式。例如：有 int 类型变量 A，则变量 A 的地址可以用"&A"表示，并通过 printf 函数输出。

C 程序代码如下：

```
#include <stdio.h>
main()
{
    int A=5;
    printf("%d\n",&A);        //输出变量 A 的地址,以十进制形式表示出来;
}
```

程序运行结果如下：

```
1244996
Press any key to continue
```

也就是说，1244996 是当前变量 A 在计算机内存中的地址（十进制形式表示），可以通过这个地址（指针）找到变量 A。在 C 语言中，允许使用一种特殊的变量来专门存放变量的地址，即这种特殊变量的内存单元中存放的不是普通的数据，而是某个变量的地址。这种特殊的变量就是指针变量。

初学者务必注意，指针是变量（或数组元素、结构体等构造类型元素）的地址，如前面例子中变量 A 的地址——1244996（十进制形式表示），它是一个常量。而指针变量本身是一个变量，只是这个"变量"中存放的是其他变量的地址。所以说，指针变量的值其实就是指针。

假设，有 int 类型的普通变量 a、b、c，其所在计算机内存单元的地址（十进制表示）分别为 1504、1508、1516，所在内存单元中存放的数值分别是 12、15、−3，变量 p 是一个指针变量，而指针变量 p 中存放的却是普通变量 a 的地址（1504），如图 7.1 所示。这样，指针变量 p 与普通变量 a 之间就建立了一种联系，通过 p 就可以找到 a，前提是通过指针变量 p 获得了变量 a 的地址（1504），从而由这个地址找到了变量 a 所对应的内存单元，然后可以继续访问该内存单元中存储的数据（12）。所以，在图 7.1 中，也可以说指针变量 p 指向了变量 a。

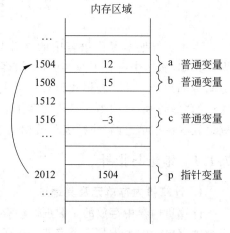

图 7.1　指针变量示意图

最后需要说明的是，指针变量本身也是有地址的，例如，图 7.1 中指针变量 p 自身的地址是 2012（十进制形式表示）。但是，我们关注的主要是指针变量到底指向的是"谁"（哪个变量），而不去关注指针变量自身的地址。当然，如果某一个指针变量 p 指向的不是一个普通变量，而是另一个指针变量 q，也就是说指针变量 p 中存放的内容是指针变量 q 的地址（指针变量 q 指向的是某一个普通变量），那么把指针变量 p 称之为指向"指针"的指针变量。关于指向"指针"的指针变量及其使用方法，本书不作介绍，感兴趣的读者可以查阅相关 C 语言书籍。

7.1.2　指针变量的定义

指针变量是一种特殊的变量,专门用来存放地址,但它仍然要遵循 C 语言变量"先定义,后使用"的原则,在使用前必须先定义。C 语言中定义指针变量的一般形式如下:

数据类型 ＊指针变量名;

指针变量的定义形式与普通变量的定义形式总体相同,唯一的区别是需要在指针变量名的前面加上一个符号"＊",用来表示所定义的变量是一个指针变量(而不是普通变量)。此外,"数据类型"规定了该指针变量所指向的(目标)变量的数据类型。也可以理解成所定义的指针变量可以用来存放哪一种数据类型变量(数据)的地址。

例如:

```
int *p;          //定义一个 int 类型的指针变量 p,可以存放 int 类型变量的地址;
float *q;        //定义一个 float 类型的指针变量 q,可以存放 float 类型变量的地址;
char *pa;        //定义一个 char 类型的指针变量 pa,可以存放 char 类型变量的地址;
```

初学者学习时务必注意以下几点:

① 对指针变量的命名也要遵循 C 语言标识符的命名规则。以对指针变量 p 的定义语句 int ＊p;为例,指针变量的名称是"p",而不是"＊p","＊"的作用是用来标识变量 p 是 C 语言中的指针变量。还有,这里的"＊"符号不是表示"乘法"运算,而是关于指针的一种特有的运算符,这在后面会详细介绍。

② 定义某个指针变量时,数据类型一旦确定之后,就不能再改变。也就是说,一个指针变量只允许指向一种数据类型的变量。例如,下面对指针变量定义的第 2 条语句是错误的:

```
int *p;          //正确!
float *p;        //错误!
```

因为,不能定义一个既能指向 int 类型变量又能指向 float 类型变量的指针变量 p。

③ 允许把多个相同数据类型的指针变量通过一条 C 语句来定义,但是每一个指针变量前面的"＊"符号都不能缺少。

例如:

```
int *p,*q,*r;  //正确!同时定义 3 个 int 类型的指针变量 p、q、r;
```

指针变量也可以和与其数据类型相同的其他变量一起定义。

例如:

```
float a,*p,b[10];    //正确!
```

在上面的定义中,a 是 float 类型的普通变量,p 是 float 类型的指针变量,b[10]是 float 类型的数组。

7.1.3　指针变量的初始化

与 C 语言普通变量初始化的方法一样,定义指针变量的同时,可以对它进行初始化操作,即为指针变量赋初值。但是,所赋的初值只能是地址值,而不能是任何类型的数据值,否则就会出错。指针变量的初始化有以下两种形式：

1. 先定义指针变量，再为其赋初值

例如：

```
int a,* p;        //语句1：定义 int 类型的普通变量 a 与指针变量 p;
p=&a;             //语句2；把 a 的地址赋给了指针变量 p;
```

注：C 语言中使用运算符"&"表示变量的地址，所以，可以通过在变量名前面加上运算符"&"来得到变量的地址，如：&a。

2. 定义指针变量的同时为其赋初值

例如：

```
int b;            //语句1：定义一个 int 类型的普通变量 b;
int * q=&b;       //语句2：定义一个 int 类型的指针变量 q,同时把 b 的地址赋给 q;
```

注：对于语句 2,本书建议初学者采用以下两条 C 语句的书写形式：

```
int * q;
q=&b;
```

当然，也可以把语句 1 与语句 2 合并写成一条 C 语句：

```
int b,* q=&b;
```

请注意，若把语句 2 写成以下形式，都是错误的：

```
int q=&b;         //错误！变量 q 不是指针变量,不能把其他变量的地址赋给 q;
int * q=b;        //错误！不能把普通变量 b 赋给指针变量 q;
```

关于对指针变量的初始化，指针变量只能接受其他变量的地址。但无论采用哪一种初始化形式，指针变量接收某个变量的地址之前，都要先对这个变量进行定义，并且数据类型必须与（所指向它的）指针变量的数据类型一致。

例如，下面几种初始化方法都是错误的：

①

```
int a;
int * p=&b;                //错误！
```

错误原因：变量 b 未定义。

②

```
int a;
float * p=&a;              //错误！
```

错误原因：不能把 int 类型变量 a 的地址赋给一个 float 类型的指针变量 p。

③

```
int * p=6000;              //错误！
```

错误原因：不能把一个常数赋给指针变量 p。

（注：可能有的读者会说，常量 6000 可以作为某一个变量在计算机内存中的地址值，为何不能把它赋值给 int 类型指针变量 p？实际中，C 语言中变量的地址是在该变量被定义时由 C 编译系统自动分配的，只能通过地址运算符"&"来获得该变量的地址。但是，计算机会把常量"6000"看成是一个普通的数据，而非某个 int 类型变量的地址，所以会引发错误。当然，如果把初始化语句 int ＊p＝6000;改写成 int ＊p＝&6000;;，其实也是错误的。因为 C 语言中不允许用地址运算符"&"获得常量的地址。）

7.1.4　指针变量的引用与运算

1. 指针变量的引用

与引用 C 语言普通变量的方法一样，对于已定义的指针变量，可以直接引用指针变量的变量名。如果关注指针变量所指向的变量的值，可以在指针变量名的前面加上指针运算符"＊"来表示指针变量所指向的变量的值。

假设有：

```
int a,＊p;
a=13;
p=&a;
```

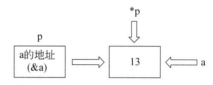

图 7.2　指针变量 p 与其所指向的变量 a 之间的关系

指针变量 p 与其所指向的变量 a 之间的关系如图 7.2 所示。

由图 7.2 可知，指针变量 p 的值就是变量 a 的地址（因为已有 p＝&a;），通过 p 可以找到 a。变量 a 的值既可以用＊p 来表示，也可以直接用 a 来表示。所以，引入了指针变量之后，除了可以使用变量名的引用（访问）方式访问变量，还可以通过"＊指针变量名"的引用形式访问指针变量所指向的（目标）变量。前者访问变量的方式称做对变量"直接访问"，而后者的访问方式则称做对（目标）变量的"间接访问"。

例如，在图 7.2 中，在 p＝&a;的前提下，语句 1 与语句 2 的功能是等价的，最后得到的结果都是 a＝13。

语句 1：

```
printf("a=%d \n",a);        //直接访问变量 a;
```

语句 2：

```
printf("a=%d \n",＊p);       //间接访问变量 a;
```

2. 取变量地址运算符"&"与取值运算符"＊"

在 C 语言中，与指针变量有关的运算符主要有两个，一个是取变量地址运算符"&"，一个是取值运算符"＊"。

运算符"&"用于取（表示）右边变量的地址，"&"是单目运算符，结合性是右结合，第 3 章（格式化输入与输出）中已有详细介绍。

运算符"＊"用于取（访问）右边指针变量所指向的目标变量（值），"＊"是单目运算符，结合性也是右结合。

（注：运算符"&"与运算符"*"的优先级是相同的。）

假如有：

```
int a, * p;
p=&a;
```

则 p、&a 与 & * p 三者是等价的，表示的都是变量 a 的地址。

而 a、* p 与 * &a 三者也是等价的，表示的都是变量 a 的值。

例 7.1 通过指针变量访问普通整型变量。

C 程序代码如下：

```
#include <stdio.h>
main()
{
    int a=15,b=18;          //分别定义两个 int 类型普通变量 a 与 b,并对其初始化；
    int * p1,* p2;          //分别定义两个 int 类型指针变量 p1 与 p2;
    p1=&a;                  //把变量 a 的地址赋给指针变量 p1;
    p2=&b;                  //把变量 b 的地址赋给指针变量 p2;
    printf("%d,%d\n",a,b);  //语句 1;
    printf("%d,%d\n", * p1, * p2);   //语句 2;
}
```

程序运行结果如下：

```
15,18
15,18
Press any key to continue
```

分析：在本程序中，语句 2 通过引用指针变量来输出（指针变量）所指向的 int 类型普通变量（a 与 b）的数值，与语句 1 所实现的功能是一样的，都是完成输出变量 a 与 b 的数值。

注：在语句 2 的 printf 函数中，输出列表 * p1 与 * p2 中的指针运算符"*"不能缺少。如果把语句 2 改写成 printf("%d,%d\n",p1,p2);,输出的则是变量 a 与 b 在计算机内存中的地址（十进制形式）。

最后，请初学者注意，不能直接引用一个未指向任何目标变量的指针变量，否则程序在运行时会出现异常。

例如，有下面的 C 程序：

```
#include <stdio.h>
main()
{
    int * p1;               //语句 1;(定义一个整型指针变量 p1)
    * p1=120;               //语句 2;
    printf("%d\n", * p1);   //语句 3;
}
```

该程序编译时是没有问题的,但是运行时会出现异常。原因很简单,尽管语句 1 中定义了指针变量 p1,但是指针变量 p1 却未指向任何目标变量。也就是说,程序中没有把某一个变量的地址赋值给 p1。在语句 2 中,试图对指针变量 p1 所指向的目标变量作赋值操作是没有意义的。同样,在语句 3 中,通过引用指针变量 p1 完成对其所指向的目标变量作输出操作也是没有意义的。

如果把该程序改写成如下形式:

```
#include <stdio.h>
main()
{
    int * p1,a;              //定义一个整型指针变量 p1 与普通整型变量 a;
    p1=&a;                   //使指针变量 p1 指向变量 a;
    * p1=120;                //语句 1;
    printf("%d\n", * p1);    //语句 2;
}
```

则程序运行的结果是输出指针变量 p1 所指向的目标变量(a)的值(120)。因为语句 p1=&a;的作用是把变量 a 的地址赋值给指针变量 p1,即使指针变量 p1 指向变量 a。所以,可以引用指针变量 p1 对其所指向的目标变量作赋值(语句 1 完成的功能)及输出(语句 2 完成的功能)操作。

例 7.2 输入 a、b 两个整数,通过引用指针变量,按大小顺序输出这两个整数。

方法 1 思路:分别定义两个整型指针变量 p1 与 p2,使其分别指向 a 与 b 两个普通整型变量。通过改变指针变量的指向,达到对其所指向的(目标)变量数值进行交换的目的。(注:在实际交换过程中,a 与 b 两个变量所存储的数值不会发生变化。)

C 程序代码如下:

```
#include <stdio.h>
main()
{
    int a,b; * p1, * p2, * p;
    p1=&a;
    p2=&b;
    printf("请输入 a,b 的值: \n");
    scanf("%d,%d",&a,&b);
    if( * p1< * p2)
    {
        p=p1;p1=p2;p2=p;
    }
    printf("max=%d,min=%d\n", * p1, * p2);
}
```

假设输入:

7,8↙

程序运行结果如下：

请输入a,b的值：
7,8
max=8,min=7
Press any key to continue

图 7.3(a)～图 7.3(c)形象地表示了指针变量 p1 与 p2 所指向的变化的过程。

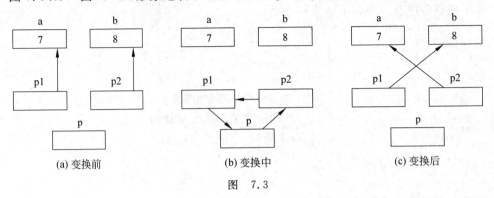

(a) 变换前　　　　　　(b) 变换中　　　　　　(c) 变换后

图　7.3

方法 2 思路：利用指针变量直接改变其所指向的目标变量的值。分别定义两个整型指针变量 p1 与 p2，使其分别指向 a 与 b 两个普通整型变量。再定义一个实现交换过程的中间变量 temp，通过改变指针变量 p1 与 p2 所指向的目标变量 * p1(a)、* p2(b)的数值，达到变量 a 与 b 的数值交换的目的。(注：在实际交换过程中，指向变量 a 与 b 的两个指针变量 p1、p2 的指向没有发生变化。)

C 程序代码如下：

```c
#include <stdio.h>
main()
{
    int a,b,temp, * p1, * p2;
    p1=&a;
    p2=&b;
    printf("请输入 a,b 的值：\n");
    scanf("%d,%d",p1,p2);
    if( * p1< * p2)
    {
        temp= * p1; * p1= * p2; * p2=temp;
    }
    printf("max=%d,min=%d\n", * p1, * p2);
}
```

假设用户输入的 a、b 两个整数值分别是 7 与 8，运行结果不变。

同样，图 7.4(a)～图 7.4(c)形象地表示了对指针变量 p1 与 p2 所指向的目标变量 a 与 b 进行变换的过程。

请初学者务必认真分析与比较以上两种方法完成对变量 a 与 b 进行数值交换的过程。

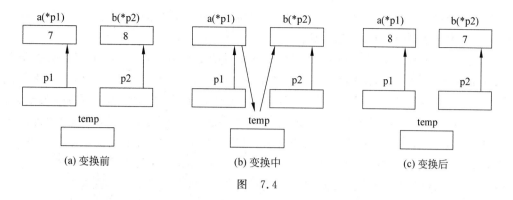

(a) 变换前　　　　　　　(b) 变换中　　　　　　　(c) 变换后

图　7.4

2. 指针变量的运算

（1）对指针变量的赋值运算

对指针变量进行赋值运算时,所赋的值只能是(与该指针变量相同的数据类型)变量的地址,包括数组的起始地址、数组元素的地址等,不能是其他数据,这一点已经在前面反复强调过。但是,C语言中也允许把一个指针变量的值(地址)赋给相同数据类型的另一个指针变量。

例如：

```
int a, * p1, * p2;
p1=&a;   //把变量 a 的地址赋给指针变量 p;
p2=p1;   //把指针变量 p1 的值(a 的地址)赋给了指针变量 p2,即指针变量 p2 也指向了变量 a;
```

也就是说,语句 p2＝p1;实现的功能和语句 p2＝&a;是等同的。

但是,不允许对不同数据类型的指针变量进行相互赋值。

例如：

```
int a, * p1;
float * p2;
p1=&a;        //把变量 a 的地址赋给指针变量 p;
p2=p1;        //错误！指针变量 p1 与 p2 的数据类型不同;
```

同样,C语言也不允许把一个指针变量赋值给一个非指针变量。

例如：

```
int a,b, * p1;
p1=&a;        //把变量 a 的地址赋给指针变量 p;
b=p1;         //错误！不允许把指针变量 p1 赋值给普通变量 b;
```

如果把语句 b＝p1;改成 b＝ * p1;,则是正确的,其等价于语句 b＝a;。因为 * p1 表示的是指针变量 p1 所指向的(目标)变量 a,即把 a 的值赋给 b。

（2）指针变量与整数进行加减运算

在C语言中,指针变量与一个整数进行加减运算,并不是指把指针变量的值(地址)与这个整数进行加法或减法的算术运算,而是当指针变量已经指向数组中的某一个元素时,将该指针变量后移或前移相应的(数组元素)位置。也就是说,指针变量与整数进行加减运算,只有在对指向数组的指针变量及其运算中才有意义,下一节将作详细介绍。

(3) 指针变量之间进行比较运算

在 C 语言中,两个指针变量之间进行大小关系的比较运算,是指两个相同数据类型的指针变量在指向同一个数组的前提下,对两个指针(所指向数组元素)的位置关系进行比较运算。也就是说,二者比较的其实是所指向数组元素地址(位置)的高低。存放(数组元素)地址值大的指针变量指向的是位于高地址位置上的数组元素,存放(数组元素)地址值小的指针变量指向的是位于低地址位置上的数组元素。而对于指向两个普通变量的指针变量,或指向不同数组的两个指针变量,比较它们之间的大小关系是毫无意义的。同样,关于对两个指向同一个数组的指针变量之间的比较及其应用,也将在 7.2 节中详细介绍。

实训 15　　指针变量的引用及其运算实训

任务 1　输入 3 个整数,通过引用指针变量输出其中的最大值。
C 程序代码如下:

```
#include <stdio.h>
main()
{
    int a,b,c,max;
    int * p1,* p2,* p3;
    printf("请输入 a,b,c 三个整数:\n");
    scanf("%d,%d,%d",&a,&b,&c);
    p1=&a;
    p2=&b;
    p3=&c;
    max= * p1;
    if(* p2>=max) max= * p2;
    if(* p3>=max) max= * p3;
    printf("最大值是: %d\n",max);
}
```

假设输入:

5,9,7↙

程序运行结果如下:

```
请输入a,b,c三个整数:
5,9,7
最大值是: 9
Press any key to continue
```

任务 2　调试下面的程序,思考与分析程序的运行结果。
C 程序代码如下:

```
#include <stdio.h>
main()
```

```
{
    int a=3,b=5, * p1, * p2, * p3;
    p1=&a;
    p2=&b;
    p3=p1;
    p1=p2;
    p2=p3;
    printf("%d,%d ,%d ,%d\n",a,b, * p1, * p2);
}
```

程序运行结果如下：

```
3,5,5,3
Press any key to continue_
```

任务 3　利用定义指针变量,求解 s＝1＋2＋…＋100 的和。

C 程序代码如下：

```
#include <stdio.h>
main()
{
    int i=1,s=0, * p;
    p=&i;
    while(i<=100)
    s=s+( * p)++;
    printf("s=%d\n",s);
}
```

程序运行结果如下：

```
s=5050
Press any key to continue_
```

7.2　指针与数组

指针变量也可以指向数组或数组元素。对数组而言,同样可以使用指针变量完成对数组或数组元素的引用。这里主要介绍指向一维数组的指针及其应用方法。

7.2.1　指针与一维数组

指针变量用于存放变量的地址,既可以存放单个变量的地址,也可以存放数组的(首)地址或数组中某个元素的地址,即让指针变量指向某一个数组或数组中的某一个元素。本书在第 5 章数组中提到,数组的地址也称为数组的首地址,也就是数组中第一个元素的地址。对一维数组而言,如果某指针变量(与数组是同一数据类型)指向了这个一维数组,即把数组的(首)地址赋给了该指针变量,也就是说,此时指针指向的是数组中第一个元素的位置。

1. 指向数组元素的指针变量

定义指向一维数组的指针变量,与指向普通变量的指针变量的定义方法是一样的。

例如：

```
int a[8],*p;    //定义了 int 类型的数组 a 与指针变量 p;
p=a;            //把数组 a 的地址(a[0]的地址)赋给指针变量 p,也可以写成语句 p=&a[0];的形式;
```

即指针变量 p 已经指向了数组 a 中第一个元素 a[0]的位置(指针变量 p 得到的是数组 a 的首地址)。

同理,如果有:

```
int a[9],*p,*q;          //定义了 int 类型的数组 a、指针变量 p 与指针变量 q;
p=a;                     //把数组 a 的(首)地址赋给指针变量 p;
q=&a[7];                 //把数组元素 a[7]的地址赋给指针变量 q;
```

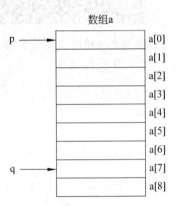

图 7.5　指针变量 p、q 与数组 a 之间的关系

即指针变量 p 已经指向了数组 a 中第一个元素 a[0]的位置(指针变量 p 得到的是数组 a 的首地址),而指针变量 q 指向的是数组 a 中第 8 个元素 a[7]的位置(指针变量 q 得到的是数组元素 a[7]的地址),指针变量 p 与 q 与数组 a 之间的(指向)关系如图 7.5 所示。

2. 通过指针引用数组中的元素

引用数组元素,既可用数组下标法,也可以使用指针。使用下标法简单直观。而使用指针法能使程序运行速度快。

以图 7.5 为例,假设指针 p 已经指向了一维数组元素 a[0],即 p=a;或 p=&a[0];,则:

① p+i 和 a+i 都可以表示数组元素 a[i]的地址(&a[i])。

② *(p+i)和 *(a+i)可以表示数组元素 a[i]。

③ 对于指向数组的指针变量,则可以将其看做是数组名。因此可按下标法来引用数组元素。例如,对于图 7.5 所示的数组 a,其数组元素 a[i]则可以用 p[i]来表示,其等价于 *(p+i)。

注:以上(1)(2)(3)中,均要求 i 为整数,且 $0 \leqslant i \leqslant 8$。

由上可知,当指针变量 p 指向了一维数组 a 中的第 1 个元素之后(指针变量 p 与数组 a 系同一数据类型),可以采用两种方式来引用数组中的元素。

假设,有 int 类型的一维数组 a[10]与指针变量 p,即:

```
int a[10],*p;
p=a;
```

(1) 下标法

采用 a[i](或 p[i])的形式访问数组元素 a 中的第 i+1 个元素。($0 \leqslant i \leqslant 9$)

(2) 指针法

采用 *(p+i)(或 *(a+i))的形式访问数组元素 a 中的第 i+1 个元素。($0 \leqslant i \leqslant 9$)

最后请初学者注意,如果指针变量 p 指向了某个数组元素,p+1 则表示指针变量 p 指向了数组中的下(后)一个元素(位置),而不是简单地使 p 的值+1。指针变量 p 的内容实际变化为 p+1 * size(size 为数组中每个元素所占的字节数)。

例 7.3 为数组中依次输入 5 个整数,分别进行正序与逆序输出,要求采用指针法完成。

C 程序代码如下:

```
#include <stdio.h>
main()
{
    int a[5],i,* p;
    p=a;
    printf("请依次输入 5 个整数：\n");
    for(i=0;i<5;i++)
    scanf("%d",&a[i]);
    printf("正序输出 5 个整数：\n");
    for(p=a;p<=a+4;p++)
    printf("%d\t",* p);
    printf("\n");
    printf("逆序输出 5 个整数：\n");
    for(p=a+4;p>=a;p--)
    printf("%d\t",* p);
    printf("\n");
}
```

假设输入:

47923↙

程序运行结果如下:

采用指针法引用数组元素,需要注意以下几点:

① 指针变量值的变化范围不能超出数组的长度范围。例如本例中,数组 a 的长度是 5,指针 p 只能指向数组 a 中的 5 个元素,也就是说,p 的取值只能是 a(指向 a 数组中第 1 个元素 a[0])至 a+4(指向 a 数组中第 5 个元素 a[4])。对指针 p 进行超出数组长度范围的操作是无意义的。比如,语句 p=a+5;、p=a-1;等都是无效的。

② 假设 p 指针已经指向了 a 数组中的某一个元素 a[i],p++操作则使 p 指针指向 a 数组中的后一个元素 a[i+1],而 p--操作则使 p 指针指向 a 数组中的前一个元素 a[i-1]。但是,无论如何移动 p 指针,p 指针都不能指向当前数组长度范围之外的位置。

③ 对于指针运算符 * 与自增/自减运算符++/--的混合使用,需要区分以下引用指针的含义,如表 7.1 所示(以自增操作++为例)。

表 7.1 指针运算符 * 与自增十十运算符混合使用

表达式	自增的对象	含　义
十十 * p 等价于十十(* p)	* p	对指针 p 所指向的元素值十1。表达式的值为 * p 加上 1 的值
(* p)十十	* p	先取指针 p 所指向元素的值,再对该元素值做十1 操作。表达式的值为自增前 * p 的值
* 十十p 等价于 * (十十p)	p	先让指针 p 指向数组中下一个元素的位置,再取 p 所指向当前数组元素的值。表达式的值为 p 自增后的 * p 的值
* p十十等价于 * (p十十)	p	先取指针 p 所指向的当前数组元素的值,然后使指针 p 指向数组中的后一个元素的位置。表达式的值为 * p

注:初学者在选择表 7.1 中列举的指针运算符与自增(自减)运算符所组成的混合表达式参与各类指针运算时,一定要仔细,以免引起混淆。

例 7.4　分析下列程序的运行结果。

C 程序代码如下:

```
#include <stdio.h>
main()
{
    int i,b[6]={100,200,300,400,500,600}, * p;
    p=b;
    for(i=0;i<6;i++)
    printf("%d\t", * p++);
    printf("\n");
    p=b;
    for(i=0;i<6;i++)
    printf("%d\t",( * p)++);
    printf("\n");
}
```

分析: * p十十表示先输出指针 p 所指向当前元素(b[0])的值,然后 p 依次递增指向 b 数组中的后一个元素,同时输出 p 所指向的数组元素的值。(* p)十十是先输出指针 p 所指向 b 数组当前元素的值(100),然后使数组元素的值依次加 1,每做一次"加 1"操作的同时输出相应的数值,直至增加 5 次结束。在此过程中,p 指针(指向)不变。

程序运行结果如下:

7.2.2　指向二维数组的指针变量

在 C 语言中,二维数组可以看成是以"一维数组"为元素的一维数组(n 维数组亦可以看成是以"n-1 维数组"为元素的一维数组),即二维数组也可以用一维数组来描述。

例如,定义以下二维数组:

```
int a[3][4];
```

则数组 a 可以看成是由 3 个"一维数组型元素"——a[0]、a[1]与 a[2]构成,每个"一维数组型元素"其实又是一个一维数组,其存储结构可以形象地用图 7.6 表示。

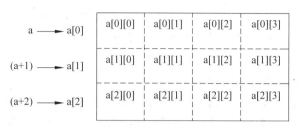

图 7.6　二维数组 a 存储结构示意图

二维数组 a 的(首)地址就是数组名 a,也是元素 a[0][0]的地址,可以用 &a[0][0]表示,并且与 a[0]的地址等价。同理,a+1 表示 a[1]的首地址,等价于元素 a[1][0]的地址;a+2 表示 a[2]的首地址,等价于元素 a[2][0]的地址。

在图 7.6 中,a[0]+1 表示 a[0]中(列)下标为 1 的数组元素(a[0][1])的地址,a[0]+2 表示 a[0]中(列)下标为 2 的数组元素(a[0][2])的地址,而 a[1]+3 表示 a[1]中(列)下标为 3 的数组元素(a[1][3])的地址等。所以,对于二维数组 a[m][n],a[i]+j 表示的是 a[i]中(列)下标为 j 的数组元素(a[i][j])的地址($0 \leqslant i \leqslant m-1, 0 \leqslant j \leqslant n-1$)。a[0]+k 表示的是自二维数组中的第一个元素(a[0][0])开始依次往后的第 j 个元素的地址($0 \leqslant k \leqslant m*n$)。

对于指向二维数组的指针变量,与指向一维数组指针变量的用法是一样的。

例 7.5　使用指针输出 int 类型二维数组 a[3][3]中各个元素的值。

分析:定义一个 int 类型的指针变量 p,通过语句 p=a[0];使 p 指向数组 a[3][3]中的第一个元素(a[0][0]);语句 p++;依次使 p 指向后一个数组元素,通过 *p 取得相应元素的值,并逐次输出。程序中使用 if 语句用来控制每一行输出 3 个数组元素。

C 程序代码如下:

```
#include <stdio.h>
main()
{
    int a[3][3]={1,2,3,4,5,6,7,8,9},*p;
    for(p=a[0];p<a[0]+9;p++)
    {
        if((p-a[0])%3==0)        //控制每一行输出 3 个数组元素;
        printf("\n");
        printf("%5d",*p);
    }
    printf("\n");
}
```

程序运行结果如下:

```
    1      2      3
    4      5      6
    7      8      9
Press any key to continue
```

几点说明如下:

① 已知二维数组 a[m][n],计算二维数组元素 a[i][j]($0 \leqslant i \leqslant m-1, 0 \leqslant j \leqslant n-1$)相对位置的公式为 $i*n+j$。例如,对于本例中的二维数组 a[3][3],元素 a[2][1]的位置 $2*3+1=7$,即元素 a[2][1]之前已有 7 个元素。当然,也可以理解成元素 a[2][1]与数组第一个元素(a[0][0])之间间隔了 6 个元素。

② 对于二维数组 a[m][n],若指针变量 p 在起始时指向了二维数组中的第一个元素 a[0][0],当 p 指向数组元素 a[i][j]($0 \leqslant i \leqslant m-1, 0 \leqslant j \leqslant n-1$)时,可以用 $*(p+i*n+j)$ 来表示相应元素值。例如,本例中 $*(p+1*3+2)$ 可以用来表示元素(a[1][2])的值。

7.2.3 指向字符串的指针变量

在 C 语言中,可以定义一个字符类型的指针变量。不仅可以用来存储单个字符变量的地址,也可以存储字符数组或字符串常量的首地址,从而通过指针来引用字符数组或字符串中各个字符元素。以下主要介绍定义字符类型的指针变量来完成对一维字符串的操作。

1. 字符串的表示形式

(1) 用字符数组存放一个字符串

例如:

```
char str[15]="China";      //定义一个字符数组 str,存放字符串"China";
```

(2) 用字符型指针指向一个字符串

例如:

```
char * p="China";          //定义一个字符型指针变量 p,以字符串常量"China"的地址(由系统
                           自动开辟的,用于存储字符串常量内存块的首地址)为 p 赋初值;
```

注:在 C 语言中,计算机内存中的字符串常量是通过字符数组(字符数组由系统自动在内存中开辟)存放及处理的。也就是说,语句 char * p="China";的功能其实是用字符串常量"China"在内存中存储的首地址对指针变量 p 进行了初始化,即把存放 "China"字符数组(该字符数组非用户显示定义,实际上由系统在内存中自动开辟)的首地址赋值给 p,而不是把字符串常量"China"的内容赋值给 p,这一点请初学者务必注意。

所以,对指向字符串常量的指针变量的定义形式如下:

```
char * 指针变量名="字符串常量";
```

当然,也可以书写成以下形式:

```
char * 指针变量名;
指针变量名="字符串常量";
```

比如,

```
char * p="China";
```

等价于下面的形式：

```
char * p;
p="China";
```

无论哪一种书写方式，在字符指针变量 p 中，仅存储的是字符串常量"China"的首地址，而不是字符串常量的内容。

2. 使用字符指针操作字符串

对于定义指向字符串的指针变量的方法，与定义指向单个字符变量的指针变量是相同的，二者只能按对指针变量的赋值不同来区别。可以把单个字符变量的地址、字符数组的地址或字符串常量的地址赋给一个字符型指针变量。

例如：

①

```
char ch, * p1;          //定义一个 char 类型的字符变量 ch 与指针变量 p1;
p1=&ch;                 //把字符变量 ch 的地址赋给 p1;
```

②

```
char * p2="Hello world! ";   //定义一个 char 类型的指针变量 p2,并把字符串常量"hello
                             world! "的首地址赋给 p2;
```

③

```
char a[10], * p3;       //定义一个 char 类型的字符数组 a 与指针变量 p1;
p3=a;                   //把字符数组 a 的首地址赋给 p1;
```

例 7.6 使用指针输出字符串"Chinese"中的各个字符。

方法 1：使用字符指针变量整体引用字符串

C 程序代码如下：

```
#include <stdio.h>
main()
{
    char * p="Chinese";
    printf("%s\n",p);
}
```

方法 2：使用字符指针变量逐个引用(输出)字符串中的每一个字符

C 程序代码如下：

```
#include <stdio.h>
main()
{
    char * p;
    p="Chinese";
    for( * p='C'; * p! ='\0';p++)
```

```
        printf("%c",*p);
        printf("\n");
}
```

程序运行结果如下：

```
Chinese
Press any key to continue_
```

几点说明：

① 在方法 2 的 for 语句中，表达式 1 中 *p='C';的意思是使指针 p 指向了字符串"Chinese"中的第一个字符'C'，即把"Chinese"的首地址（字符串中第一个字符'C'的地址）赋给指针变量 p，其作用与语句 p="Chinese";的功能相同。

② 如果把某一个字符串的首地址赋给了字符型指针变量 p，说明 p 已经指向了该字符串中第一个字符的位置，而 *(p+n) 则表示取得字符串中第 n+1 个元素的值。

假设，要求使用字符型指针变量 p 输出字符串"Chinese"中的第 4 个字符'n'，则可以在方法 1 所示程序的最后增加一条语句 printf("%c\n",*(p+3));完成对字符'n'的输出。

例 7.7 使用指向字符串的指针变量逆序输出字符串"Home Town"。

分析：本例中，定义一个字符型指针变量 p 与字符数组 a，把字符串"Home Town"存放至字符数组 a 中。使用 strlen 函数求出字符串"Home Town"的长度，通过语句 p=a+strlen(a);使得指针 p 首先指向了字符串"Home Town"最后一个字符的位置。然后依次对字符指针 p 进行自减，逆序输出每一个字符。

C 程序代码如下：

```
#include <stdio.h>
main()
{
        char *p,a[100]="Home Town";
        printf("%s\n",a);
        p=a+strlen(a);
        while(--p>=a)
        printf("%c",*p);
        printf("\n");
}
```

程序运行结果如下：

```
Home Town
nwoT emoH
Press any key to continue_
```

3. 使用字符型指针变量与字符数组的区别

使用字符型指针变量与字符数组均能实现对字符串的存储及运算操作，但是二者在应用上有所区别，请初学者注意以下几点：

① 字符数组的数组名表示的是该数组的首地址，但它是常量，值是不能改变的，更不能作相关赋值操作。而字符型指针变量本身就是一个变量，值是可以改变的。

例如：

```
char * p="English";      //把字符串"English"的首地址赋给字符型指针变量 p;
char str[14];
str="English";           //str 是数组名,是常量,不能被赋值! 错误!
```

再例如：

```
char a[ ]="China";
a=a+4;                   //a 是数组名,是常量,不能作自增操作! 错误!
```

② 对字符数组与字符型指针变量初始化时,所代表的含义不同。

前面已经强调过,对于字符类型的指针变量,例如：

```
char * p2="Hello world";
```

等价于：

```
char * p2;
p2="Hello world";
```

p2 得到的是字符串"Hello world"的首地址,而不是字符串自身的内容。

但是,对字符数组进行初始化时：

例如：

```
char str[100]= "Hello World";
```

实际上,字符数组 str 得到的是字符串"Hello World"的内容,包括"Hello World"中的每一个字符,以及在字符串的末尾系统自动添加进去的表示结束标识的空字符'\0'。

③ 如果定义了一个字符数组,在编译时为它分配了内存单元,它有确定的地址。对于未被初始化的字符数组,可以这样使用：

```
char a[100];
scanf("%s",a);          //用户向数组 a 中自行输入一个长度不超过 99 的字符串;
```

而对于一个字符型指针变量,如果对其定义时未对它赋予一个地址值,则该指针没有具体指向一个明确的字符型数据。实际上,这样的做法尽管也符合 C 语言的语法规则,但操作起来是很危险的,调试程序时会引起死机现象。所以,本书要求读者在调试程序时要避免出现这种情况。

例如：

```
char * p;
scanf("%s",p);          //会产生死机现象,编程时要避免!
```

例 7.8 使用字符型指针,将字符串 a("China")复制到字符串 b 中。

分析：定义 a 与 b 两个字符数组,数组 a 中存放已知字符串"China",数组 b 先暂时为空。定义两个字符型指针变量 p1 与 p2,分别存放数组 a 与数组 b 的首地址(指针变量 p1 与 p2 分别指向 a 与 b 两个字符数组中第一个元素的位置)。通过移动指针 p1 与 p2,把数组 a 中的元素依次赋值到数组 b 中。

C 程序代码如下：

```c
#include <stdio.h>
main()
{
    char a[ ]="China",b[20],* p1,* p2;
    int i;
    p1=a;
    p2=b;
    for (p1=a,p2=b;* p1! ='\0';p1++,p2++)
    {
        * p2= * p1;
    }
    * p2='\0';
    printf("字符串 a: %s\n",a);
    printf("字符串 b: ");
    for(i=0;b[i]! ='\0';i++)
    printf("%c",b[i]);
    printf("\n");
}
```

程序运行结果如下：

```
字符串a: China
字符串b: China
Press any key to continue
```

实训 16 指向一维数组的指针变量及其应用实训

任务 1 已知一维 int 类型数组 a[8]，向数组 a 中输入 8 个整数，请分别正序与逆序输出数组中的第 2 个、第 4 个、第 6 个与第 8 个元素，要求采用指针法完成。

C 程序代码如下：

```c
#include <stdio.h>
main()
{
    int a[8],i,* p;
    p=a;
    printf("请依次输入 8 个整数: \n");
    for(i=0;i<8;i++)
    scanf("%d",&a[i]);
    printf("正序输出数组中第 2 个、第 4 个、第 6 个与第 8 个元素: \n");
    for(p=a+1;p<a+8;p=p+2)
    printf("%d\t", * p);
    printf("\n");
    printf("逆序输出数组中第 2 个、第 4 个、第 6 个与第 8 个元素: \n");
    for(p=a+7;p>=a;p=p-2)
```

```
        printf("%d\t",* p);
        printf("\n");
}
```

假设任意输入 8 个整数，即：

7 9 3 0 1 6 2 4↙

程序运行结果如下：

任务 2　假设一维 int 类型数组 a[10]，向数组 a 中输入 10 个整数，要求采用指针法求解数组中的最小元素以及所有数组元素的平均值。

C 程序代码如下：

```
#include <stdio.h>
main()
{
    int a[10],i,min,s=0,* p;
    p=a;
    printf("请依次输入 10 个整数：\n");
    for(i=0;i<10;i++)
    scanf("%d",&a[i]);
    min=* p;
    for(p=a;p<a+10;p++)
    {
        if(* (p+1)<=min) min=* (p+1);
    }
    for(p=a;p<a+10;p++)
    {
        s=s+* p;
    }
    printf("最小值=%d\n,平均值=%.1f\n",min,s/10.0);
}
```

假设任意输入 10 个整数，即：

8 6 9 3 11 21 10 16 23 7↙

程序运行结果如下：

任务 3　任意输入一串字符串,统计出字符串中所包含的大写英文字母、小写英文字母、数字、空格以及其他字符各有多少个。要求使用指向字符串的指针变量完成。

例如:输入:abcd1236EFG％＊wer

大写英文字母:3

小写英文字母:7

数字:4

空格:0

其他字符:2

C 程序代码如下:

```c
#include <stdio.h>
main()
{
    int U=0,l=0,d=0,s=0,other=0,i=0;
    char *p,s1[100];
    printf("请输入字符串:\n");
    while ((s1[i]=getchar())!='\n')
    {
        i++;
    }
    p=s1;
    while (*p!='\n')
    {
        if (('A'<=*p) && (*p<='Z'))
        ++U;
        else if (('a'<=*p) && (*p<='z'))
        ++l;
        else if (*p==' ')
        ++s;
        else if ((*p<='9') && (*p>='0'))
        ++d;
        else
        ++o;
        p++;
    }
    printf(" 大写英文字母:%d\n 小写英文字母:%d\n 数字:%d\n 空格:%d\n 其他字符:
    %d\n",U,l,d,s,other);
}
```

假设输入:

234 uytew$#@! JUFas↙

程序运行结果如下:

```
请输入字符串：
234 uytew$#@! JUFas
大写英文字母：3
小写英文字母：7
数字：3
空格：2
其他字符：4
Press any key to continue
```

7.3　指针与函数

指针不仅能够指向数据，也可以指向一段由代码、指令组成的程序。C程序主要由函数构成，一个函数在编译时，C程序编译系统会为该函数代码自动分配一段存储空间，该函数的函数名就是这一段存储空间的起始(入口)地址，也称为该函数的指针。

7.3.1　使用指向函数的指针变量调用函数

用户可以定义一个指针变量，用来存放所自定义函数的起始地址(指针)，也就是说让指针变量指向该函数存储空间的起始位置(入口处)，然后通过指针变量去调用这个函数。

1. 定义指向函数的指针变量

定义指向函数的指针变量的一般形式如下：

数据类型 (＊指针变量名)();

注：数据类型即为所指向函数的数据类型，也就是函数返回值的类型。
例如：

float (＊p)();

定义一个指向float类型函数的指针变量p，它可以指向类型为float类型、含有两个int类型参数的函数。

2. 使用指向函数的指针变量调用函数

例7.9　阅读与分析下面的程序，掌握使用指向函数的指针变量调用函数的方法。
C程序代码如下：

```
#include <stdio.h>
int add(int x,int y)
{
    int z;
    z=x+y;
    return(z);
}
main()
{
    int (＊p)();        //定义一个指向int类型函数的指针变量p;
    int a,b,c;
    p=add;             //将add函数的入口地址传递给p;
    scanf("%d,%d",&a,&b);
```

```
        c=(*p)(a,b);          //通过指针变量 p 调用 add 函数;
        printf("add=%d+%d=%d\n"a,b,c);
    }
```

假设输入:

8,2↙

程序运行结果如下:

分析:

① 在本程序中,对函数 min 的调用,既可以使用函数名调用,也可以使用指向函数的指针变量 p 完成。也就是说,语句 c=(*p)(a,b);与 c=add(a,b);是等价的。

② 语句 int (*p)();表示定义一个指向 int 类型函数的指针变量,它只是专门用来存放函数入口地址的,而不是固定指向某一个具体函数。

③ 在对指向函数的指针变量赋值时,只需给出函数名,而不必写出具体的函数参数以及函数名后面的小括号"()"。比如语句 p=add;不能写成语句 p=add(int x,int y);或 p=add();。

④ 用指向函数的指针变量调用函数时,只需将(*p)替换成所调用的函数名 min 即可。但是,(*p)后面的圆括号中需要写上相应的实参。比如语句 c=(*p)(a,b);

⑤ 对于指向函数的指针变量 p,诸如 p++、p--、p+n、p-n 等操作都是无意义的。

7.3.2   指针变量作为函数参数

指针变量可以作为函数参数,把一个普通变量或数组的地址传递至另一个变量中。所以,指针变量作为函数参数,其实是单向"地址传递"。指针变量既可以作为被调函数中的形参,也可以作为主调函数中的实参,在调用函数时,把"地址"传递给被调函数的形参。

有读者可能会问,C 语言中实参与形参之间不是单向值传递的过程吗? 这里为何变成了单向"地址传递"了? 其实,指针变量作为函数参数,仍然遵循的是单向值传递过程,只不过是由于实参或形参是指针变量,即变量的地址在主调函数中作为了实参,被调函数中亦使用了指针变量作为形参,用于接收所传递过来的变量地址。也就是说,由实参传递给形参的"值"其实是"地址"值。所以,可以理解为:指针变量作为函数参数,其实是单向"地址传递"的过程。

最后,需要强调的是,不能通过试图改变指针形参的内容(地址)来改变指针实参的内容(地址)。但是,可以通过改变实参指针变量所指向的(目标)变量的值来达到目的。关于这一点,本小节将通过具体的例子说明。

1. 指向普通变量的指针变量作为函数参数

例 7.10   输入 a、b 两个整数,通过使用指针变量作为函数参数的方法,按大小顺序输出这两个整数。

C 程序代码如下:

```
#include <stdio.h>
void swap(int * p1,int * p2)              //指针变量 p1 与 p2 作为形参;
{
    int temp;
    temp= * p1;
    * p1= * p2;
    * p2=temp;
}
main()
{
    int x,y;
    int * q1,* q2;
    scanf("%d,%d",&x,&y);
    q1=&x;
    q2=&y;
    if(x<=y)
    swap(q1,q2);                          //指针变量 q1 与 q2 作为实参;
    printf("x=%d,y=%d\n"x,y);
}
```

分析：本例中定义了一个 swap 函数(指针变量 p1 与 p2 作为形参)，其功能是交换 p1 所指向的目标变量(* p1)与 p2 所指向的目标变量(* p2)的值，而并非指针变量 p1 与 p2 中的内容(地址)。在主函数 main 中，指针变量 q1 与 q2 作为实参，与作为形参的指针变量 p1 与 p2 相对应。作为实参的指针变量 q1 与 q2 中分别存放着变量 x 与 y 的地址，调用 swap 函数的过程，其实是把变量 x 与 y 的地址传递给作为形参的指针变量 p1 与 p2，通过交换 x 与 y 的地址完成对 x 与 y 的数值交换。最后，请初学者务必注意，swap 函数调用结束后，作为形参的指针变量 p1 与 p2 中的内容(地址)却又恢复了原状(没有变化)，也就是说，指针变量 p1 与 p2 的指向不变。但是，指针变量 p1 与 p2 地址空间中所存放的数据(即 x 与 y 的数值)在调用结束后却被保留下来。

假设输入：

3,8↙

程序运行结果如下：

调用 swap 函数的过程中，程序实参与形参变化的情况如图 7.7(a)～7.7(c)所示。

请思考：如果把本例中的 swap 函数改写成以下形式，其余部分不变，请问在执行程序时，假设用户输入数值"3,8"，是否会发生两个数的交换？

```
void swap(int * p1,int * p2)
{
    int * temp;
    temp=p1;
```

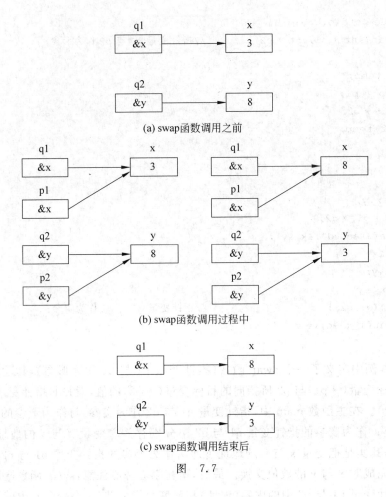

(a) swap函数调用之前

(b) swap函数调用过程中

(c) swap函数调用结束后

图 7.7

```
        p1=p2;
        p2=temp;
    }
```

答案是否定的。因为 swap 函数被调用时是地址传递。也就是说,此时 swap 函数中交换的是作为形参的指针变量 p1 与 p2 中的内容(地址),而不是形参 p1 与 p2 所指向的目标变量。当 swap 函数调用结束后,作为形参的指针变量 p1 与 p2 要恢复原状,也就是说,作为实参的指针变量 q1 与 q2 尽管在 swap 函数调用期间使得 x 与 y 的地址发生了交换,但是,随着 swap 函数调用结束,p1 与 p2 中的内容(地址)恢复了原状,而导致 x 与 y 的地址又恢复了原状,从而 x 与 y 的数值并未进行交换。

例 7.11　输入 a、b、c 三个整数,通过使用指针变量作为函数参数的方法,按从大到小的顺序输出这三个整数。

分析: 程序设计思路与例 7.10 相同。定义一个 swap 函数(指针变量 p1 与 p2 作为形参),其功能是交换 p1 所指向的目标变量(*p1)与 p2 所指向的目标变量(*p2)的值。在主函数 main 中,定义指针变量 q1、q2 与 q3,分别存放变量 a、b、c 的地址。在 if 语句中,通过引用指针变量 q1、q2 与 q3 所分别指向的目标变量 *q1(a)、*q2(b)与 *q3(c)依次进行两两比较,总共比较 3 次,由大至小顺序输出 a、b、c 的数值。

C 程序代码如下：

```
#include <stdio.h>
void swap(int * p1,int * p2)            //指针变量 p1 与 p2 作为形参；
{
    int temp;
    temp= * p1;
    * p1= * p2;
    * p2=temp;
}
main()
{
    int a,b,c;
    int * q1, * q2, * q3;
    printf("请输入三个整数：\n");
    scanf("%d,%d,%d",&a,&b,&c);
    q1=&a;
    q2=&b;
    q3=&c;
    if( * q1<= * q2) swap(q1,q2);
    if( * q1<= * q3) swap(q1,q3);
    if( * q2<= * q3) swap(q2,q3);
    printf("%d,%d,%d \n",a,b,c);
}
```

假设输入：

8,3,9↙

程序运行结果如下：

2. 指向数组的指针变量作为函数参数

本书函数一章中已经介绍过，数组名作函数形参时，接收的是实参数组的起始地址。同样，指向数组的指针变量也可以作为函数的参数。指向数组的指针变量作为主调函数的实参时，将数组的起始地址传递给形参数组。引入指向数组的指针变量后，在函数中传递数组参数时，实参与形参有以下 4 种等价形式：

① 形参与实参都用数组名。

② 形参与实参都用指针变量。

③ 形参用数组名，实参用指针变量。

④ 形参用指针变量，实参用数组名。

例 7.12 已知 int 类型的一维数组 a[5]，将数组中的所有元素都减去 3 后并输出。要求分别使用上述 4 种实参与形参等价的形式，通过函数调用来实现。

(1) 形参与实参都用数组名

分析：定义一个 sub 函数，数组名 b 与变量 n 作为形参，完成对数组 b 中每个元素的值减去 3 的功能。

C 程序代码如下：

```
#include <stdio.h>
void sub(int b[ ],int n)        //数组名 b 作为形参;
{
    int i;
    for(i=0;i<n;i++)
    b[i]=b[i]-3;
}
main()
{
    int i,a[5]={10,20,30,40,50};
    sub(a,5);                   //数组名 a 作为实参;
    for(i=0;i<5;i++)
    printf("%d\t",a[i]);
    printf("\n");
}
```

程序运行结果如下：

```
7        17       27       37       47
Press any key to continue_
```

关于形参与实参都用数组名的使用方法及其注意事项，本书在函数一章中已经介绍过，在此不做赘述。(2)、(3)、(4)中的 C 程序运行结果与(1)相同。

(2) 形参与实参都用指针变量

```
#include <stdio.h>
void sub(int * p,int n)         //指针变量 p 作为形参;
{
    int * q;
    q=p+n;
    for(p=q-n;p<q;p++)
    * p= * p-3;
}
main()
{
    int i, * q1,a[5]={10,20,30,40,50};
    q1=a;
    sub(q1,5);                  //指针变量 q1 作为实参;
    for(q1=a;q1<a+5;q1++)
    printf("%d\t", * q1);       //指针变量作为实参;
    printf("\n");
}
```

（3）形参用数组名，实参用指针变量

C 程序代码如下：

```
#include <stdio.h>
void sub(int b[ ],int n)          //数组名 b 作为形参;
{
    int i;
    for(i=0;i<n;i++)
    b[i]=b[i]-3;
}
main()
{
    int i, * q,a[5]={10,20,30,40,50};
    q=a;
    sub(q,5);                     //指针变量 q 作为实参;
    for(q=a;q<a+5;q++)
    printf("%d\t", * q);
    printf("\n");
}
```

（4）形参用指针变量，实参用数组名

C 程序代码如下：

```
#include <stdio.h>
void sub(int * p,int n)          //指针变量 p 作为实参;
{
    int * q;
    q=p+n;
    for(p=q-n;p<q;p++)
    * p= * p-3;
}
main()
{
    int i,a[5]={10,20,30,40,50};
    sub(a,5);                     //数组名 a 作为实参;
    for(i=0;i<5;i++)
    printf("%d\t",a[i]);
    printf("\n");
}
```

注：以上 4 种形式，实参对形参的传递过程都是单向地址传递，请读者认真学习与体会。但是，本书不建议初学者采用（3）或（4）的形式编写有关指针变量作为函数参数的程序，以免出错。

7.3.3　指针型函数简介

在 C 语言中，一个函数不仅可以返回 int、float、char 等基本类型数据，也可以返回一个地址，即函数的返回值是指针类型的数据。这样的函数称为指针型函数。

1. 指针型函数的定义

定义指针型函数的形式如下：

数据类型 ＊函数名(形参列表)
{
　　函数体
}

比如：

```
float * sum( int x,int y)
{
    函数体;
}
```

即定义一个返回值是 float 类型的指针型函数 sum，其含有两个 int 类型的参数。

请注意，函数 sum 执行完毕后，返回值一定是一个指向 float 类型数据的指针，而不是一个 float 类型的数据。

2. 指针型函数的应用

例 7.13　把字符串"China"拷贝到字符数组 a 中去，要求使用指针型函数完成。

C 程序代码如下：

```
#include <stdio.h >
char * copy (char * p1,char * p2)
{
    char * p=p1;              //指针变量 p 用来保存传递给指针变量 p1 的实参数组 a 的首地址;
    while((* p1++)=(* p2++))   //把指针变量 p2 所指向的字符串逐个字符地依次赋给指针
                              变量 p1 所指向的字符数组;
    ;                         //空语句;
    return(p);                //通过 p 来返回实参数组 a 的首地址;
}
main()
{
    char a[100]={"hello world"};
    printf("数组 a 中原字符串: %s\n",a);
    printf("复制后的字符串: %s\n",copy(a,"China"));
}
```

分析：

程序中定义了一个指针型函数 copy，返回值 p 是一个指针类型的数据。函数 copy 中的"while 循环语句"其实是一条空语句。函数 copy 的功能是依次把指针变量 p2 所指向的字符赋给指针变量 p1 所指向的(字符)位置，直至当前 p1 所指向的字符为'\0'(字符串结束标识字符)。

反复判断 while 语句条件表达式(＊p1＋＋)＝(＊p2＋＋)的结果，若"非 0"(成立)，则执行 while 循环体语句";"(空语句)；否则，循环结束。

程序运行结果如下：

数组a中原字符串:hello world
复制后的字符串:China
Press any key to continue

实训 17　指针与函数及其应用实训

任务 1　使用指向函数的指针变量,输出 a 与 b 两个整数之间的最大值。
C 程序代码如下：

```
#include <stdio.h>
int max(int x,int y)
{
    int z;
    if(x<=y)z=y;
    else y=x;
    return(z);
}
main()
{
    int (*p)();              //定义一个指向 int 类型函数的指针变量 p;
    int a,b,c;
    p=max;                   //将 max 函数的入口地址传递给 p;
    scanf("%d,%d",&a,&b);
    c=(*p)(a,b);             //通过指针变量 p 调用 max 函数;
    printf("max=%d\n","c");
}
```

假设输入：

3,7↙

程序运行结果如下：

3,7
max=7
Press any key to continue

任务 2　任意输入 a、b、c、d 四个整数,按照从大到小的顺序输出。要求使用指针变量
作为函数参数的方法来完成。
C 程序代码如下：

```
#include <stdio.h>
void swap(int *p1,int *p2)
{
    int temp;
    temp=*p1;
    *p1=*p2;
```

```
    * p2=temp;
}
main()
{
    int a,b,c,d;
    int * q1, * q2, * q3, * q4;
    printf("请输入 4 个整数：\n");
    scanf("%d,%d,%d,%d",&a,&b,&c,&d);
    q1=&a;
    q2=&b;
    q3=&c;
    q4=&d;
    if( * q1<= * q2) swap(q1,q2);
    if( * q1<= * q3) swap(q1,q3);
    if( * q1<= * q4) swap(q1,q4);
    if( * q2<= * q3) swap(q2,q3);
    if( * q2<= * q4) swap(q2,q4);
    if( * q3<= * q4) swap(q3,q4);
    printf("4 个整数从到小排序：\n");
    printf("%d,%d,%d,%d\n",a,b,c,d);
}
```

假设输入：

5,3,9,2↙

程序运行结果如下：

任务 3 假设有 int 类型的一维数组 a[10]，逆序输出数组 a 中的 10 个元素。要求使用指针变量分别作为函数形参与实参的形式来完成。

注：C 语言中有很多方法可以实现一维数组中的元素逆序输出。比如，从一维数组 a 中的第 10 个元素(a[9])开始，从后往前，依次输出数组 a 中的元素，从而完成对数组 a 中的 10 个元素逆序输出。这种方法相对简单。

C 程序代码如下：

```
#include <stdio.h>
main()
{
    int i,a[10];
    printf("依次输入 10 个整数：\n");
    for (i=0;i<10;i++)
    {
```

```
        scanf("%d",&a[i]);
    }
    for (i=9;i>=0;i--)
    {
        printf("%5d",a[i]);
    }
    printf("\n");
}
```

假设自行输入以下 10 个整数,即:

1 3 5 7 9 2 4 6 8 0↙

程序运行结果如下:

本任务还可以采取"数组元素首尾对换"的方法来编写 C 程序,实现对数组 a 中的 10 个元素逆序输出。

该方法设计思路如下:即对于一维数组 a[n],以数组元素 a[(n-1)/2]为中轴线,分别让第 1 个元素与最后 1 个元素对换,第 2 个元素与倒数第 2 个元素对换……以"中轴线"靠左一侧的元素为界,直至完成所有元素的对换过程。以数组 a 为例,数组元素对换过程如图 7.8 所示。

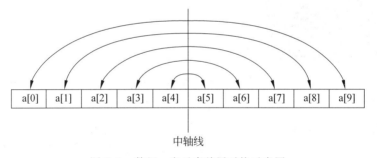

中轴线

图 7.8 数组 a 中元素首尾对换示意图

C 程序代码如下:

```
#include <stdio.h>
void change(int * x,int n)        //定义一个 change 函数,形参 x 是指针变量;
{
    int * p,m,temp,* i,* j;
    m=(n-1)/2;
    i=x;j=x+n-1;p=x+m;
    for(i=x;i<=p;i++,j--)
    {
        temp= * i;
```

```
            * i= * j;
            * j=temp;
        }                          // * i与 * j对换,其实就是使数组元素 a[i]与 a[j]进行交换;
    }
main()
{
    int i,b[10], * p
    p=b;                           //指针变量 p 指向数组 b 中的第一个元素 b[0];
    printf("原数组::\n");
    for(i=0;i<10;i++,p++)
    scanf("%d",p);                 //输入 10 个元素至数组 b;
    p=b;                           //使指针变量 p 重新指向 b[0];
    change(p,10);                  //调用 change 函数,实参 p 是指针变量;
    printf("数组元素逆序输出: \n");
    for(p=b;p<b+10;p++)
    printf("%d ", * p);
    printf("\n");
}
```

假设自行输入以下 10 个整数,即:

1 3 5 7 9 2 4 6 8 0↙

程序运行结果如下:

```
原数组:
1 3 5 7 9 2 4 6 8 0
数组元素逆序输出:
0 8 6 4 2 9 7 5 3 1
Press any key to continue_
```

任务 4 设计一个函数 A,用来比较两个字符串的大小,以实现 C 语言中字符串比较函数(strcmp 函数)的功能。

strcmp 函数的功能如下:

假设有字符串 s1 与字符串 s2,依次从两个字符串的首字符开始进行 ASCII 码值比较,直至遇到不相等的字符为止。

① 字符串 s1<字符串 s2:返回一个负整数(二者不相等字符 ASCII 码值的差值)。

比如,字符串 s1:"abc";字符串 s2:"abe";

返回一个负整数: -2

② 字符串 s1>字符串 s2:返回一个正整数(二者不相等字符 ASCII 码值的差值)。

比如,字符串 s1:"abf";字符串 s2:"abe";

返回一个正整数:1

③ 字符串 s1=字符串 s2:返回整数 0。

比如,字符串 s1:"abc";字符串 s2:"abc";

返回一个整数:0

C 程序代码如下:

```
#include<stdio.h>
int A(char * p,char * q)                    //定义两个字符串比较函数 A;
{
    int i=0;
    while(* (p+i)== * (q+i))
    if (* (p+i++)=='\0')
    return(0);                              //两个字符串相等时,返回整数 0;
    return(* (p+i)- * (q+i));               //两个字符串不相等时,返回结果为第一个不等字符的
                                              ASCII 码差值;
}
main()
{
    int m;
    char a[50],b[50], * p, * q;
    printf("请输入两个字符串": \n");
    scanf("%s",a);
    scanf("%s",b);
    p=a;
    q=b;
    m=A(p,q);
    printf("比较结果: %d\n",m);
}
```

假设输入:

abced↙
abciu↙

程序运行结果如下:

7.4　本　章　小　结

本章主要介绍 C 语言指针的应用方法。

首先介绍了指针的相关概念。指针是数据(变量、数组、字符串、函数)在计算机内存中的首地址。指针变量是一种用于存储数据地址的变量,如果指针变量存放了某一个变量的地址,则该变量称为指针变量所指向的变量,也称做是指针变量的目标变量。

指针变量的定义形式如下:

数据类型 * 指针变量名 1, * 指针变量名 2,……, * 指针变量名 n;

与指针变量有关的运算符主要有取地址运算符"&"(取变量的地址)与指针运算符" * "(访问指针变量所指向的变量)。

其次介绍了指针与数组的关系。重点介绍了引用指向一维数组的指针变量来访问数组中的元素以及相关注意事项。

如果有：

```
int a[10], * p;
p=a;或者 p=&a[0];
```

即 p 为指向数组 a 的指针变量,也就是说,p 指向了数组 a 中第一个元素(a[0])的位置,"p++"则表示指针变量 p 指向数组 a 中的下一个元素(a[1])的位置,而不是对指针变量 p 的值+1。

可以把数组 a 中任意元素的地址赋给指针变量 p,即允许指针变量 p 指向数组 a 中任意元素的位置。对指针变量 p 做"p+n/p-n"操作,表示把指针变量 p 从当前位置上向后/前移动 n 个元素的位置。无论指针变量 p 如何移动,其移动结果不能超出数组 a 的长度范围,否则指针变量 p 没有意义。

从一维数组的角度看二维数组 b[m][n],二维数组名 b 和其第一维下标的每一个值 $(0,1,\cdots,m-1)$ 共同构成了一组新的一维数组名 b[0]、b[1]、$\cdots$、b[m-1],所以 b[i]($0 \leqslant i \leqslant m-1$)可以看成是第 $i+1$ 行一维数组的地址。指向二维数组的指针变量与指向一维数组指针变量的用法是一样的。

再次介绍了指向一维字符串的指针变量及其使用方法。通过字符数组名或指向字符串的指针变量可以整体访问字符串或逐个访问字符串中的每一个字符元素。对于非字符类型(int 类型、float 类型等)的数组,是不能通过数组名对数组元素进行一次性整体输出的。

最后介绍了指针变量与函数的联系。主要介绍了定义与使用指向函数的指针变量来调用函数的方法,指针变量作为函数参数的使用方法以及指针型函数的简单应用。

习 题 7

1. 什么是指针？什么是指针变量？什么是指针变量的目标变量？

(以下习题均要求采用指针方法来处理。)

2. 任意输入 2 个小数,分别计算二者的和、差、积、商。

3. 输入 3 个整数,输出其中的最小值。

4. 输入 10 个整数,要求：(1)逆序输出。(2)输出其中的最大值。(3)输出平均值(结果保留 2 位小数)

5. 已知 int 类型二维数组 a[3][2],要求以 3 个数一行的形式输出数组 a 中各个元素的值。

6. 使用字符型指针,正序输出字符串"my college"中的各个字符,以及逆序输出由部分字符组成的字符串"y colle"。

7. 使用字符型指针,将字符串 a("How are you")移动到字符串 b 中。

8. 任意输入一串由数字组成的字符串(比如"61540970526"),统计出字符串中大于 5、小于 5 以及等于 5 的数字个数。

9. 任意输入 4 个小数,编写一个函数 sort,要求指针变量作为形参,实现由小到大的排序过程。

10. 使用指向函数的指针变量,输出 a 与 b 两个整数之间的最小值。

11. 设计一个函数 B,采用指针变量作为形参与实参的方法,实现 C 语言中的字符串连接函数(strcat 函数)的功能。

12. 将某一维数组中的 n 个元素依次循环右移 m 个位置,要求用指针变量作为函数参数的方法来实现。

13. 设计一个函数 f,要求采用指针变量作为形参。实现任意输入 1~12 之间的一个整数,输出其对应月份的英文单词的功能。例如输入"5",输出"May"。

14. 把字符串"Hello World"逆序拷贝到字符数组 s 中去,要求使用指针型函数完成。

第8章 结 构 体

本章学习目标

- 结构体类型的概念、特点,运用结构体设计出满足需求的数据结构
- 在已有结构体类型的基础上定义结构体变量、结构体数组以及指向结构体类型数据指针的方法,并熟练运用

C 语言的结构体类型相当于其他高级语言的"记录"。结构体类型的变量可以拥有不同数据类型的成员,是不同数据类型成员的集合。结构体在 C 语言中相当重要,也是 C 语言的精华。用户自己建立由不同类型数据组成的复合型的数据结构,称为结构体。

8.1 结构体类型的数据

在现实生活中,经常需要对某一客观事物(对象)及其属性进行描述。例如,描述某公司员工的信息时,涉及的员工信息项主要有员工的"工号"、"姓名"、"性别"、"岗位"、"月薪"、"联系方式"等。这些信息项是对同一个对象(员工)不同方面的描述,然而这些信息项各自的数据类型会有所不同(比如,"工号"用 int 类型数据表示,"性别"用 char 类型数据表示,"月薪"用 float 类型数据表示等),无法用数组处理。也就是说,"员工"是一种具有整体概念的数据,包含的属性是一系列不同数据类型的分量,如表 8.1 所示。所以,程序员往往需要根据实际对象的特点自行设计出一种满足需要的"复合"数据类型,像一个"容器"一样可以容纳多种不同的数据类型。在 C 语言中,这种"复合"数据类型称为"结构体类型"。

表 8.1 "员工"数据类型结构示意表

工号	姓名	性别	岗位	月薪	联系方式
基本整型	字符数组	字符型	字符数组	单精度实型	字符数组

8.1.1 结构体类型

结构体(struct)类型是一种将若干不同的数据类型组合在一起而形成的数据类型,属于 C 语言数据类型中的构造类型。一个结构体类型中包含了若干数据项,这些数据项的类型可以都不同,也可以部分相同或全部相同。结构体类型中的数据项称为结构体的成员或分量。

结构体类型的定义形式如下:

```
struct 结构体名
{
    数据类型 成员 1;
    数据类型 成员 2;
```

```
            ...
        数据类型 成员 n;
    };
```

比如,一个学生的信息由学号、姓名、性别、年龄、住址、成绩组成,可以定义一个名称为
student 的结构体类型。

```
struct student              //定义了一个结构体类型,名称为 student;
{
    int num;
    char name[20];
    char sex;
    int age;
    char address[50];
    float score;
};
```

结构体名也就是这个结构体类型的名称,在命名上要遵循 C 语言标识符的命名规则。
本例中,student 结构体由 6 个成员组成,其中第 1 个成员(num)与第 4 个成员(age)是基本
整型,第 6 个成员(score)是单精度实型,而第 2 个成员(name[20])与第 5 个成员(address
[50])是字符数组类型。

关于定义结构体类型,需要作以下几点说明:

① 定义某一结构体类型时,结构体名前面的 struct 关键字与大括号"{ }"后面的分号
";"不能遗漏。例如,下列定义方式是错误的:

```
student                     //遗漏了 struct 关键字;
{
    int num;
    ...
    float score;
}                           //遗漏了标识结束的标识";"。
```

② 结构体内每一个成员不仅要有各自的名称,也要有相应的数据类型。每一个成员的
数据类型可以是 C 语言中的基本数据类型,也可以是其他数据类型(如数组类型、指针类型
等),甚至还可以是另一个结构体类型。

例如,定义一个 baby(婴儿)结构体类型:

```
struct date                 //定义一个表示日期的结构体类型"date";
{
    int month;
    int day;
    int year;
};
struct baby                 //定义一个表示婴儿的结构体类型 baby;
{
    char name[20];
```

```
        char sex;
        struct date birthday;  //注：成员"birthday"的数据类型是结构体(date)类型；
    };
```

可见，结构体 baby 由 3 个成员组成。其中，成员 birthday 的数据类型又是另一个结构体 date 类型，所以，定义 baby 结构体类型之前还需要先定义一个 date 结构体类型。这也称为对结构体类型（成员）的嵌套定义。

8.1.2 结构体类型变量

对结构体类型的定义仅仅是定义了一种数据类型，它相当于一个"模型"，规定了所包含数据的组织形式，计算机并不为结构体类型分配内存空间。为了能够使用结构体类型的数据，定义完结构体类型之后，应该对该结构体类型的变量进行定义，用于存放具体的数据。在 C 语言中，结构体类型变量主要有 3 种定义方式：

1. 先定义结构体类型，再定义（结构体类型）的变量

定义方法如下：

```
struct 结构体名
{
    数据类型 成员 1;
    数据类型 成员 2;
    …
    数据类型 成员 n;
};
struct 结构体名 变量 1,变量 2,……,变量 n;
```

例如，前面已定义了一个"student"结构体类型，可以根据它来定义变量。

```
struct student
{
    int num;
    …
    float score;
};
struct student stu1,stu2;      //定义 stu1,stu2 两个 student 结构体类型的变量；
```

2. 定义结构体类型的同时定义（结构体类型）的变量

定义方法如下：

```
struct 结构体名
{
    数据类型 成员 1;
    数据类型 成员 1;
    …
    数据类型 成员 n;
} 变量 1,变量 2,……,变量 n;
```

例如：

```
struct student
{
    int num;
    ...
    float score;
} stu1,stu2;       //定义 stu1,stu2 两个 student 结构体类型的变量;
```

3. 直接定义结构体类型变量

定义方法如下:

```
struct
{
    数据类型 成员 1;
    数据类型 成员 2;
    ...
    数据类型 成员 n;
} 变量 1,变量 2,……,变量 n;
```

例如:

```
struct
{
    int num;
    ...
    float score;
} stu1,stu2;       //定义 stu1,stu2 两个结构体类型的变量;
```

以上 3 种定义结构体类型变量的方式是完全一样的,但是建议初学者采用前两种定义方法,便于掌握。

结构体类型变量简称为结构体变量。初学者学习时需要注意以下几点:

① 在 C 语言中,结构体类型与结构体类型的变量是两个不同的概念。可以对结构体变量作引用、赋值、计算等相关操作,但是不能对结构体类型作这些操作。

② 必须先定义结构体类型,再定义该结构体类型的变量,二者顺序不可颠倒。例如,下列定义"student"结构体类型变量"stu"的方式就是错误的。

```
struct student stu;      //先定义了 student 结构体变量,错误!
struct student
{
    int num;
    char name[20];
    char sex;
    int age;
    char address[50];
    float score;
};
```

③ 对于同一结构体类型的多个结构体变量,每个变量所包含的成员(分量)名称及类型

都是一样的,如前面"student"结构体类型的两个结构体变量 stu1 与 stu2。变量 stu1 与 stu2 都包含了 num,name[20],…,score 共 6 个成员,每个成员的类型也都是一样的。

④ 结构体类型名可以与该结构体类型的变量名相同。例如,

```
struct student
{
    int num;
    ...
    float score;
} student;        //定义了一个名字也为"student"的结构体类型变量;
```

但是,本书不建议这样定义,以免混淆。

8.1.3 结构体类型变量的引用与初始化

C 语言规定,不能把结构体变量看做一个整体进行引用,对结构体类型变量的引用其实是对该结构体变量的各个成员(分量)进行操作,如赋值、引用、输入与输出、计算等操作。对结构体类型变量成员的操作与对 C 语言普通变量的操作是一样的。

1. 结构体类型变量的引用

对结构体分量的引用形式如下:

(结构体)变量名.成员名

其中,"."称为成员运算符,表示的是要引用结构体变量中的某个成员。

例如,已定义了"student"结构体类型,假设有两个结构体类型变量 stu1 与 stu2,

```
struct student stu1,stu2;
```

则 stu1. num、stu1. name、stu1. sex、stu2. address、stu2. score 等可以用来表示对结构体变量的成员的引用。对结构体成员变量的使用与对 C 语言中简单变量的使用方法完全一样。

需要说明的是,如果某结构体变量的分量本身又属于另一结构体类型时,只能对最低层次的分量进行引用。

例如:

```
struct date
{
    int day;
    int month;
    int year;
};
struct baby
{
    char name[20];
    char sex;
    struct date birthday;   //成员 birthday 的数据类型是结构体(date)类型;
};
```

```
struct baby Tom;              //定义一个 baby 结构体类型变量 Tom;
```

可见,baby 类型的结构体变量 Tom 的成员 birthday 的数据类型又是另一个结构体 date 类型,所以 day、month、year 是结构体变量 Tom 的第二级成员,引用形式为 Tom. Birthday. day,Tom. Birthday. month,Tom. Birthday. year。

而 Tom. day、Tom. month、Tom. year 的引用形式则是错误的!

(注:name、sex 是 baby 类型的结构体变量 Tom 的第一级成员,引用形式为 Tom. name、Tom. Sex。)

如果希望为前面提到的 student 结构体类型变量 stu1 自行输入数据并输出,则下面的 scanf 函数与 printf 函数的写法是错误的:

```
scanf("%d,%s,%c,%d,%s,%f",&stu1);       //错误!
printf("%d,%s,%c,%d,%s,%f\n",stu1);    //错误!
```

错误原因分析:不能把结构体类型变量 stu1 作为一个整体,进行数据输入及输出操作。只能对结构体类型变量的每一个成员分别进行相应的数据输入及输出操作,也可以仅针对结构体类型变量的部分成员进行相应的数据输入及输出操作。

例如:

```
scanf("%d,%s,%c,%d,%s,%f",&stu1.num,stu1.name,&stu1.sex,&stu1.age,
stu1.address,&stu1.score);
//正确!分别对结构体类型变量 stu1 的每一个成员输入数值;
printf("%d,%s,%c,%d,%s,%f\n",stu1.num,stu1.name,stu1.sex,stu1.age,
stu1.address,stu1.score);
//正确!分别输出结构体类型变量 stu1 的每一个成员的数值内容;
scanf("%d,%s,%f",&stu2.num,stu2.name,stu2.score);
//正确!只对结构体类型变量 stu2 的成员 num、name、score 输入数值;
printf("%d,%c,%s \n",stu2.num,stu2.sex,stu2.address);
//正确!只输出结构体类型变量 stu2 的成员 num、sex、address 的数值内容;
```

2. 结构体类型变量的初始化

定义结构体类型变量时,可以对它进行初始化,即赋初值操作,然后再通过引用这个变量(或它的成员)进行相关操作,如输出数值、算术计算等。

例 8.1 制作一张图书信息表,如表 8.2 所示。要求使用结构体类型变量完成对表中数据的输出。

表 8.2 图书信息表

书　　名	作者	出版年代	出　版　社	定价(元)	书　　号
C 语言实用教程	胡元义	2014	大连理工大学出版社	37	978-7-5611-8595-7
软件工程简明教程	余久久	2015	清华大学出版社	25	978-7-303-39520-1

分析:首先定义一个 Book 结构体类型,然后再定义 2 个 book 结构体类型变量 book1 与 book2,按照表中的数据为变量 book1 与 book2 的每一个成员变量初始化,并输出相应数值。

C 程序代码如下：

```c
#include <stdio.h>
main()
{
    struct Book
    {
        char bookname[50];
        char authorname[50];
        int publication_time;
        char press[100];
        int price;
        char ISBN[50];
    };
    struct Book book1={"C语言实用教程","胡元义",2014,"大连理工大学出版社",37,
    "978-7-5611-8595-7"};
    struct Book book2={"软件工程简明教程","余久久",2015,"清华大学出版社",25,
    "978-7-302-39520-1"};
    printf("%s,%s,%d,%s,%d,%s\n",book1.bookname,book1. authorname,
    book1. publication_time,book1. press,book1. price,book1. ISBN);
    printf("%s,%s,%d,%s,%d,%s\n",book2.bookname,book2. authorname,
    book2. publication_time,book2. press,book2. price,book2. ISBN);
}
```

程序运行结果如下：

注：在本程序中，对结构体类型的定义也可以放至主函数 main 的外部完成。例如，把例 8.1 程序改写成如下形式，运行结果不变。

```c
#include <stdio.h>
struct Book          //在主函数 main 之外定义 Book 结构体类型；
{
    char bookname[50];
    char authorname[50];
    int publication_time;
    char press[100];
    int price;
    char ISBN[50];
};
main()
{
    struct Book book1={"C语言实用教程","胡元义",2014,"大连理工大学出版社",37,
    "978-7-5611-8595-7"};
    struct Book book2={"软件工程简明教程","余久久",2015,"清华大学出版社",25,
```

```
        "978-7-302-39520-1"};
    printf("%s,%s,%d,%s,%d,%s\n",book1.bookname,book1. authorname,
    book1. publication_time,book1. press,book1. price,book1. ISBN);
    printf("%s,%s,%d,%s,%d,%s\n",book2.bookname,book2. authorname,
    book2. publication_time,book2. press,book2. price,book2. ISBN);
}
```

关于对结构体变量的初始化,初学者要注意以下几点:

① 定义结构体变量时,就可以对它的成员(分量)进行初始化,如例 8.1 程序所示。初始化列表中使用一对花括号"{ }"括起来的常量,将依次赋给结构体变量中的每一个成员变量。

② C 语言允许只对某一个结构体变量的部分成员变量进行初始化。如果变量成员的数据类型为数值型,而未被初始化的结构体变量成员的值则默认为数值"0";如果变量成员的数据类型为字符型,则未被初始化的结构体变量成员的值则默认为"空"('\0')。

例如:

```
struct Book book3={book3. bookname="数据结构"};
```

则结构体变量 book3 的成员 bookname 的值为"数据结构",而 book3 的成员 authorname、press、ISBN 的值为"空"('\0'),成员 publication_time、price 的值为 0。

③ 结构体变量的成员值可以像普通变量一样参与相应的数学运算(其成员类型决定可以进行的运算)。

例如:

```
struct Book book1,book2,book3;
book2.price=book1.price;                        //赋值运算;
book3.price=book1.price+book2.price;            //算术运算;
book3.price--;                                  //自减运算;
```

④ 同一结构体类型的结构体变量之间可以相互赋值。

仍以例 8.1 程序为例,如果有:

```
struct Book book1,book2,book3;
book3=book1;    //把结构体变量 book1 中的每一个成员值依次赋给结构体变量 book3 中的每一
                个成员;
```

例 8.2 已知学生的信息由学号、姓名、性别、年龄、住址、成绩组成,要求任意输入两个学生的完整信息,输出成绩较低学生的全部信息。

分析:首先定义一个 student 结构体类型,然后再定义 2 个 student 结构体类型的变量 stu1 与 stu2。使用 scanf 函数分别输入 stu1 与 stu2 的每一项信息,比较 stu1 与 stu2 的成员"成绩"的数值,然后使用 printf 函数输出具有较低"成绩"数值学生的全部信息。

C 程序代码如下:

```
#include <stdio.h>
main()
{
```

```
struct student
{
    int num;
    char name[20];
    char sex[10];
    int age;
    char address[50];
    float score;
};
struct student stu1,stu2;
scanf("%d,%s,%s,%d,%s,%f",&stu1.num,stu1.name,stu1.sex,&stu1.age,
stu1.address,&stu1.score);
scanf("%d,%s,%s,%d,%s,%f",&stu2.num,stu2.name,stu2.sex,&stu2.age,
stu2.address,&stu2.score);
printf("成绩较低的学生信息：\n");
if(stu1.score<stu2.score)
printf("%d,%s,%s,%d,%s,%f\n",stu1.num,stu1.name,stu1.sex,stu1.age,
stu1.address,stu1.score);
else if(stu1.score==stu2.score)
{
    printf("%d,%s,%s,%d,%s,%f\n",stu1.num,stu1.name,stu1.sex,
    stu1.age,stu1.address,stu1.score);
    printf("%d,%s,%s,%d,%s,%f\n",stu2.num,stu2.name,stu2.sex,stu2.age,
    stu2.address,stu2.score);
}
else printf("%d,%s,%s,%d,%s,%f\n",stu2.num,stu2.name,stu2.sex,stu2.age,
stu2.address,stu2.score);
}
```

假设输入：

1001,王甜甜,女,20,校园东区宿舍 205,85↙
1008,张明,男,21,校园西区宿舍 506,90↙

程序运行结果如下：

8.2   结构体数组

C 语言允许使用结构体数组,即数组中的每一个元素都是一个结构体类型的变量。例如,例 8.2 程序中 student 类型的结构体变量 stu1,只能存放一个学生的信息,如果需要处理多个(如 10 个、50 个)学生的信息,就需要使用结构体数组。结构体数组的使用与简单变量数组的使用方式是一样的,只是定义数组时用结构体类型替代基本数据类型即可。限于篇幅,本节仅介绍一维结构体数组的定义及其使用方法。

8.2.1 结构体数组的定义

结构体数组的定义主要有以下两种方法:

(1) 先定义结构体类型,再定义结构体数组

例如:

```
struct student
{
    int num;
    char name[20];
    char sex;
    int age;
    char address[50];
    float score;
};
struct student A[5];      //定义 student 结构体类型的数组 A;
```

(2) 定义结构体类型的同时定义结构体数组

```
struct student
{
    int num;
    char name[20];
    char sex;
    int age;
    char address[50];
    float score;
} A[5];      //定义 student 结构体类型的数组 A;
```

定义完结构体数组之后,就可以访问结构体数组中的元素了。以结构体数组 A[5]为例,A[i]($0 \leqslant i \leqslant 4$)表示结构体数组 A 中的第 i+1 个(结构体)元素(如 A[2]表示结构体数组 A 中的第 3 个元素),这与普通数组元素的表示方式是一样的。但是 A[5]中的每一个元素都是 student 结构体类型,若要访问某个结构体元素的成员,仍然需要通过"A[i].成员名"的方式访问。例如,A[0].age 表示第 1 个结构体元素的 age 成员,A[3].score 表示第 4 个结构体元素的 score 成员。

8.2.2 结构体数组的初始化

与普通数组一样,定义结构体数组的同时可以为结构体数组中的每一个(结构体)元素赋初值,即对结构体数组的初始化。

(1) 完全初始化

完全初始化是指对结构体数组中的所有元素都进行初始化。

例如:

```
struct student
{
    int num;
    char name[20];
    char sex;
    int age;
    char address[50];
    float score;
};
```
struct student stuA[3]={{ 1001,"王甜甜",'F',20,"校园东区宿舍 205",85},{1002,"张婷",'F',21,"校园西区宿舍 213",76},{1005,"李明",'M',22,"校园西区公寓 104",90}};
//对结构体数组 stuA 中的 3 个结构体元素进行初始化,每个元素的成员值分别用大括号"{ }"括起来。

(2) 部分初始化

部分初始化是指只对结构体数组中的部分元素进行初始化。

例如:

```
struct student
{
    int num;
    char name[20];
    char sex;
    int age;
    char address[50];
    float score;
};
```
struct student stuA[3]={{ 1001,"王甜甜",'F',20,"校园东区宿舍 205",85},{1002,"张婷",'F',21,"校园西区宿舍 213",76}};   //只对 stuA 数组中的前 2 个结构体元素进行初始化;

本例中,第 3 个结构体数组元素 stuA[2]的每一项成员值为 0(数值型成员)或为'\0'(字符型成员)。

例 8.3 自定义一个 student 结构体类型,通过对结构体数组初始化的方式输出以下 4 个学生的信息。

C 程序代码如下:

```
#include <stdio.h>
struct student            //定义一个 student 结构体类型;
{
    int num;
    char name[20];
    char sex[10];
    int age;
    char address[50];
    int score;
};
```

```
struct student stuA[4]={{ 1001,"王甜甜","女",20,"校园东区宿舍205",85},{1002,"张
婷","女",21,"校园西区宿舍 213",76},{1005,"李毅","男",22,"校园西区公寓 104",90},
{1007,"张虹","女",23,"校园南区公寓 504",78}};
main()
{
    int i;
    for(i=0;i<3;i++)
    {
        printf("%d,%s,%s,%d,%s,%d\n",stuA[i].num,stuA[i].name,stuA[i].sex,
        stuA[i].age,stuA[i].address,stuA[i].score);
    }
}
```

程序运行结果如下：

```
1001，王甜甜，女，20，校园东区宿舍205，85
1002，张婷，女，21，校园西区宿舍213，76
1005，李毅，男，22，校园西区公寓104，90
1007，张虹，女，23，校园南区公寓504，78
Press any key to continue
```

实训 18　结构体数组应用实训

任务 1　假设学生信息由学号(num)、姓名(name)、考试成绩(score)组成。通过定义结构体数组来存放 5 个学生的信息,统计成绩及格(score≥60)的学生人数以及输出相应学生的信息。

C 程序代码如下：

```
#include <stdio.h>
struct student
{
    int num;
    char name[30];
    float score;
};
main()
{
    struct student stu[5]={{101,"李敏",45},{102,"王义",62.5},{103,"王甜甜",
    56.5},{104,"刘萌萌",87},{105,"孙小丽",70}};
    int i,n=0;
    for(i=0;i<=4;i++)
    {
        if(stu[i].score>=60)
        {
            printf("学号：%d,姓名：%s,成绩：%.1f\n",stu[i].num,stu[i].name,
            stu[i].score);
            n++;
```

```
        }
    }
    printf("成绩及格人数=%d\n",n);
}
```

程序运行结果如下：

任务 2 统计候选人得票的程序。假设有 4 个候选人(张三、李四、王二、赵六)，10 个学生对他们投票，要求每个学生每次只能投票给其中 1 个候选人(即输入该候选人的名字)，并且不能弃权。统计出最后各候选人的得票结果。

分析：首先定义一个候选人 person 结构体类型，包含"姓名"(name)与"票数"(count)两项信息。其次定义一个 person 结构体数组 leader[4]，并初始化 4 个候选人的信息(注：每个候选人"票数"信息的初始值为 0)。再次定义一个普通的字符数组 leadername[20]，用于接收学生所输入(选举)的候选人姓名。如果某位学生输入的(候选人)姓名与实际候选人姓名相吻合，则说明了该学生投票给了候选人。最后输出 4 个候选人得到的票数。

C 程序代码如下：

```
#include <stdio.h>
struct person
{
    char name[20];
    int count;
};
struct person leader[4]={{"张三",0},{"李四",0},{"王二",0},{"赵六",0}};
main()
{
    int i,j;
    char leadername[20];
    printf("请 10 个同学依次输入候选人的姓名：\n");
    for(i=1;i<=10;i++)
    {
        scanf("%s",leadername);
        for(j=0;j<4;j++)
        if(strcmp(leadername,leader[j].name)==0)
        leader[j].count++;
    }
    printf("\n");
    for(i=0;i<4;i++)
    printf("%4s: %d\n",leader[i].name,leader[i].count);
}
```

假设 10 个学生依次输入所选举的候选人姓名，即：

张三↙
李四↙
张三↙
赵六↙
王二↙
张三↙
李四↙
赵六↙
李四↙
赵六↙

程序运行结果如下：

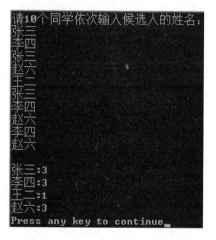

任务 3 某通讯录中记录了 5 个员工的信息，包括姓名、电话、工作单位。输入员工的姓名，查询通讯录中是否有此人的信息。

C 程序代码如下：

```c
#include <stdio.h>
struct employee
{
    char name[20];
    char tel[20];
    char company[50];
};
struct employee emp[5]={{"张虹","0551-63456781","合肥瑞和商贸有限公司"},{"潘
雅","0551-657567816","合肥百大集团"},{"李明","0551-6457564523","合肥市三十九
中"},{"何琳","0551-627567321","合肥供水集团第三分公司"},{"王晶","0551-
63437654","合肥市图书馆"}};
main()
{
    int i;
    char serachname[50];
    scanf("%s",serachname);
```

```
    for(i=0;i<5;i++)                    //把输入的姓名,依次与所存储的5个员工姓名进行比较;
    if(strcmp(serachname,emp[i].name==0))
    {
        printf("%s\n",serachname);
        printf("%s\n",emp[i].tel);
        printf("%s\n",emp[i]. company);
        break;                          //已找到,查询结束!
    }
    if(i==5) printf("查无此人! \n");
}
```

假设输入:

王晶↙

程序运行结果如下:

假设输入:

刘萌萌↙

程序运行结果如下:

8.3 指向结构体类型数据的指针

C语言允许设置指针变量来指向某一结构体类型的数据。此时,该指针变量的值则是其所指向的结构体数据的起始地址。当然,指针变量也可以指向结构体数组以及结构体数组中的元素。

8.3.1 指向结构体变量的指针

可以用下列C语句定义一个结构体类型的指针变量,用来指向该结构体类型的普通变量。
假设有以下C程序段:

```
struct worker                  //定义worker结构体类型;
{
    int num;
    char name[20];
    char sex;
    int age;
    char dep[30];
```

```
};
struct worker LiHong;        //定义一个 worker 结构体类型的变量 LiHong;
struct worker * p;           //定义一个 worker 结构体类型的指针变量 p;
p=&LiHong;                   //使结构体类型的指针变量 p 指向了结构体变量 LiHong;
...
```

则可以通过 worker 结构体类型的指针变量 p 来引用(访问)其所指向的结构变量 LiHong 中的任意成员。

有以下两种引用形式：

(1) 指针变量－＞成员名；

在 C 程序中,可以通过指针引用(访问)结构体变量的某一个成员。符号"－＞"是指向结构体成员的运算符。符号"－＞"与取结构成员运算符"."的优先级相同,表示它所要访问的结构体成员。但是,符号"－＞"的左边必须是指向结构体变量的指针变量。

例如：

```
p->num;
```

含义：使用指针变量 p 引用结构体变量 LiHong 中的成员 num。

```
p->age=27;
```

含义：使用指针变量 p,将所引用的结构体变量 LiHong 中的成员 age 赋值为 27。

(2) (* 指针变量). 成员名；

例如：

```
( * P).sex;
```

含义：使用指针变量 p 引用结构体变量 LiHong 中的成员 sex。

```
( * P).dep="铆焊车间";
```

含义：使用指针变量 p,将所引用的结构体变量 LiHong 中的成员 dep 赋值为"铆焊车间"。

几点说明如下：

① 前文已经强调,结构体类型与结构体变量是两个不同的概念。系统不会为结构体类型分配存储空间,也就是说,不能把结构体类型的地址赋给一个指向该结构体类型变量的指针变量。如果有赋值语句 p＝&worker;,则是错误的,因为 worker 是结构体类型名。但是,允许把结构体变量的地址赋给一个指向该结构体类型变量的指针变量,即赋值语句 p＝&LiHong;是正确的,因为 LiHong 是 worker 结构体类型的结构体变量。

② 结构体变量的地址其实就是该变量中第一个成员(分量)的地址。如果把结构体变量的地址赋给了该结构体类型的指针变量 p,也就是说,此时 p 指向的是该结构体变量中的第 1 个成员,并且 p 不能指向该结构体变量中的其他成员。

例如：

```
struct worker LiHong;
struct worker * p;
p=&LiHong;           //是把结构体变量 LiHong 中的第一个成员 num 的地址赋给了指针变量 p,如
                      表 8.3 所示。
```

表 8.3　指向结构体变量 LiHong 的指针 p

LiHong	所占空间
num	4 个字节
name[20]	20 个字节
sex	1 个字节
age	4 个字节
dep[30]	30 个字节

p→（指向表格左侧）

也就是说，语句 p=&LiHong;与 p=&LiHong. num;是等价的。

而下列 C 语句试图把结构体变量 LiHong 中的非第 1 个成员的地址赋给指针变量 p:

```
P=&LiHong.name;          //错误!
P=&LiHong.sex;           //错误!
P=&LiHong.age;           //错误!
P=&LiHong.dep;           //错误!
```

所以，以上语句的写法均是错误的。也就是说，不允许使指针变量 P 指向结构体变量中的非第 1 个成员。

③ 允许使用"指针变量－＞成员名"或"（＊指针变量）.成员名"的方式来引用所指向结构体变量的任意一个成员。如 P－＞age;（＊P）.sex;等。

④ 当采用"（＊指针变量）.成员名;"的方式来引用所指向结构体变量的成员时，小括号"（）"不能缺少。因为在 C 语言中，取结构体变量成员的运算符"."的优先级要高于指针运算中的取地址内容运算符"＊"。

例如，如果语句（＊p）.sex;中省略了"（）"，变成了语句＊p.sex;。则语句＊p.sex;会被解释成＊（p.sex）;，即求解 p.sex 作为地址所指向的内容，显然与语法不符。

例 8.4　分析下列程序的运行结果。

C 程序代码如下：

```
#include <stdio.h>
main()
{
    struct Student            //定义 Student 结构体类型;
    {
        char name[30];        //姓名
        char course[30];      //课程
        float score;          //分数
    };
    struct Student student;   //定义一个结构体变量 student;
    struct Student *p;        //定义一个 Student 结构体类型的指针变量 p;
    p=&student;               //把结构体变量 student 的首地址赋给指针变量 p,即
                              //指针 p 指向了结构体变量 student;
    strcpy(student.name,"左婷婷");
    strcpy(student.course,"数据库原理");
    student.score=86.5;
    printf("name: %s\ncourse: %s\nscore: %.2f\n",student.name,student.course,
```

```
        student.score);                        //语句 1;
        printf("\n");
        printf("name: %s\ncourse: %s\nscore: %.2f\n",(*p).name,(*p).course,(*p).
        score);                                //语句 2;
        printf("\n");
        printf("name: %s\ncourse: %s\nscore: %.1f\n",p->name,p->course,p->score);
                                               //语句 3;
    }
```

分析:在该程序中,语句1、语句2与语句3实现的功能是一样的,分别采用"结构体变量.成员名"、"(*指针变量).成员名"与"指针变量一>成员名"的形式输出结构体变量 student 的各个成员值。

程序运行结果如下:

8.3.2 指向结构体数组的指针

与简单数组一样,可以设置指向结构体数组的指针来引用(访问)结构体数组中的元素及其相应的成员。

例如,在 8.3.1 小节中已有 worker 结构体类型的基础上定义一个 worker 结构体类型的数组 workers[3],即:

```
...
struct worker workers[3];      //定义一个结构体数组 workers[3];
struct worker *P;              //定义一个 worker 结构体类型的指针变量 P;
p=workers;                     //使结构体类型的指针变量 P 指向了结构体数组 workers;
...
```

下面通过例 8.5 来说明指向结构体数组指针的用法。

例 8.5 假设有 4 个学生的信息放在结构体数组中,要求输出全部学生的信息。

分析:用指向结构体数组的指针处理。

① 定义 Student 结构体类型,并定义一个长度为 3 的该结构体类型的(一维)数组,对其进行初始化。

② 定义指向结构体数组的 Student 结构体类型的指针 P。

③ 使指针 P 指向结构体数组中的第一个元素,并输出元素中各个成员的信息。

④ 使指针 P 依次指向后面的每一个结构体数组元素,同时输出每一个元素中各个成员

的信息。

C 程序代码如下：

```
#include <stdio.h>
struct Student
{
    int num;
    char name[20];
    char sex;
    int age;
};
struct Student stu[4]={{10101,"张玉萍",'M',18},{10102,"夏雨娟",'M',19},{10104,
"鲁静",'F',20},{10104,"钱正文",'M',18}};
main()
{
    struct Student * p;
    for(P=stu;P<stu+4;P++)
    printf("%5d %-10s %2c %4d\n",P->num,P ->name,P ->sex,P->age);
}
```

程序运行结果如下：

```
10101 张玉萍      M   18
10102 夏雨娟      M   19
10104 鲁静        F   20
10104 钱正文      M   18
Press any key to continue_
```

在对指向结构体数组的指针进行应用时,初学者应注意以下几点:

① 在本例中,如果把结构体数组的地址赋给指针 P(P＝stu;),即指针 P 指向的是该结构体数组中的第 1 个元素。确切地说,指向是的数组中第 1 个结构体元素的第 1 个成员,如表 8.4 所示。

表 8.4　指向结构体数组 stu[4]的指针变量 P

P→	num	10101	
	name	张玉萍	stu[0]
	sex	F	
	age	18	
(P+1)→	num	10102	
	name	夏雨娟	stu[1]
	sex	F	
	age	19	
(P+2)→	num	10104	...
	...	...	

② 对于含 m 个元素的一维结构体数组,如果指针 P 指向了数组中的第 1 个元素,则 P+n(1≤n≤m−1)表示的是使指针 P 指向该结构体数组中的第 n+1 个结构体元素(第 n+1 个结构体元素中的第 1 个成员),而不是第 1 个结构体元素中的第 n+1 个成员。

③ P 指针只能指向结构体数组中每一个元素(变量)的第 1 个成员,而不能指向元素的其他(非第一个)成员,即不允许把结构体数组元素的非第 1 个成员的地址赋给 P 指针变量。例如,本例中关于 P 指针的下列语句是错误的,请读者自行思考错误原因。

```
P=&stu[0].sex;              //错误!
P=&stu[1].age;              //错误!
P=&stu[2].name;             //错误!
```

实训 19   指向结构体的指针变量及其应用实训

任务 1   假设有 3 个学生,每个学生包含其学号(num)、姓名(name)、成绩(score)。要求找出成绩最高学生的信息。

C 程序代码如下:

```
#include <stdio.h>
struct student               //定义 student 类型的结构体;
{
    int num;
    char name[20];
    float score;
};
main()
{
    struct student stu[3];   //定义 student 结构体类型数组 stu[3],用于存放 3 个学生的
                             信息;
    struct student * p;      //定义 student 结构体类型的指针 p;
    int i,temp=0;            //temp 表示数组 stu[3]中最高成绩学生(元素)的序号,初值为 0;
    float max;
    for (i=0;i<3;i++)
    scanf("%d %s %f ",&stu[i].num, stu[i].name,&stu[i].score);   //依次输入 3 个学
                             生的各项信息;
    for (max=stu[0].score,i=1;i<3;i++)
    if (stu[i].score >=max)
    {
        max=stu[i].score;
        temp=i;
    }        //依次通过比较,得出 3 个学生中分数最高学生的分数 max 及相应学生的序号 temp;
    p=stu+temp;              //把 p 指针指向 stu[3]中相应的元素上(分数最高的元素);
    printf("\n 最高分:\n");
    printf ("No.:%d\n name:%s\n score:%4.1f\n",p->num,p->name,p->score);}
    //输出分数最高学生的学号,姓名和分数;
```

假设输入：

101 王颖 75.5↙

102 汪雨晴 80↙

103 陈国丽 65.5↙

程序运行结果如下：

```
101 王颖 75.5
102 汪雨晴 80
103 陈国丽 65.5

最高分：
No. :102
name:汪雨晴
score:80.0
Press any key to continue
```

任务 2 假设有 4 个学生，每个学生的数据包括学号、姓名、3 门课的成绩。任意输入 5 个学生的数据，要求输出 3 门课的总平均成绩以及最低分学生的数据（包括学号、姓名、3 门课的成绩、平均分数）

C 程序代码如下：

```c
#include <stdio.h>
struct student
{
    char num[6];
    char name[8];
    float score[3];
    float avr;
} stu[4];
main()
{
    int i,j,mini;
    float sum,min,average;
    for (i=0;i<4;i++)
    {
        printf("输入学生%d 的学号：\n",i+1);
        printf("学号：");
        scanf("%s",stu[i].num);
        printf("姓名：");
        scanf("%s",stu[i].name);
        for (j=0;j<3;j++)
        {
            printf("分数 %d：",j+1);
            scanf("%f",&stu[i].score[j]);
        }
    }
    average=0;
```

```
    min=0;
    mini=0;
    for(i=0;i<4;i++)
    {
        sum=0;
        for(j=0;j<3;j++)
        sum+=stu[i].score[j];
        stu[i].avr=sum/3.0;
        average+=stu[i].avr;
        if(sum<min)
        {
            min=sum;
            mini=i;
        }
    }
    average/=4;
    printf("学号   姓名  分数1  分数2  分数3  平均分\n");
    for (i=0;i<4;i++)
    {
        printf("%5s%10s",stu[i].num,stu[i].name);
        for (j=0;j<3;j++)
        printf("%9.1f",stu[i].score[j]);
        printf("%8.1f\n",stu[i].avr);
    }
    printf("平均分=%5.1f\n",average);
    printf("最低分:学生 %s,%s\n",stu[mini].num,stu[mini].name);
    printf("分数:%6.1f,%6.1f,%6.1f,平均分:%5.1f.\n",stu[mini].score[0],stu
[mini].score[1],stu[mini].score[2],stu[mini].avr);
}
```

假设输入下列相应数据：

程序运行结果如下：

8.4 本 章 小 结

本章主要介绍 C 语言结构体类型数据的定义及其使用方法。

首先介绍了结构体类型的定义方法。

```
struct 结构体名
{
    数据类型 成员 1;
    数据类型 成员 2;
    …
    数据类型 成员 n;
};
```

其次介绍了结构体变量以及结构体（一维）数组的定义方法。在已有结构体类型的基础上，常用的定义结构体变量形式为：

struct 结构体名 结构体变量 1,结构体变量 2,……,结构体变量 n;

对结构体变量成员的引用，需要用符号"."进行逐级引用，形式如下：

结构体变量.成员（.下一级成员……最低一级成员）;

对结构体变量的初始化，实际上是对其每一项成员进行初始化。其形式如下：

结构体变量={成员 1 初值,成员 2 初值,……,成员 n 初值};

常用的定义结构体数组形式如下：

struct 结构体名 结构体数组 1[n],……,结构体数组 k[m];

与普通数组一样，结构体数组也可以在定义时进行初始化，形式如下：

struct 结构体名 结构体数组 [n]={"结构体数组元素 1 初值","结构体数组元素 2 初值",……,"结构体数组元素 n 初值"};

最后介绍了指向结构体类型数据的指针及其应用方法。

假设指针变量 p 已指向了某结构体变量 v,则下列 3 种形式都可以用来表示对结构体变量 v 成员的引用（访问）。

形式 1：v.成员;

形式 2：p->成员;

形式 3：(＊p). 成员；

假设指针变量 p 已指向了某结构体数组，则 p＋1 指向的是该数组中的下 1 个元素(下 1 个元素中的第 1 个成员)，而不是当前结构体元素的下 1 个成员。无论怎样移动 p 指针，指针变量 p 只能够指向结构体数组中任意元素的第 1 个成员。

习 题 8

1. 什么是结构体数据类型？已知茶杯(CUP)由颜色(color)、容量(capacity)、材料(plastics)、价格(price)信息组成。自定义一个 CUP(茶杯)结构体类型，写出相应的 C 程序段。

2. 已知教师(Teacher)结构体类型由姓名(name)、性别(sex)、职称(name)、岗位(job)、联系电话(tel)信息组成，自定义一个 Teacher 结构体变量 teacher1，并对其初始化，输出各项信息。

3. 自定义一个表示 month(月)的结构体类型，由"月份的数字"、"该月份的英文单词"、"该月份所含天数"三部分信息组成。使用该结构体数组存放 12 个月份的信息。编写程序输出 12 个月的信息。

4. 某点名册中记录了 10 个学生的信息，包括学号(NO.)、姓名(Name)、班级(Class)、电话(Tel)。输入学生的姓名，查询点名册中是否有此人的信息。

5. 应用指向结构体数组的指针编写程序。假设有 5 个学生，每个学生包含学号(NO.)、姓名(name)、成绩(score)。通过输入数据输出成绩最低者的姓名和成绩。

6. 在第 5 题所建立结构体数组的基础上输入数据，要求输出 5 个学生的平均成绩以及成绩不及格(成绩＜60)学生的信息。

7. 定义一个"日期"结构体类型(由年、月、日三个整型数据项组成)的变量，任意输入一个日期值，计算该日期是本年中的第几天。

第9章 文　　件

本章学习目标

- 文件的基本概念及其分类
- C 文件的打开与关闭。使用 C 编译系统中提供的文件打开(fopen)与文件关闭 (fclose)函数对当前文件进行打开与关闭操作
- 使用一些常用的 C 文件读/写函数,对已打开的文件进行相应的数据读/写操作

在前面的 C 程序中,用户可以通过键盘等计算机终端设备输入数据,完成相应的运算。但是,数据及其运算结果也只能以一个窗口的形式显示出来。如果关闭程序,这些数据会自动消失(被释放)。用户可以把数据以文件的形式存储在计算机外存储器中,解决此类问题,这就涉及对数据的文件操作。C 语言提供了大量对文件进行访问的标准函数,以对存储在计算机外存上文件中的数据进行相关存取访问。由于 C 语言中没有单独的输入与输出语句,所以需要使用库函数实现对文件的读写等操作。限于篇幅,本章仅就 C 语言文件的一些基本概念以及文件读/写等基本操作作简单介绍,有关文件的高级应用及其相关内容,可以查阅《操作系统原理》等专业书籍深入学习。

9.1　文件概述

从资源管理的角度来看,"文件"是存放各种计算机数据的载体,一般存储在计算机的外存储器(外存)中。计算机操作系统以文件为单位管理数据,每个文件都有一个唯一的文件名,用于对文件的标识、访问以及存取。也就是说,如果用户想访问存储在计算机外存上的数据,首先要按照文件名找到指定的文件,然后再从该文件中读取数据。同样,如果想把数据存储到计算机外存上,必须先在外存上建立一个文件,才能向该文件输入数据。

1. C 文件的概念

从程序设计的角度看,可以把文件看成是一组相关数据的有序集合,文件名就是这个数据集的名称。在 C 语言中,文件是一串字符(字节)的序列,即由若干个字符(字节)的数据组成。根据文件编码的方式,文件可以分为文本文件和二进制码文件两种。

(1) 文本文件

每一个字节中存放的是一个 ASCII 码,代表的是一个字符,文本文件又称做 ASCII 码文件。

(2) 二进制码文件

把计算机内存中的数据按照其在内存中的存储形式(二进制形式)原样地存放在计算机外存上。

但是,C 编译系统处理这些文件时,并不区分究竟是文本文件还是二进制码文件,会把它们都看成是字符(字节)流。也就是说,C 语言把数据的输入与输出看成是数据的流入与流出,而不论数据的出发地或目的地是文件,还是其他计算机物理设备(如键盘、显示器等)。

所以,C 文件也称做"数据流文件"或"流(式)文件"。涉及到的对 C 文件的各类函数(如输入/输出函数等)及其使用方法与具体的操作对象无关。所以,对 C 文件的操作具有良好的通用性,也有利于编程。

2. C 文件类型—FILE 类型

C 编译系统为每一个被使用的文件在计算机内存中开辟一个存储区,用于存放文件的相关信息,如文件名、文件存放位置、文件状态等。所有这些文件信息被保存在一个以 FILE 为结构体类型名的结构体变量中。其中,FILE 是 C 编译系统自动定义的结构体类型,且 FILE 必须为大写。

对 FILE 文件类型的定义结构如下:

```
typedel struct
{
    int level;               //缓冲区被占用("满"或"空")的程度;
    unsigned flags;          //文件状态标志;
    char fd;                 //文件描述符;
    unsigned char hold;      //若无缓冲区,不读取字符;
    int bsize;               //缓冲区大小;
    unsigned char * buffer;  //文件缓冲区指针;
    unsigned char * curp;    //文件定位指针;
    unsigned istemp;         //临时文件指示器;
    short token;             //用于合法性检查;
}
```

在已有 C 文件类型 FILE 的基础上可以定义相应的 FILE 类型的变量,用于存放若干个文件的信息。

例如,FILE file[10];定义了一个 FILE 类型的数组 file,它含有 10 个元素,数值 10 表示可以使用文件的最多数目。

再例如,FILE ＊f;定义了一个指向 FILE 结构体类型的指针变量 f,指针变量 f 可以指向某一个 FILE 结构体变量,即可通过文件指针变量找到其所指向的文件,从而实现对文件信息的访问。(当然,对于 m 个文件 file1,file2,…,filem,则可以设 m 个文件类型(FILE 类型)的指针变量 f1,f2,…,fm,使它们分别指向这 m 个文件,以实现对文件的访问)

9.2 文件的打开与关闭

在 C 语言中,对存放在计算机外存(缓冲区)中的 C 文件,读写之前需要"打开"该文件,使用结束之后则应该"关闭"该文件。简言之,对 C 文件的操作是"先打开,后读写,最后关闭"。

9.2.1 打开文件函数(fopen 函数)

对文件进行打开操作,需要使用文件打开函数 fopen 函数,fopen 函数从 C 语言的标准输入输出库函数中提供。

fopen 函数的调用方式如下:

```
FILE * fp;
fp=fopen(文件名,文件的使用方式);
```

例如:

```
fp=fopen("file1","r");
```

功能:打开一个文件名为 file1 的文本文件,文件使用方式为"只读",即向文件 file1 中读入数据。也就是说,使用 fopen 函数打开了一个文件名是 file1 所指的外部文件,fopen 函数返回一个指向 file1 文件的指针,并赋给文件类型的指针变量 fp。

对文件的操作方式由文件的使用方式(例如,"只读"、"只写"等)决定。在对 fopen 函数的调用方式中,文件使用方式用一个"字符串"来表示,表 9.1 给出了 fopen 函数中针对文本文件与二进制码文件的一些常用文件使用方式的取值表。

表 9.1 文件的使用方式

文件的使用方式	含义	说　　明
"r"	只读	为输入数据打开一个文本文件
"w"	只写	为输出数据打开一个文本文件
"a"	追加	向文本文件的末端增加数据
"r+"	读写	为读/写数据打开一个文本文件(操作前该文件已经存在)
"w+"	读写	为读/写数据新建一个文本文件(文件新建之后,先向文件中写数据,然后才能读文件中的数据)
"a+"	读写	为读/写数据打开一个文本文件(原文件不被删除,文件位置指针移至文件末尾,可以添加数据,也可以读数据)
"rb"	只读	为输入数据打开一个二进制码文件
"wb"	只写	为输出数据打开一个二进制码文件
"ab"	追加	向二进制码文件的末端增加数据
"rb+"	读写	为读/写数据打开一个二进制码文件
"wb+"	读写	为读/写数据新建一个二进制码文件
"ab+"	读写	为读/写数据打开一个二进制码文件

9.2.2 关闭文件函数(fclose 函数)

文件一旦使用完毕,需要用文件关闭函数 fclose 函数关闭文件,以释放相关资源,避免数据丢失。与 fopen 函数一样,fclose 函数也是从 C 语言的标准输入输出库函数中提供。

fclose 函数的调用方式如下:

```
fclose(文件指针);
```

例如:

```
FILE * fp;
fp=fopen("file1","r");
```

```
fclose(fp);        //关闭文件 file1;
```

功能：把用 fopen 函数打开文件(file1)时所返回的指针赋给指针变量 fp,关闭文件。

fclose 函数也带一个返回值。当文件正常关闭时,fclose 函数的返回值为 0;如果返回值是非 0 值,则表示有错误发生。

9.3 文件读/写函数

打开文件后,就可以对其进行读与写方面的操作。对文本文件,可以采取以字符读/写或字符串读/写的方式;对二进制码文件,则可以采取以数据块读/写或格式化读/写的方式。本节主要对这几组常用的文件读/写函数作简单介绍。

9.3.1 单个字符读/写函数

1. 单个字符写函数——fputc 函数

fputc 函数的调用方式如下:

```
fputc(ch,fp);
```

功能：把一个字符 ch 写到(磁盘)文件中。

说明：ch 可以是一个字符常量或字符变量,fp 是文件(FILE)类型的指针变量。fputc 函数的作用是把字符 ch 的值输出到指针变量 fp 所指向的文件中去。

注：fputc 函数是一个带有返回值的函数。如果输出成功,则返回值就是所输出的字符;如果输出失败,则返回一个隐式的文件结束符号(符号常量 EOF 用于结束文件,不显示在屏幕上)。

2. 单个字符读函数——fgetc 函数

fgetc 函数的调用方式如下:

```
ch=fgetc(fp);
```

功能：从当前某个文件中读出一个字符 ch。

说明：ch 是一个字符常量或字符变量,fp 是文件(FILE)类型的指针变量。执行 fgetc 函数,fgetc 函数会从 fp 指向的文件当前位置返回一个字符,赋给字符变量 ch,然后将文件指针 fp 移到文件中的下一个字符处。如果已到文件尾,fgetc 函数返回 EOF,此时则表示本次操作结束。

注：当前文件是指该文件已读或者是已经以读写方式打开的文件。如果完成了对文件的读/写操作,则应该使用 fclose 函数关闭该文件。

9.3.2 字符串读/写函数

1. 字符串读函数——fgets 函数

fgets 函数的调用方式如下:

```
fgets(str,n,fp);
```

功能：从当前文件中读入一个字符串。

说明：fp 是文件(FILE)类型的指针变量，str 是字符数组名。从 fp 指向的文件中读取一个字符串(至多 n-1 个字符)，然后在最后加一个表示字符串结束的'\0'字符，并把它们放入到字符数组 str 中。

注：fgets 函数一次最多只能从当前文件中读取 127 个字符。使用 fgets 函数读取字符串时，遇到 EOF(文件结束符)或回车符为止。fgets 函数的返回值为字符数组 str 的首地址。

2. 字符串写函数——fputs 函数

fputs 函数的调用方式如下：

```
fputs(str,fp);
```

功能：向当前文件中输出一个字符串。

说明：fp 为文件(FILE)类型的指针变量，str 可以是字符数组名、字符串常量或字符型指针。把 str 指向的字符串写入到文件指针 fp 指向的文件中。

注：fputs 函数操作成功时，函数返回 0，操作失败，则返回一个非 0 值。

9.3.3 数据块读/写函数

在程序设计中，"数据块"指的是一组数据的集合，如一个数组或结构体变量中的数据值。在前面介绍的几种 C 文件读/写函数中，对于复合数据类型的数据，却无法以"数据块"的形式一次性地向文件写入或者从文件中读出。

C 语言提供了针对整块数据的读/写函数——fread 函数与 fwrite 函数，以实现对数组或结构体等复合数据类型的数据一次性的读与写操作。需要注意的是，对数据块形式的文件读/写操作，创建文件时只能以二进制文件格式创建。

1. 数据块读函数——fread 函数

fread 函数的调用方式如下：

```
fread(buf,size,count,fp);
```

说明：buf 是一个指针变量，用于存放输出数据的首地址。size 是一个 int 类型整数，表示数据块中所包含的字节数(该数据块中数据的个数×每个数据的数据类型所占的字节数)。count 同样表示的是一个 int 类型的整数，即从文件中所读取的数据块的块数。fp 是文件类型的指针变量，指向当前文件。

功能：从 fp 指向的文件中读取 count 个数据块，每个数据块为 size 个字节长度，并把它们放到 buf(缓冲区)所指向的数组或结构体变量中。

假设有：

```
int a[5];
fread(a,4,3,fp);
```

执行 fread 函数后所完成的功能如下：从 fp 指向的文件中每次读取 4 个字节(恰好为一个 int 类型数据的长度)，写入到数组 a 中，连续读取 3 次。即一共读取了 3 个整数到数组 a 中。

注：fread 函数返回的是实际已读取的数据块的块数。若函数调用时要求读取的数据

块块数超过了文件中所能存放的数据块块数,则会出错。

2. 数据块写函数——fwrite 函数

fwrite 函数的调用方式如下:

```
fwrite(buf,size,count,fp);
```

说明:fwrite 函数中的参数 buf、size、count、fp 的含义与 fread 函数是一样的。

功能:从 buf 所指向的数组或结构体变量中读取 count 个数据块,每个数据块为 size 个字节长度,并把它们写入到 fp 所指向的文件中。fwrite 函数返回的也是实际已写入的数据块的块数。

例如,假设有:

```
int b[5]={1,2,3,4,5};
fwrite(b,4,3,fp);
```

执行 fwrite 函数后所完成的功能如下:从数组 b 每次读取 4 个字节(恰好为一个 int 类型数据的长度)写入到 fp 指向的文件中,连续写入 3 次。即一共写入了 3 个整数(1,2,3)到数组 a 中。

9.3.4 格式化读/写函数

在 C 语言中,scanf 函数和 printf 函数完成的是数据格式化输入与输出的作用,scanf 函数要求从计算机终端输入设备(键盘)输入数据,printf 函数是按照指定的格式在计算机终端输出设备上(显示器)输出数据。

与 scanf 函数和 printf 函数不同的是,本小节所介绍的格式化读写函数 fscanf 函数和 fprintf 函数,其读写对象不是计算机终端设备,而是存储在计算机外存(磁盘)上的文件。

fscanf 函数的调用方式如下:

```
fscanf(fp,格式字符串,输入列表);
```

fprintf 函数的调用方式如下:

```
fprintf(fp,格式字符串,输出列表);
```

其中,fp 为文件(FILE)类型的指针变量,其余两个参数(格式字符串、输入/输出列表)与 scanf 函数和 printf 函数的用法完全相同。

例如:

```
fscanf (fp,"%d,%f,%d",&a,&b,&c);
```

功能如下:向文件指针 fp 指向的文件中依次输入 a(int 类型)、b(float 类型)、c(int 类型)三个数。

假设文件中的数据是 3、5.7、9,则 a=3、b=5.7、c=9。

再例如:

```
fprintf(fp,"%d,%.1f,%.2f",&a,&b,&c);
```

功能如下:从文件指针 fp 指向的文件中依次输入 a(int 类型)、b(float 类型)、c(int 类型)三个数。

假设 a＝2、b＝4、c＝6,则输出到 fp 所指向文件中的数据是 2、4.0、6.00。

实训 20　文件操作及其应用实训

任务 1　从键盘上逐个输入字符(直到输入"回车键"结束),存放到外存文件 ABC. text 中。

分析:本程序通过键盘输入若干个字符,以输入回车键结束,把输入的字符依次写入到指定的文本文件 ABC. text 中。文本文件 ABC. text 需要事先以"只写"的方式打开。

C 程序代码如下:

```
#include <stdio.h>
main()
{
    FILE * fp;
    char ch;
    if((fp=fopen("C:\ABC.txt","w"))==NULL)      //以"只写"的方式打开存储在计算机 C
                                                   盘上的文件 ABC.txt;
    {
        printf("无法打开文件! \n");
        exit(0);
    }
    while ((ch=getchar())! ='\n')      //以输入回车键结束字符的输入;
    {
        fputc(ch,fp);                  //向文件中写入字符,直至输入回车键"↙"停止;
    }
    fclose(fp);                        //关闭文件;
}
```

假设输入:

yjjyssOK↙

程序运行结果如下:

yjjyssOK
Press any key to continue

然后再关闭程序,打开本地计算机的 C 盘,可以发现 C 盘中已创建了一个文本文件 ABC.txt,打开文件,文件中的内容则是 yjjyssOK。

注:可以把当前系统调至 DOS 环境下,通过键入 type 命令查看(显示)ABC. txt 文件中的内容。

任务 2　向存储在计算机 C 盘上的文件 XYZ. txt 中写入若干个字符串。

分析:使用 fopen 函数打开一个"可写"文件 XYZ. txt,通过 fputs 函数完成将字符串写入文件中的功能。

C 程序代码如下:

```c
#include <stdio.h>
#include <string.h>
main()
{
    FILE * fp;
    char str[128];
    if((fp=fopen("C:\XYZ.txt","w"))==NULL)    //以"只写"的方式打开存储在计算机 C
                                               盘上的文本文件 XYZ.txt;
    {
        printf("无法打开文件！\n");
        exit(0);
    }
    while((strlen(gets(str)))!=0)    //若写入的字符串长度为 0,则表示结束;
    {
        fputs(str,fp);               //写入字符串;
        fputs("\n",fp);              //写入回车符,表示输入结束;
    }
    fclose(fp);                      //关闭文件 XYZ.txt;
}
```

假设输入：

China↙
Hello World↙
Time↙
↙

程序运行结果如下：

注：单独输入一个回车符"↙",其实表示的是输入了一个空字符串,即输入字符串操作结束。因为 C 语言中 gets 函数判断字符串结束的标识是以回车"↙"作为标识的。

打开本地计算机的 C 盘,同样可以发现 C 盘中已创建了一个文本文件 XYZ.txt,打开文件,文件中的内容如下：

China
Hello World
Time

任务 3 把 3 个学生的信息(姓名、学号、两门课的成绩)以格式化数据的方式写入计算机 C 盘上的文本文件 ABC.txt 中去,再以格式化的方式从该文件中输出(显示)到计算机屏幕上。

分析：

C 程序代码如下：

```
#include <stdio.h>
struct stu                              //定义 stu 结构体类型;
{
    char name[20];
    char num[10];
    int score[2];
}
struct stu student;                     //定义 stu 结构体类型变量 student;
main()
{
    FILE * fp;
    int i;
    if((fp=fopen("C: \ABC.txt","w"))==NULL)  //以"只写"的方式打开文件 ABC.txt;
    {
        printf("无法打开文件! \n");
        exit(0);
    }
    printf("输入 3 个学生的信息数据: \n");
    for(i=0;i<3;i++)
    {
        scanf("%s%s%d%d",student.name,student.num,&student.score[0],
        &student.score[1]);               //从键盘输入数据;
        fprintf(fp,"%s %s %d %d\n",student.name,student.num,
        student.score[0],student.score[1]);  //把数据写入到文件 ABC.txt 中;
    }
    fclose(fp);                           //关闭 ABC.txt 文件;
    if((fp=fopen("ABC.txt","r"))==NULL)   //以只读方式重新打开 ABC.txt 文件;
    {
        printf("无法打开文件! \n");
        exit(0);
    }
    printf("从文件中输出数据: \n");
    while(fscanf(fp,"%s%s%d%d\n",student.name,student.num,
    &student.score[0],student.score[1])!=EOF)   //从文件中读出数据;
    printf("%s,%s,%d,%d\n",student.name,student.num,student.score[0],
    student.score[1]);                    //把数据从文件中输出(显示)到屏幕上;
    fclose(fp);                           //关闭 ABC.txt 文件;
}
```

假设输入:

张三　s001　87　90✓
李四　s002　76　69✓
王二　s003　95　60✓

程序运行结果如下:

注：本程序使用文件指针 fp，利用文件格式化读/写函数，分别以不同的方式两次访问同一文件 ABC.txt。即通过键盘，先把 3 个学生的信息数据写入到文件中，再从文件中读出 3 个学生的信息数据（显示在屏幕上），格式化读函数与格式化写函数中的格式控制符（"%s%s%d%d"）需要保持一致，否则会造成数据读写错误。

9.4　本章小结

本章主要介绍 C 语言中文件的基本概念，文件打开/关闭以及常用的一些文件读/写等函数。

首先介绍了文件的概念。文件是一组相关数据的操作集合，这个数据集的名称称为文件名。文件指针的定义形式如下：

```
FILE *指针变量标识符;
```

按照编码方式，C 文件分为文本文件与二进制码文件。C 编译系统把文件作为一个字符（字节）流进行处理。

其次介绍了 C 文件的打开（fopen）函数与关闭（fclose）函数及其使用方法。

fopen 函数的调用方式如下：

```
FILE *fp;
fp=fopen(文件名,文件的使用方式);
```

fclose 函数的调用方式如下：

```
fclose(文件指针);
```

在 C 语言中，用文件指针标识当前文件。文件在读/写之前需要打开，读/写结束后则需要关闭。

最后介绍了几组常用的 C 文件读/写函数及其使用方法。即单个字符读/写（fgetc/fputc）函数、字符串读/写（fgets/fputs）函数、数据块读/写（fread/fwrite）函数与格式化读/写（fscanf/fprintf）函数。

fgetc/fputc 函数的调用方式如下：

```
fputc(ch,fp);
ch=fgetc(fp);
```

fgets/fputs 函数的调用方式如下：

```
fgets(str,n,fp);
fputs(str,fp);
```

fread/fwrite 函数的调用方式如下：

```
fread(buf,size,count,fp);
fwrite(buf,size,count,fp);
```

fscanf/fprintf 函数的调用方式如下：

```
fscanf(fp,格式字符串,输入列表);
fprintf(fp,格式字符串,输出列表);
```

文件按照指定方式打开后,就可以执行相应的文件读写操作。

习 题 9

1. 什么是文件? 什么是文件类型指针?

2. 对文件打开与关闭的含义是什么?

3. 从键盘上任意输入一个字符串,以符号@作为结束标识。把字符串中的大写字母全部转换为小写字母,然后写入到外存文件 ABC 中保存。

4. 把一个磁盘文件 ABC.txt 上的信息复制到另一个磁盘文件 DEF.txt 中去。

5. 以格式化数据的方式将 5 个学生的信息(学号、姓名、成绩)写入到文本文件 file.txt 中去,再从该文件中以格式化的方式输出这些信息(显示)到计算机屏幕上。

6. 从键盘上任意输入一个字符串与一个十进制整数,把它们写入外存文件 ABC 中,再通过计算机屏幕显示(输出)。

第 10 章　结构化程序设计与实训

本章学习目标

- 结构化程序设计过程
- 基于 C 语言的"万年历"程序结构化设计过程及实践

提到程序设计,很多人都认为就是编写程序代码。实际上,编写代码仅仅是程序设计过程中的一个阶段。取个例子,一座高楼大厦的建成绝不仅仅是砌砖或垒墙,还必须对建筑进行总体分析和设计,绘制设计方案图纸,安排施工任务,验收建筑物质量等。同理,设计某一软件程序涉及的环节与活动也绝不仅仅只是编写代码。编写代码前首先要搞清楚程序将要完成的是什么样的功能,然后再对程序的功能进行逐一细化,并予以设计实现。对于规模复杂的中、大型程序,编码之后还要通过某种途径对程序进行测试,修复程序中出现的错误,检验程序是否还遗漏了某些功能等。程序设计完毕后,还要考虑在使用程序的过程中对程序进行维护以及功能上的改进等。

10.1　结构化程序设计

从软件开发的角度来看,程序设计中涉及对软件(程序)的需求分析、设计、编码、测试、维护等一系列过程称做结构化程序设计过程。在这期间,每个过程都要包括相应的文档资料,用来准确真实地记录此过程中所做的工作。例如,在程序设计之前,要编写用户需求文档(需求规格说明书),以介绍程序所实现的功能和运行平台等内容。缺乏相关的文档资料,必然会给程序设计和后期的维护造成极大不便。本章将从软件工程的角度,简要介绍一个用 C 语言编写的"万年历"程序的结构化设计及其实践过程,为学习后续软件开发类课程打下基础。本书面向的是初学者,在结构化程序设计中涉及的更多软件设计及其应用方面等深层次的内容(例如软件需求建模工具的描述、程序模块设计准则、测试用例的设计与执行、软件维护技巧等),读者可以自行阅读《现代软件工程》、《软件测试》等相关书籍资料。

1. 需求分析

软件需求分析是指设计软件(程序)之前,对拟开发的软件或程序进行细致的调查分析,明确"该软件或程序到底要为用户做什么"、"能为用户提供哪些功能"的问题。在需求分析阶段,程序设计者需要尽可能全面了解程序的功能与用户的需要是否一致。

对于一些规模较大的商业性软件,程序设计人员除了要充分了解用户的功能需求,设计程序前还要对(同类)软件的市场运营状况、性能要求、运行环境要求、设计约束及使用情况等诸多方面进行细致的调研与分析。例如,待开发的软件是否具有一定的市场价值;开发完毕投入使用后,软件开发方能否获得相应的商业利润;待开发的软件是否需要达到相应的技术性能指标,如存储容量、程序运行速度、故障自修复时间;软件运行时所依赖的计算机软、硬件环境,网络配置以及用户操作界面等方面是否有明确的要求等。

2. 设计

在需求分析阶段,程序设计人员已经明确了软件(程序)需要为用户"做什么"的问题。进入软件设计阶段后,即需要解决"怎么做"的问题。所以,设计阶段的主要任务是把用户需求转换成相应的程序功能模块,即把待开发的软件从总体上进行模块功能结构的划分与设计,这也称之为软件(程序)的概要设计或总体设计。当然,对于规模较大、功能复杂的程序系统,在概要设计的基础上,还要继续细化每一个程序模块的功能结构。也就是说,把已划分好的某个功能模块再分解成若干个"子"模块,确定出相应子模块的数据结构或算法以及与上一层模块之间的调用关系,这一过程也称为软件(程序)的详细设计。

3. 编码

编码就是把软件(程序)的设计转化为某种程序设计语言予以实现,程序模块的功能最终是要通过编码来实现的。程序员编写出的程序不仅要与软件功能模块的设计需求高度一致,还要具有良好的可读性。

程序员编码时要养成良好的编码风格。良好的编码风格可以使人们快速了解程序结构,最大限度地提高代码修改效率,在程序的可读性、可维护性等方面产生深远影响。这里对一些常用的编码规范作简单介绍,更多的程序设计风格及编码技巧,读者可以查阅《软件工程》、《人机交互设计》等专业书籍。

(1)添加注释

为程序多添加必要的中文注释,可以增加程序的可理解性和可维护性。

通常,注释一般可分为序言性注释和功能性注释。序言性注释一般放在程序(函数、模块)开头,用来对该程序(函数、模块)的功能,涉及的算法或数据结构等进行简单的解释说明;功能性注释一般放在程序中间,可以对某一条程序语句或某几条语句组成的程序块作解释说明。

(2)标识符说明

因为程序设计阶段已经确定了程序的模块结构,所以编码阶段需考虑对程序中所包含的各类标识符(如 C 程序中的简单变量、常量、函数名、数组名、结构体名等)的说明风格。主要体现在对标识符的命名规则与说明次序两个方面。

标识符的命名通常由其所表达含义的英文单词派生,达到"顾名思义"的效果。例如,C 程序中对简单变量的命名,可以用 sum 表示求和,min 表示最小值,max 表示最大值等。

在程序中,对各类标识符的说明次序也要遵循相应的准则。比如,遵循常量说明、简单变量说明、数组说明、结构体说明、文件说明等次序。当然,在类型说明中还可以作进一步要求。例如,多个变量可以按照整型变量说明、实型变量说明、字符型变量说明等排列次序。

(3)语句结构

遵循简单的原则设计与书写每一条程序语句。例如:一行只写一条程序语句;多使用小括号标识表达式中参与运算的各部分,使表达式运算功能清晰;在选择结构或循环结构的语句体中,从首行开始每条语句右缩进 2 个字符,增强语句的层次感;适当地利用空格、换行和分层次缩进,使程序结构看起来更清晰等。

4. 测试

测试是结构化程序设计过程中的重要环节,程序编码结束后需要对其进行测试。大量资料表明,程序测试的工作量往往占到程序设计整个工作量的 30%到 40%以上。所以,绝不能认为编码阶段结束后程序设计工作就完成了。

测试就是在计算机软件(程序)开发完毕、投入市场运行之前,对其需求分析、设计规格说明和程序代码的最终复审,是软件质量保证的关键步骤。简单地说,测试是为了发现已有程序中存在的错误而执行程序的过程。

注:从软件工程的角度看,测试是根据程序开发各阶段的规格说明和程序的内部结构而精心设计一批测试用例(由输入的数据和预期产生的结果组成),并利用这些测试用例去运行程序,以发现程序错误的过程。

当前,很多软件企业都设有专门的软件测试部门负责测试工作。关于软件测试的分类与方法、测试执行流程、测试用例的设计与复用、测试工具的应用、测试效果度量等深层次内容,感兴趣的读者可以查阅《软件测试》等专业书籍资料。

5. 维护

软件维护是为了保证软件系统能够正常运行,在软件投入市场运行期间修复软件中所遗留下来的错误(测试阶段未能发现),或扩充软件的某些新功能,改进产品性能等所进行的修改软件的过程。

软件维护过程中发现的问题主要来源于以下几个方面:

(1) 软件(程序)自身的错误。这些错误通常在设计或编码阶段产生,在测试阶段又未能及时被发现。

(2) 用户对当前软件(程序)又提出了新的需求。

(3) 软件(程序)自身没有错误。但是,由于与当前计算机硬件、网络以及其他软件系统不兼容,导致产生了功能上的某些异常情况。

软件维护的工作量是很大的。大型软件的开发周期是1~2年,而软件维护周期会达到3~5年,维护费用能达到开发费用的3~5倍。如果维护方法不恰当,还会为已有的软件程序带来很多副作用,甚至会引入一些新的程序错误(缺陷)。所以,软件维护工作在结构化程序设计过程中也是很重要的。

10.2 "万年历"程序的设计与实训

10.2.1 需求分析

1. 功能简介

万年历是日历的一种。要求用 C 语言设计出一个简易的"万年历"程序(V1.0 版本),当输入一个合法的年份与月份时,能够显示出该月的月历信息,为生活起居提供便利。

2. 设计要求

① 使用 C 语言编写程序代码,编译环境为 Visual C++ 6.0。

② 程序界面设计美观大方,操作方式简单。所设计的程序功能模块(函数)名称,建议统一用其汉语拼音(或拼音的首字母)命名。

③ "万年历"程序可以在 WinXP/Win7/Win8/Win10 系统环境下稳定运行。

3. 其他

要求必须通过键盘,以"年份(4 位整数)—月份(2 位整数)"的形式输入具体的年份与月份数值,如 2016-03、2013-12 等。

如果输入的年份与月份数值不合法,如 2016-13、201-12、2014-00 等,程序要向用户显示输入出错的信息,并提示再次输入。如果连续 5 次输入错误,则程序终止运行。

输入某合法的年份与月份值后,会生成类似如图 10.1 所示的月历界面。

(注:图 10.1 所示的月历界面仅作为设计参考。在总体风格不变的情况下,允许本程序实际设计出的月历界面及其文字、符号、色彩效果等与图 10.1 有所不同。)

图 10.1　月历生成界面示意图

10.2.2　程序设计

通过以上需求分析,可以把"万年历"程序的功能主要划分为 6 个模块,为每个模块设计出相应的函数,并予以设计实现。6 个模块中包含了一个功能调用(主调)模块,用于对其他模块的调用。每个模块所对应的函数名称以及模块功能如表 10.1 所示。

表 10.1　"万年历"程序的功能模块

模块名称及其对应的函数名称	功能简介
功能调用—main	显示系统的主界面,等待用户输入年份与月份,验证输入数据的合法性,判断输入的次数
显示月历—XSyl	在屏幕上显示当前月的月历信息
判断闰年—PDrn	判断当前年份是否是闰年
判断月份中的天数—PDyfzdts	判断当前月份中包含多少天
判断月份中第一天—PDyfzdyt	判断当前月份中的第一天在所在年份中是第几天
判断月份中第一天是星期几—PDyfzdytxqj	判断当前月份中的第一天是星期几

10.2.3　编码

使用 C 程序完成对"万年历"程序各个模块(函数)的编码实现过程。

注:本程序部分功能模块(函数)的设计思路以及相应 C 程序代码的编写过程参考了郭旭文、郭斌主编的《C 语言程序设计与项目实践》(ISBN:9787121137570)一书中的"C 语言应用实例"章节,特此说明。

1. 功能调用——main 函数

在"万年历"程序中,功能调用——main 函数是整个程序的主函数,也是调用其他模块(函数)的入口。main 函数通过 do…while 语句体实现对相应模块(函数)的调用过程。

C 程序代码如下:

```
# include <stdio.h>
# include <math.h>
```

```
main()
{
    int month=0,year=0,Times=5;
    printf("请正确输入查询的年份和月份,格式为：xxxx-xx\n,请不要输入错误！");
    do
    {
        scanf("%d-%d",&year,&month);
        Times--;
        if((Times!=0)&&(year<0 || (month<0 || month>12)))
        {
            printf("输入错误,请重新输入！您还有%d次输入机会！\n",Times);
        }
        else
        {
            break;
        }
    } while(Times>0);
    if(Times==0)
    {
        printf("连续5次输入错误,请重新运行程序！\n");
        return;
    }
    XSyl(month,year);         //调用显示月历函数；
    printf("\n");
}
```

2. 判断闰年——PDrn 函数

C 程序代码如下：

```
int PDrn(int year)
{
    if((year%4==0&&year%100!=0) || (year%400==0))
    {
        return 1;             //闰年；
    }
    else
    {
        return 0;             //非闰年；
    }
}
```

3. 判断月份中的天数——PDyfzdts 函数

我们知道,每年的 1、3、5、7、8、10、12 月份有 31 天,4、6、9、11 月份有 30 天,而 2 月份有 28 天(非闰年)或 29 天(闰年)两种情况。所以,本函数通过 switch 语句体完成对每个月份中所含天数的判断。

C 程序代码如下：

```
int PDyfzdts(int month,int year)
{
    switch(month)
    {
        case 1: return 31;break;
        case 3: return 31;break;
        case 5: return 31;break;
        case 7: return 31;break;
        case 8: return 31;break;
        case 10: return 31;break;
        case 12: return 31;break;
        case 4: return 30;break;
        case 6: return 30;break;
        case 9: return 30;break;
        case 11: return 30;break;
        default: break;
    }
    if((month==2)&&(PDrn (year)==1))
    {
        return 29;                    //闰年 2 月的天数;
    }
    else
    {
        return 28;                    //非闰年 2 月的天数;
    }
}
```

4. 判断月份中第一天——PDyfzdyt 函数
C 程序代码如下：

```
int PDyfzdyt(int month,int year)
{
    int lp=0;
    int daySum=1;
    for(lp=1;lp<=month;lp++)
    {
        daySum=daySum+PDyfzdts (month,year);
    }
    return daySum;
}
```

5. 判断月份中第一天是星期几——PDyfzdytxqj 函数
C 程序代码如下：

```c
int PDyfzdytxqj (int month,int year)
{
    int no;
    no=year-1+(year-1)/4-(year-1)/100+(year-1)/400+PDyfzdts(month,year);
    return (no%7);
}
```

6. 显示月历——XSyl 函数

C 程序代码如下：

```c
int XSyl(int month,int year)
{
    int L1=0,L2=1,index=1;
    int WhatToday=0,MonthDayBack=0;
    MonthDayBack=PDyfzdts(month,year);
    WhatToday=PDyfzdytxqj(month,year);
    printf(" * ----------------------万年历---------------------- * \n\n");
    printf("日  一  二  三  四  五  六 \n");
    if(WhatToday==7)
    {
        for(L1=1;L1<=MonthDayBack;L1++)
        {
            printf("%4d",L1);
            if(L1%7==0)
            {
                printf("\n");
            }
        }
    }
    if(WhatToday!=7)
    {
        while(L2<=4*WhatToday)
        {
            printf(" ");
            L2++;
        }
        for(L1=1;L1<=MonthDayBack;L1++)
        {
            printf("%4d",L1);
            if(L1==7*index-WhatToday)
            {
                printf("\n");
                index++;
            }
        }
    }
}
```

```
      printf("\n\n  * ------------------版本号 V1.0-------------- * \n");
}
```

10.2.4 测试

完成对"万年历"程序的编码后,还需要设计多种测试(输入)数据,检查程序接收不同数据之后的实际运行状况,以发现程序中是否会存在问题(缺陷、漏洞)。如果有问题,需要及时修改并再次检测。测试人员需要根据之前的需求分析,分别从程序接收了合法(正确的、合理的)数据以及接收了非法(不合理的、错误的)数据之后的运行情况两个方面开展测试活动。由于无法做到对所有的数据进行穷举测试,通常的做法是分别从这两种情况中分别选取若干有代表意义的具体数据进行测试。

1. 对合法输入数据的测试

根据"万年历"程序的需求分析,正确输入年份与月份数据的格式为"年份(4 位整数)—月份(2 位整数)"。限于篇幅,本书从"闰年/非闰年"与"2 月/非 2 月"的年月组合中选取了以下 4 个合法的日期数据作为输入数据,并观察程序的运行结果。

(1) 数据 1:2016—07(闰年,非 2 月)

程序运行结果如下:

测试结论:通过!

(2) 数据 2:2009—02(非闰年,2 月)

程序运行结果如下:

测试结论:通过!

(3) 数据 2:2012—02(闰年,2 月)

程序运行结果如下:

测试结论：通过！

（4）数据 4：2013—06（非闰年，非 2 月）

程序运行结果如下：

测试结论：通过！

（注：读者还可以选择更多合法的日期数据自行开展测试，并观察程序运行结果。）

2. 对非法输入数据的测试

非法的输入数据包括以下两个方面：

（1）数值错误，但是输入数据格式正确

例如：

数据 5：2014—16（月份数值错误）

程序运行结果如下：

测试结论：通过！

当用户继续输入数据"2014—16"（月份数值错误）达到 4 次，会自动提示"重新运行程序"。

程序运行结果如下：

测试结论：通过！

同理，也可以选取以下同类数据测试，请自行完成测试并观察程序运行结果。

例如：

数据 6：2011—00（月份数值错误）

数据 7：201—07（年份数值错误）

数据 8：201—00（年份与月份数值都错误）

……

（2）数值正确，但是输入数据的格式错误

例如：

数据 9：—2013—09（年份格式错误）

程序运行结果如下：

测试结论：通过！

同样，也可以选取以下同类数据进行测试，请自行完成并观察程序运行结果。

例如：

数据 10：＋2015—09（年份格式错误）

数据 11：2013—03＋（月份格式错误）

数据 12：—2007—＋03（年份与月份格式都错误）

……

初学者务必注意，关于测试输入数据的选取，无论是合法数据还是非法数据，都无法做到穷举测试，这也是软件测试的基本原则之一。那么，如何结合具体的程序，选取出最少的且最具有典型意义的测试数据完成测试活动，需要软件测试人员认真思考。关于对测试（输入）数据选取方法的设计及应用技巧，感兴趣的读者可以阅读专门的软件测试方面的书籍，本书在此不作介绍。

10.2.5 维护

在实际运行时，用户对"万年历"程序提出了以下一些新问题：

① 在显示的月历信息中，能够反映出某一天所对应的农历日期。

② 增加月历显示界面的色彩效果。

解决方法如下：

在原有"万年历"程序（V1.0 版本）的基础上添加以上两个功能，形成新的"万年历"程序（V2.0 版本）。

本书建议有余力的读者可以尝试设计"万年历"程序（V2.0 版本），实现上述功能。

10.3　本　章　小　结

本章以一个用 C 语言编写的简易"万年历"程序作为实训案例,从软件工程的角度介绍了由需求分析、设计、编码、测试、维护这 5 个阶段所组成的结构化程序设计过程以及每个阶段中的主要任务。

习　题　10

1. 结构化程序设计过程由哪几个阶段组成? 每一个阶段的主要任务是什么?

2. 在 Visual C++ 6.0 环境下,使用 C 语言设计一个简单的学生成绩管理程序,主要实现以下功能:

① 添加学生成绩。

② 删除学生成绩。

③ 查看已有学生成绩。

④ 修改学生成绩。

⑤ 对已有学生成绩排序。

要求程序运行稳定,界面美观大方。

3. 在 Visual C++ 6.0 环境下,使用 C 语言设计一个简单的商品管理程序,主要实现以下功能:

① 添加商品信息。

② 删除商品信息。

③ 查看已有商品信息。

④ 修改商品信息。

要求程序运行稳定,界面美观大方。

附录A C语言关键字（32个）

关 键 字	用 途	说 明
char	数据类型	字符
const		表明这个量在程序运行期间不可变化
double		双精度实数
enum		定义枚举类型
float		单精度实数
int		整数
long		长整数
short		短整数
struct		定义结构体类型
signed		有符号
typedef		用于定义同义数据类型
union		定义共同体类型
unsigned		无符号
void		空类型
volatile		表明这个量在程序运行期间可以隐含地变化
auto	存储类型	自动变量
extern		外部变量
register		寄存器变量
static		静态变量
sizeof	运算符	计算数据类型、变量、表达式所占用的字节数
break	流程控制	直接退出最内层循环或 switch 语句
case		switch 语句中的情况选择
continue		退出当前循环，跳转至下一轮循环
default		switch 语句中其余情况的标号
do		do…while 循环体中的循环起始标记
else		否则(if 语句中的另一种选择)
for		循环体(for 循环)
goto		无条件强制跳转

关　键　字	用　　途	说　　明
if	流程控制	语句执行的选择
return		返回到调用函数
switch		从所有列出的动作中做出选择
while		循环体(while 循环与 do…while 循环)

附录 B C 语言常用字符 ASCII 代码对照表

码值	控制字符	码值	字符	码值	字符	码值	字符
0	NUL	32	Space	64	@	96	`
1	SOH	33	!	65	A	97	a
2	STX	34	"	66	B	98	b
3	ETX	35	#	67	C	99	c
4	EOT	36	$	68	D	100	d
5	END	37	%	69	E	101	e
6	ACK	38	&	70	F	102	f
7	BEL	39	'	71	G	103	g
8	BS	40	(	72	H	104	h
9	HT	41	)	73	I	105	i
10	LF	42	*	74	J	406	j
11	VT	43	+	75	K	407	k
12	FF	44	,	76	L	108	l
13	CR	45	—	77	M	109	m
14	SO	46	.	78	N	110	n
15	SI	47	/	79	O	111	o
16	DLE	48	0	80	P	112	p
17	DC1	49	1	81	Q	113	q
18	DC2	50	2	82	R	114	r
19	DC3	51	3	83	S	115	s
20	DC4	52	4	84	T	116	t
21	NAK	53	5	85	U	117	u
22	SYN	54	6	86	V	118	v
23	ETB	55	7	87	W	119	w
24	CAN	56	8	88	X	120	x
25	EM	57	9	89	Y	121	y
26	SUB	58	:	90	Z	122	z
27	ESC	59	;	91	[	123	{
28	FS	60	<	92	\	124		
29	GS	61	=	93	]	125	}
30	RS	62	>	94	^	126	~
31	US	63	?	95	_	127	DEL

附录C C语言运算符的优先级与结合性

级别	运算符	名称	运算对象个数	结合性
1	() [] -> .	圆括号 数组下标运算符 指向结构指针成员运算符 取结构体成员		左结合
2	! ~ ++ -- - * & sizeof	逻辑非 按位取反 自增 自减 求负 指针运算(取地址的内容) 取地址 求字节数	单目运算符	右结合
3	* / %	乘法 除法 求余	双目运算符	左结合
4	+ -	加法 减法	双目运算符	左结合
5	<< >>	位左移 位右移	双目运算符	左结合
6	< <= > >=	小于 小于或等于 大于 大于或等于	双目运算符	左结合
7	== !=	等于 不等于	双目运算符	左结合
8	&	位与	双目运算符	左结合
9	^	位异或	双目运算符	左结合
10	|	位或	双目运算符	左结合
11	&&	逻辑与	双目运算符	左结合
12	||	逻辑或	双目运算符	左结合
13	?:	条件运算	三目运算符	右结合

级别	运算符	名称	运算对象个数	结合性
14	＝ ＋＝ －＝ ＊＝ /＝ %＝	赋值 复合赋值 复合赋值 复合赋值 复合赋值 复合赋值	双目运算符	右结合
15	，	逗号运算	双目运算符	左结合

注：运算符的优先级高低按照其所在级别依次递减。

处在同一级别内的不同运算符，优先级相同。

参 考 文 献

[1]　杨俊生,谭志芳,王兆华. C 语言程序设计:基于计算思维培养[M]. 北京:电子工业出版社,2015.

[2]　谭浩强. C 程序设计(第四版)[M]. 北京:清华大学出版社,2010.

[3]　谭浩强. C 程序设计(第四版)学习辅导[M]. 北京:清华大学出版社,2010.

[4]　伍一,于冠达,谭龙. C 语言程序设计与实训教程[M]. 北京:清华大学出版社,2007.

[5]　胡元义,吕林涛. C 语言实用教程[M]. 大连:大连理工大学出版社,2014.

[6]　廖小飞,李敏杰. C 语言程序设计与实践[M]. 北京:电子工业出版社,2015.

[7]　贾蓓,姜薇,镇明敏. C 语言编程实战宝典[M]. 北京:清华大学出版社,2015.

[8]　苏小红,王宇颖,孙志岗. C 语言程序设计(第 2 版)[M]. 北京:高等教育出版社,2013.

[9]　徐新华. C 语言程序设计教程[M]. 北京:中国水利水电出版社,2001.

[10]　方少卿. C 语言程序设计[M]. 北京:中国铁道出版社,2009.

[11]　王洪海,陈向阳,盛魁. C 语言程序设计[M]. 北京:人民邮电出版社,2011.

[12]　索琦,董卫军,邢为民. C 语言程序设计(第 2 版)[M]. 北京:电子工业出版社,2015.

[13]　韦良芬,王勇. C 语言程序设计经典案例教程[M]. 北京:北京大学出版社,2010.

[14]　余久久. 软件工程简明教程[M]. 北京:清华大学出版社,2015.

[15]　王阿川. 软件工程基础与实例分析[M]. 北京:机械工业出版社,2013.

[16]　郭旭文,郭斌. C 语言程序设计与项目实践[M]. 北京:电子工业出版社,2011.

[17]　胡元义,吕林涛. C 语言实用教程题解与上机指导[M]. 大连:大连理工大学出版社,2014.

[18]　方少卿. C 语言程序设计实训指导与习题解答[M]. 北京:中国铁道出版社,2007.